教育部高等学校电子信息类专业教学指导委员会规划教材

高等学校电子信息类专业系列教材

数字电路与逻辑设计

（第4版）

林 红 郭 典 林晓曦 蒙丹阳 林 卫 编著

清华大学出版社

北京

内 容 简 介

本书本着简洁、通俗、先进和实用的原则精心编写,重点着眼于方法和能力的培养。本书主要内容有数字逻辑电路基础知识、逻辑门、逻辑代数与逻辑函数、组合逻辑电路、触发器、时序逻辑电路、半导体存储器和可编程逻辑器件、脉冲波形的产生与变换、数模和模数转换器。

本书每章有小结、习题(或思考题),最后有自测试卷,并附有部分习题答案和自测试卷答案,便于教学和自学。

本书可作为高等学校和成人高等教育各专业数字电路课程的教材(40~60学时)。本书也可供工程技术人员自学和参考。

图书在版编目(CIP)数据

数字电路与逻辑设计/林红等编著. —4 版. —北京:清华大学出版社,2022.6(2024.8重印)
高等学校电子信息类专业系列教材
ISBN 978-7-302-60177-7

Ⅰ. ①数… Ⅱ. ①林… Ⅲ. ①数字电路-逻辑设计-高等学校-教材 Ⅳ. ①TN79

中国版本图书馆 CIP 数据核字(2022)第 030950 号

责任编辑:赵 凯
封面设计:李召霞
责任校对:李建庄
责任印制:沈 露

出版发行:清华大学出版社
   网 址:https://www.tup.com.cn,https://www.wqxuetang.com
   地 址:北京清华大学学研大厦 A 座 邮 编:100084
   社 总 机:010-83470000 邮 购:010-62786544
   投稿与读者服务:010-62776969,c-service@tup.tsinghua.edu.cn
   质量反馈:010-62772015,zhiliang@tup.tsinghua.edu.cn
   课件下载:https://www.tup.com.cn,010-83470236
印 装 者:三河市少明印务有限公司
经 销:全国新华书店
开 本:185mm×260mm 印 张:20.25 字 数:494 千字
版 次:2004 年 7 月第 1 版 2022 年 7 月第 4 版 印 次:2024 年 8 月第 5 次印刷
印 数:7701~9700
定 价:65.00 元

产品编号:094806-01

第4版前言

我们所处的时代是信息瞬息万变的时代,电子技术、计算机技术均在迅猛发展,这对传统的教育体制和人才培养提出新的挑战。21世纪的高等教育正在对专业结构、课程体系、教学内容、教学方法及教材建设进行系统的改革。如何为社会培养具有创新能力、解决实际问题能力和高素质的技术研究人才,是高等教育的重要任务之一。随着教改的不断深入,在教材的使用过程中,我们深感其仍存在某些不尽如人意的地方,希望加以改进和完善。教材第4版就是第3版的基础上修订而成的。

在第4版修订工作中,仍继续遵循本书第一版的编写原则:"保证基础,精选内容,加强方法,突出应用,由浅入深,利于自学"。在内容和体系上做了如下修订。

首先,为了适应现代电子技术的飞速发展,能够较好地面对向未来的需求,面向数字化和专用集成电路的新时代,在保证基本概念、基本原理和基本方法的前提下,删去了一些次要内容。

其次,在本书中,为了更好地理解集成门电路的工作原理,增加了一些简单的基本电路的介绍。为了突出综合能力的培养和训练,增加了中规模集成电路芯片应用的方法实例,加强了逻辑电路的设计部分。

最后,在修订时,注意保持和发扬原书的风格和特点,力求简明扼要,深入浅出,便于自学。在内容的安排和介绍中不仅思路清晰,而且注意归纳提出的问题和解决问题的步骤,注重教学效果。

本书可作为高等学校电信、计算机应用、自动化、电子、电力、机械、化工、建筑等专业的本科或专科电子技术基础课程的教材。

本书的修订工作由林红、郭典、林晓曦、蒙丹阳、林卫完成。

本书在修订过程中,得到有关专家和教师的指导和帮助,在此表示衷心的感谢。

由于编者水平所限,书中难免疏漏,恳请各位读者批评指正,帮助我们不断改进。

编　者

2022 年 5 月

目　录

国家标准
（GB/T 4728.12—2008）

TTL 和 CMOS 逻辑门
电路的技术参数

国家标准
（GB/T 3430—1982）

部分习题答案

自测试卷答案

第1章
数字逻辑电路基础知识

现在,众多的电子系统,例如电子计算机、通信系统、自动控制系统、影视音响系统无一不使用数字电路。数字电路同模拟电路一样,由电子管和半导体分立元件组成的分立器件电路发展而成,在微小的芯片上集成半导体器件及无源器件的集成电路。但是对数字电路而言,这种电路的集成度已达到超大规模集成电路的水平,因而提高了数字电路的可靠性,缩小了系统的体积,更有利于大批量生产,达到提高产品技术经济指标的目的。本章首先讨论数字电路的特点,然后讨论数字电路常用的数制、码制,最后介绍基本的逻辑运算。

1.1 数字电路的特点

模拟电路处理的信号是模拟信号,其时间变量是连续的,因而也称为连续时间信号。数字电路处理的信号是数字信号,而数字信号的时间变量是离散的,这种信号也称为离散时间信号。与模拟电路相比,数字电路具有以下特点。

(1) 数字信号常用二进制数来表示。每位数有两个数码,即 0 和 1。将实际中彼此联系又相互对立的两种状态,例如电压的有和无、电平的高和低,以及开关的通和断、灯泡的灭和亮等状态抽象出来用 0 和 1 来表示,称为逻辑 0 和逻辑 1。而且在电路上,可用电子器件的开关特性来实现,由此形成数字信号,所以数字电路又可称为数字逻辑电路。

(2) 数字电路中,器件常工作在开关状态,即饱和或截止状态,而模拟电路器件经常工作在放大状态。

(3) 数字电路研究的对象是电路输入与输出的逻辑关系,即逻辑功能,而模拟电路研究的对象是电路对输入信号的放大和变换功能。

(4) 数字电路的基本单元电路是逻辑门和触发器,而模拟电路的基本单元是放大器。

(5) 数字电路的分析工具是逻辑代数,表达电路的功能主要用功能表、真值表、逻辑表达式、波形图和卡诺图等,而模拟电路采用的分析方法是图解法和微变等效电路法。

(6) 数字信号常用矩形脉冲表示。其波形如图 1.1.1(a)所示,特征参数有脉冲幅度 U_M(表示脉冲幅值);脉冲宽度 t_W(表示脉冲持续作用的时间);周期 T(表示周期性的脉冲信号前后两次出现的时间间隔);占空比 q(表示脉冲宽度 t_W 占整个周期 T 的百分数),即

$$q = \frac{t_W}{T} \times 100\%$$

在实际的数字系统中,脉冲波形并不是立即上升(正跳)或下降(负跳)的,如图 1.1.1(b)所示,因此脉冲波形特征参数又有了上升时间 t_r 和下降时间 t_f。t_r 定义为从脉冲幅度的 $10\% \sim 90\%$ 所经历的时间。t_f 定义为从脉冲幅度的 $90\% \sim 10\%$ 所经历的时间。脉冲宽度 t_W 则表

示为一个脉冲波形上脉冲幅度为 50％ 的两个点所对应的两个时间点间隔的时间。

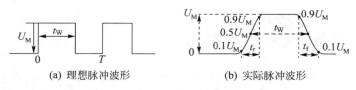

(a) 理想脉冲波形 　　　　(b) 实际脉冲波形

图 1.1.1　矩形脉冲

1.2　数 制

日常生活中,最常用的进位记数制(简称为进制)是十进制。而在数字系统中,多采用二进制数,有时也采用八进制数或十六进制数。为了总结归纳各种进制数的共同特点,首先总结归纳十进制数的特点。

1.2.1　十进制

十进制(Decimal)数的特点如下:有 $0,1,\cdots,9$ 这 10 个数码,且"逢 10 进 1"。一个数的大小取决于数码的位置,即数位。数码相同,所在的位置不同,则数的大小也不同。例如,十进制数 1995 可写成展开式

$$1995 = 1 \times 10^3 + 9 \times 10^2 + 9 \times 10^1 + 5 \times 10^0$$

式中,10 称为基数,$10^0,10^1,10^2,10^3$ 称为各位数的"权"。十进制数的个位的权为 1,十位的权为 10,百位的权为 100,任何一个十进制数 N_D 可表示为

$$N_D = d_{n-1} \times 10^{n-1} + d_{n-2} \times 10^{n-2} + \cdots + d_1 \times 10^1 + d_0 \times 10^0 + \cdots + d_{-m} \times 10^{-m}$$
$$= \sum_{i=-m}^{n-1} d_i \times 10^i$$

式中,d_i 为各位数的数码;10^i 为各位数的权,各位数所对应的数值为 $d_i \times 10^i$。

1.2.2　二进制

二进制(Binary)数的特点如下:只有 $0,1$ 两个数码,且"逢 2 进 1"。任意一个二进制数 N_B 的展开式为

$$N_B = b_{n-1} \times 2^{n-1} + b_{n-2} \times 2^{n-2} + \cdots + b_1 \times 2^1 + b_0 \times 2^0 + \cdots + b_{-m} \times 2^{-m}$$
$$= \sum_{i=-m}^{n-1} b_i \times 2^i$$

式中,2 称为基数;2^i 为各位数的权;b_i 为各位数的数码。例如,一个二进制数 1101.101 可展开为

$$1101.101 = 1 \times 2^3 + 1 \times 2^2 + 0 \times 2^1 + 1 \times 2^0 + 1 \times 2^{-1} + 0 \times 2^{-2} + 1 \times 2^{-3}$$

从二进制数的特点可以看到它具有的优点。第一,只有两个数码,只需反映两种状态的元件就可表示一位数。因此,构成二进制数电路的基本单元结构简单。第二,储存和传递可靠。第三,运算简便。所以在计算机中都使用二进制数。

在数字系统中,二进制数的加、减运算使用最多。十进制数的加、减运算规则是逢 10 进

1,借 1 还 10。同理,二进制数的加、减运算规则是逢 2 进 1,借 1 还 2。例如计算二进制数 1101+1110 和 11101−10110,计算过程如下:

被加数	1101	被减数	11101
加 数	+1110	减 数	−10110
和	11011	差	00111

1.2.3　十六进制

用二进制表示一个较大的数,位数太多,书写和阅读均不方便,因此在计算机中还常使用十六进制(Hexadecimal)数。十六进制的特点如下。有 16 个数码 0～9,A～F;"逢 16 进 1,借 1 还 16"。一个十六进制数 N_H 可展开为

$$N_H = h_{n-1}\times 16^{n-1} + h_{n-2}\times 16^{n-2} + \cdots + h_1\times 16^1 + h_0\times 16^0 \times h_{-1}\times 16^{-1} + \cdots + h_{-m}\times 16^{-m}$$
$$= \sum_{i=-m}^{n-1} h_i\times 16^i$$

式中,16 称为基数;16^i 为各位数的权;h_i 为 i 位数的数码。例如,一个十六进制数 DFC.8 可展开为

$$DFC.8 = D\times 16^2 + F\times 16^1 + C\times 16^0 + 8\times 16^{-1}$$
$$= 13\times 16^2 + 15\times 16^1 + 12\times 16^0 + 8\times 16^{-1}$$

上述表示方法可以推广到任意的 R 进制。在 R 进制中有 R 个数码,基数为 R,其各位数码的权是 R 的幂。因而一个 R 进制数可表示为

$$(N)_R = a_{n-1}\cdots a_0 a_{-1}\cdots a_{-m}$$
$$= a_{n-1}\times R^{n-1} + a_{n-2}\times R^{n-2} + \cdots + a_0\times R^0 + a_{-1}\times R^{-1} + \cdots + a_{-m}\times R^{-m}$$
$$= \sum_{i=-m}^{n-1} a_i\times R^i$$

1.2.4　不同进制数的表示符号

在不同应用场合用不同进制表示同一个数时,为了区别出不同进位制表示的数,常用下标或尾符予以区别。用 D、B、H 分别表示十、二、十六进制,例如

$$(1995)_D = (7CB)_H = (11111001011)_B$$

或

$$1995D = 7CBH = 11111001011B$$

对于十进制数可以不写下标或尾符。

1.3　不同进制数之间的转换

1.3.1　二、十六进制数转换成十进制数

按照已十分熟悉的十进制运算法则,将二进制数或十六进制数的每位数码乘以权,再求

和，即可得到相应的十进制数，例如

$$(1011.1010)_B = 1 \times 2^3 + 1 \times 2^1 + 1 \times 2^0 + 1 \times 2^{-1} + 1 \times 2^{-3}$$
$$= (11.625)_D$$
$$(DFC.8)_H = 13 \times 16^2 + 15 \times 16^1 + 12 \times 2^0 + 8 \times 16^{-1}$$
$$= (3580.5)_D$$

1.3.2　二进制与十六进制数之间的转换

因为 $2^4 = 16$，所以 4 位二进制数正好能表示一位十六进制数的 16 个数码。反过来一位十六进制数能表示 4 位二进制数。利用如表 1.3.1 所示的对照表，可以很方便地完成这种转换，例如

$$(3AF.2)_H = \underset{3}{\underline{0011}}\ \underset{A}{\underline{1010}}\underset{F}{\underline{1111}}.\underset{2}{\underline{0010}} = (001110101111.0010)_B$$

$$(1111101.11)_B = \underset{7}{\underline{0111}}\underset{D}{\underline{1101}}.\underset{C}{\underline{1100}} = (7D.C)_H$$

所以，当二进制数转换为十六进制数时，以小数点为界，整数部分自右向左分组，每 4 位分为一组，不足前面补零；小数部分从左向右分组，每 4 位为一组，不足后面补零。表 1.3.1 为二、十、十六进制数的对照表，熟记之可方便地进行不同数制之间的转换。

表 1.3.1　不同进位记数制对照表

十进制	二进制	十六进制	十进制	二进制	十六进制
0	0000	0	8	1000	8
1	0001	1	9	1001	9
2	0010	2	10	1010	A
3	0011	3	11	1011	B
4	0100	4	12	1100	C
5	0101	5	13	1101	D
6	0110	6	14	1110	E
7	0111	7	15	1111	F

从上面的转换可看出：二进制与十六进制之间的转换很方便，这是十六进制的用途所在。

1.3.3　十进制数转换成二、十六进制数

1. 整数的转换

整数转换一般采用"除基取余"法。将十进制数不断除以将转换进制的基数，直至商为 0；每除一次取余数，依次从低位排向高位，最后由余数排列得到的数就是转换的结果。

例 1.3.1　将十进制数 39 转换成二进制数。

解　根据"除基取余"法，二进制数的基数为 2，所以用 2 除整数，直至商为 0，依次取余数，从低排向高，转换过程如下：

除数	整数	余数		
2	39	1	(b_0)	低位
2	19	1	(b_1)	
2	9	1	(b_2)	
2	4	0	(b_3)	
2	2	0	(b_4)	
2	1	1	(b_5)	高位
	0			

转换结果为

$$(39)_D = (100111)_B$$

验证如下：

$$(100111)_B = 1 \times 2^5 + 1 \times 2^2 + 1 \times 2^1 + 1 \times 2^0 = 32 + 4 + 2 + 1 = 39$$

例 1.3.2　将十进制数 208 转换成十六进制数。

解　十六进制数的基数为 16，除基所得余数可为 0～F 中任一数码，转换过程如下：

16	208	余	0
16	13	余	13 即 $(D)_H$
	0		

所以

$$(208)_D = (D0)_H$$

例 1.3.3　将十进制数 123456 转换成二进制数。

解　可先转换成十六进制数，再直接写出二进制数，这样，比多次除 2 取余法要快。

$$(123456)_D = (1E240)_H = (11110001001000000)_B$$

2．小数部分的转换

小数部分的转换可用"乘基取整"法。用将转换进制数的基数反复乘以十进制数的小数部分，直到小数部分为 0 或达到转换精度要求的位数，依次取积的整数，从最高小数位排到最低小数位。

例 1.3.4　将十进制小数 0.625 转换成二进制数。

解　用基数 2 乘以小数部分，过程如下：

	取整		
0.625			
×　2			
1.250	1	(b_{-1})	高位
×　2			
0.50	0	(b_{-2})	
×　2			
1.0	1	(b_{-3})	低位

转换结果为

$$(0.625)_D = (0.101)_B$$

转换过程中可能发生小数部分永不为 0 的情况，可根据精度要求的位数决定转换后的小数位数。

例 1.3.5 将十进制小数 0.625 转换成十六进制数。

解 $16 \times 0.625 = 10.0$ 取整为 $(A)_H$

$$(0.625)_D = (0.A)_H$$

例 1.3.6 将十进制数 208.625 转换成二、十六进制数。

解 将整数部分与小数部分分别转换，利用例 1.3.2 和例 1.3.5 的结果得到

$$(208.625)_D = (D0.A)_H$$

利用十六进制数与二进制数之间的转换方法可以得到

$$(D0.A)_H = (1101\ 0000.101)_B$$

1.4 二进制代码

数字系统不仅用到数字，还要用到各种字母、符号和控制信号等。为了表示这些信息，常用一组特定的二进制数来表示所规定的字母、数字和符号，称为二进制代码。建立这种二进制代码的过程称为编码。常用的二进制代码有自然二进制代码、二-十进制代码（BCD码）和 ASCII 码。

1.4.1 自然二进制代码

自然二进制代码是按二进制代码各位权值大小，以自然加权的方式来表示数值的大小的。例如十进制数 59 用自然二进制代码表示，可表示为 111011。

值得注意，这里的自然二进制代码虽然与二进制数的写法一样，但两者的概念不同，前者是代码，即用 111011 这个代码表示数值 59，而 111011 也是十进制数 59 所对应的二进制数，是一种数制。

1.4.2 二-十进制代码

二-十进制代码（Binary Coded Decimal，BCD 码）是用二进制编码来表示十进制数的。因为一位十进制数有 0～9 共 10 个数码，至少需要 4 位二进制编码才能表示一位十进制数。4 位二进制数可以表示 16 种不同的状态，用它来表示一位十进制数时就要丢掉 6 种状态。根据所用的 10 种状态与一位十进制数码对应关系的不同，产生了各种二-十进制编码，如表 1.4.1 所示。最常用的是 8421BCD 码。

表 1.4.1 几种码表

十进制数	自然二进制代码	8421BCD	2421BCD	4221BCD	5421BCD
0	0000	0000	0000	0000	0000
1	0001	0001	0001	0001	0001

续表

十进制数	自然二进制代码	8421BCD	2421BCD	4221BCD	5421BCD
2	0010	0010	0010	0010	0010
3	0011	0011	0011	0011	0011
4	0100	0100	0100	0110	0100
5	0101	0101	0101	0111	1000
6	0110	0110	0110	1100	1001
7	0111	0111	0111	1101	1010
8	1000	1000	1110	1110	1011
9	1001	1001	1111	1111	1100

8421BCD 码是一种直观的编码,它用每4位二进制数码直接表示出一位十进制数码。

例如:$(0011\ 1000\ 0111)_{BCD}$,根据表 1.4.1 可立即得出十进制数为 $(387)_D$。

但是 BCD 码转换成二进制是不直接的,必须先把 BCD 码转换成十进制数,然后再把十进制数转换成二进制数。相反的转换亦是如此。

例如,$(1000\ 0111\ 0110)_{BCD} = (876)_D$,$(876)_D = (1101101100)_B$,$(1100)_B = (12)_D = (0001\ 0010)_{BCD}$。

1.4.3 ASCII 码

目前在微型机中最普遍采用的是美国标准信息交换码(American Standard Code for Information Interchange,ASCII)。ASCII 码是一种用7位二进制数码表示数字、字母或符号的代码。它已成为计算机通用的标准代码,主要用于打印机、绘图机等外设与计算机之间传递信息。

如表 1.4.2 所示,7位 ASCII 码中由3位二进制代码组成8列(000~111列),由4位二进制代码构成16行(0000~1111行)。行为低4位,列为高3位。根据字母、数字所在的列位和行位,就可确定一个固定的 ASCII 码。

表 1.4.2 ASCII 码

$b_3b_2b_1b_0$ ＼ $b_6b_5b_4$	000	001	010	011	100	101	110	111
0000	NUL	DLE	SP	0	@	P	、	p
0001	SOH	DC1	!	1	A	Q	a	q
0010	STX	DC2	"	2	B	R	b	r
0011	ETX	DC3	#	3	C	S	c	s
0100	EOT	DC4	$	4	D	T	d	t
0101	ENQ	NAK	%	5	E	U	e	u
0110	ACK	SYN	&	6	F	V	f	v
0111	BEL	EBT	‘	7	G	W	g	w
1000	BS	CAN	(	8	H	X	h	x
1001	HT	EM	)	9	I	Y	i	y
1010	LF	SUB	*	:	J	Z	j	z

续表

$b_3b_2b_1b_0$ ＼ $b_6b_5b_4$	000	001	010	011	100	101	110	111
1011	VT	ESC	＋	"	K	[	k	{
1100	FF	FS	，	＜	L	\	l	|
1101	CR	GS	－	＝	M	]	m	}
1110	SO	RS	．	＞	N	↑	n	～
1111	SI	US	/	?	O	－	o	DEL

例如，字母 S 处于第六列、第四行，第六列的 3 位二进制代码为 101，第四行的 4 位二进制代码为 0011，所以字母 S 的 7 位 ASCII 码是 $b_6b_5b_4b_3b_2b_1b_0 = 1010011$。同理，当给定一个 7 位 ASCII 码，也可立即查出一个对应的数字、字母或符号，如 ASCII 码 $b_6b_5b_4b_3b_2b_1b_0 = 0101011$，查表为符号"＋"。

1.5　基本逻辑运算

所谓逻辑，就是指事物的各种因果关系。在数字电路中，因果关系表现为电路的输入（原因或条件）与输出（结果）之间的关系，这些关系是通过逻辑运算电路来实现的。分析和设计数字电路使用的数学工具是逻辑代数（又称布尔代数）。逻辑代数中的变量（逻辑变量）只有两个值，即 0 和 1，没有中间值。0 和 1 并不表示数量的大小，只表示对立的逻辑状态。逻辑运算可以用文字描述，亦可用逻辑表达式描述，还可以用表格描述（这种表格称为真值表）。在逻辑代数中有三种基本逻辑运算，即与、或、非逻辑运算。

1.5.1　与逻辑运算

当决定一个事物的所有条件都成立时，事件才发生，这种因果关系称为与逻辑关系。如图 1.5.1 所示的开关串联电路中，只有在开关 A、B 全接通的条件下，灯泡 F 才会亮，那么 F 与 A 和 B 之间的逻辑关系就是与逻辑。与逻辑关系简称为与运算，又称为逻辑乘，逻辑关系可用逻辑表达式表示，与逻辑的表达式为

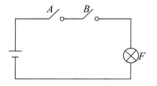

图 1.5.1　开关串联电路

$$F = A \cdot B \tag{1.5.1}$$

式中，"·"为与逻辑的运算符号，与逻辑运算符号"·"在运算中可以省略，故式(1.5.1)也可写为

$$F = A\,B$$

式中，A、B、F 都是逻辑变量，A 和 B 是输入逻辑变量或逻辑自变量，F 是输出逻辑变量或 A 和 B 的逻辑函数（有关逻辑函数和逻辑代数的概念将在第 3 章详细介绍）。逻辑变量只有两种状态，或为真，或为假，通常用 1 表示真，用 0 表示假，因此逻辑变量称为二值逻辑变量。

作为逻辑取值的 1 和 0 并不表示数值的大小，而是表示完全对立的两个逻辑状态，可以是条件的有或无，事件的发生或不发生，灯的亮或灭，开关的通或断，电压的高或低等。这里

必须注意,逻辑取值的 0 和 1 不同于前述二进制数的 0 和 1。

与逻辑的运算规则为

$$\begin{cases} 0 \cdot 0 = 0 \\ 0 \cdot 1 = 0 \\ 1 \cdot 0 = 0 \\ 1 \cdot 1 = 1 \end{cases} \tag{1.5.2}$$

将输入逻辑变量 A 和 B 取值的所有组合和对应输出逻辑变量 F 的取值列成一表格,如表 1.5.1 所示,这种表格称为真值表,是逻辑关系的另一种表示形式。由表 1.5.1 可知,与逻辑关系为输入全 1,输出为 1,输入有 0,输出为 0。真值表能直观地反映输入变量与输出变量之间的逻辑关系,通过真值表可以很方便地将一个实际问题的因果关系转换为逻辑关系。例如图 1.5.1 电路描述的实际问题是开关 A、B 通和断与灯 F 亮和熄的因果关系,若转换为逻辑关系,首先设定逻辑变量和逻辑取值,设输入变量为开关 A、B,通为逻辑 1,断为逻辑 0,输出变量是灯 F,亮为逻辑 1,熄为逻辑 0。然后将输入变量的所有取值及对应输出变量取值列成一个表,即为表 1.5.1。

表 1.5.1 与逻辑的真值表

A	B	$F = A \cdot B$
0	0	0
0	1	0
1	0	0
1	1	1

例 1.5.1 现有两个一位二进制数 A、B 作减法运算,试用真值表表示输入与输出的逻辑关系。

解 题意是用真值表表示两个一位二进制数减法运算的逻辑关系,分两种情况:第一种是不考虑借位的减法运算;第二种是考虑借位的减法运算。

第一种情况有两个输入变量,即将减数 A、减数 B,两个输出变量,即计算结果差值 D、运算后可能产生借位 C。A、B、D 变量的取值均是 0 或 1,设变量 C 的逻辑取值为有借位为 1,无借位为 0。用真值表表示的输入变量与输出变量的逻辑关系如表 1.5.2 所示。真值表第一行表示的减法运算是 $D = A - B = 0 - 0 = 0$,没有借位产生,$C = 0$;第二行表示的减法运算是 $D = A - B = 0 - 1 = 1$,有借位产生,$C = 1$;第三行表示的减法运算是 $D = A - B = 1 - 0 = 1$,没有借位产生,$C = 0$;第四行表示的减法运算是 $D = A - B = 1 - 1 = 0$,没有借位产生,$C = 0$。

表 1.5.2 不考虑借位的减法运算真值表

A	B	D	C
0	0	0	0
0	1	1	1
1	0	1	0
1	1	0	0

第二种情况有三个输入变量，即将减数 A、减数 B 和低位可能产生的借位 C_1，输出变量仍然是两个，即计算结果差值 D、运算后可能产生的借位 C_2。C_1、C_2 的逻辑取值仍然是有借位为 1，无借位为 0。所以考虑低位是否有借位情况的减法运算是 $D = A - B - C_1$。用真值表表示的输入变量与输出变量的逻辑关系如表 1.5.3 所示。

表 1.5.3　考虑借位的减法运算真值表

A	B	C_1	D	C_2
0	0	0	0	0
0	0	1	1	1
0	1	0	1	1
0	1	1	0	1
1	0	0	1	0
1	0	1	0	0
1	1	0	0	0
1	1	1	1	1

1.5.2　或逻辑运算

或逻辑的因果关系可以这样陈述。在决定一个事件的各个条件中，只要其中一个或者一个以上的条件成立，事件就会发生。在如图 1.5.2 所示的开关并联电路中，只要开关 A 或开关 B 有一个接通，灯 F 就会亮。那么 F 与 A 和 B 之间的逻辑关系就是或逻辑，或逻辑运算简称或运算，又称为逻辑加。或逻辑的表达式为

图 1.5.2　开关并联电路

$$F = A + B \qquad (1.5.3)$$

式中，"$+$"为或逻辑运算符号。或逻辑的真值表如表 1.5.4 所示，其逻辑关系为输入全 0，输出为 0；输入有 1，输出为 1；其运算规则为

$$\begin{cases} 0 + 0 = 0 \\ 0 + 1 = 1 \\ 1 + 0 = 1 \\ 1 + 1 = 1 \end{cases} \qquad (1.5.4)$$

表 1.5.4　或逻辑的真值表

A	B	$F = A + B$
0	0	0
0	1	1
1	0	1
1	1	1

1.5.3　非逻辑运算

在如图 1.5.3 所示的电路中,开关 A 断开,灯 F 就会亮;反之,开关 A 接通,灯 F 就不亮,这样的因果对立关系称为非逻辑。非逻辑运算简称为非运算,又称为反相运算。非运算的逻辑表达式为

$$F = \overline{A} \qquad (1.5.5)$$

式中,变量字母上方的"—"为非逻辑运算符号。非逻辑的真值表如表 1.5.5 所示,其逻辑关系为输入与输出反相,其运算规则为

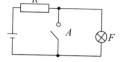

图 1.5.3　非逻辑

$$\begin{cases} \overline{0} = 1 \\ \overline{1} = 0 \end{cases} \qquad (1.5.6)$$

表 1.5.5　非逻辑的真值表

A	$F = \overline{A}$
0	1
1	0

1.6　小结

(1) 数字电路处理的信号是数字信号,数字信号在数值上和时间上均是离散的。

(2) 数字信号常用二进制数来表示。在数字电路中,常用数字 1 和 0 表示电平的高和低。

(3) 二进制数的加、减运算规则是逢 2 进 1,借 1 还 2。

(4) 十六进制是二进制的简写,它是以 16 为基数的记数体制。一个数可以在十进制、二进制和十六进制之间相互转换。

(5) 二进制数码常用来表示十进制数(BCD 码)或表示数字、字母或符号(ASCII 码)。

(6) 分析和设计数字电路使用的数学工具是逻辑代数,在逻辑代数中有三种基本逻辑运算,即与、或、非逻辑运算。逻辑运算可以用文字、逻辑表达式和真值表描述。

习题

1-1　将下列十进制数转换成十六进制数和二进制数。

$100, 127, 255, 1024, 16.5, 50.375$

1-2　将下列二进制数转换成十六进制数和十进制数。

$1011_B, 10000000_B, 100000000_B, 11001.011_B$

1-3　将下列十六进制数转换成二进制数和十进制数。

$AF3C_H, 0F_H, 80_H, 3BD.8_H$

1-4　将下列各数转换成 8421BCD 码。

10111_B，521_D，$3F4_H$

1-5　根据 ASCII 码表，用 ASCII 码表示下列数字和字母。

(1) 5　　　　　　　　(2) A　　　　　　　　(3) %　　　　　　　　(4) DEL

1-6　计算下列各式。

(1) 1001_B+0111_B　　(2) 1101_B+1110_B　　(3) 1101_B-1010_B

1-7　现有两个一位二进制数 A、B 作为输入，其和 S 作为输出，若不考虑进位 C，试用真值表表示输入与输出的逻辑关系；若考虑进位，试用真值表表示加数 B、被加数 A、进位 C_1 与借位 C_2 和 S 之间的逻辑关系。

第2章 逻辑门电路

在数字电路中,输入与输出量之间能满足某种逻辑关系的逻辑运算电路称为逻辑门电路。逻辑门电路一般由开关元件,即二极管、晶体管和场效应管构成,利用它们的开关特性实现各种逻辑门电路,因此熟悉开关元件的开关特性是门电路的基础。本章首先分析开关元件的开关特性,然后讨论实现三种基本逻辑运算的基本逻辑门电路。在此基础上重点介绍两种常用的数字集成逻辑门电路,即 TTL 逻辑门电路和 MOS 逻辑门电路,对 ECL 逻辑门只作一般介绍。在讨论这些电路时,着重阐述它们的逻辑功能、技术参数以及应用举例,最后指出实际应用中应注意的问题。

2.1 开关元件的开关特性

作为开关元件应具有两种工作状态,即接通状态和断开状态,开关的特性表现为接通时阻抗要小,相当于短路,断开时阻抗要大,相当于开路,接通与断开之间的转换速度要快。

2.1.1 二极管的开关特性

图 2.1.1(a)是硅二极管的伏安特性曲线。当二极管两端的正向电压大于死区电压后,二极管正向电流明显上升,而端电压 u_D 变化不大,通常工作电压 U_D 硅管为 $0.6\sim0.7\text{V}$,锗

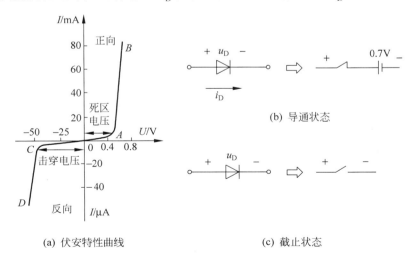

(a) 伏安特性曲线   (c) 截止状态

图 2.1.1 硅二极管的伏安特性曲线与开关作用

管为 $0.2\sim0.3\mathrm{V}$，此时，二极管处于导通状态，电阻较小；当二极管两端的正向电压小于死区电压 U_A，反向电压小于击穿电压，即二极管端电压在击穿电压与死区电压之间，二极管的电流很小，$i_\mathrm{D}\approx0$，此时，二极管处于截止状态，电阻很大。

由此可见二极管的开关作用在于正向电压大于工作电压，二极管导通，有较大的正向电流，二极管相当于开关接通，如图 2.1.1(b)所示；正向电压小于工作电压，二极管截止，$i_\mathrm{D}\approx0$，二极管相当于开关断开，如图 2.1.1(c)所示。

二极管的开关特性表现在导通与截止两种不同状态之间的转换过程。当二极管从截止到导通时，转变过程所需的时间很短，对开关速度的影响可以忽略不计。当二极管由正向导通到反向截止时，由于电荷存储效应，使二极管从正向导通到反向截止有一个反向恢复过程，存在一段反向恢复时间，影响了二极管的开关速度。

2.1.2　晶体管的开关特性

晶体管的开关作用可以用如图 2.1.2(a)所示的共发射极电路和如图 2.1.2(b)所示的输出特性说明。由输出特性曲线的截止、放大和饱和三个区可知，晶体管可工作在截止、放大和饱和三种状态。

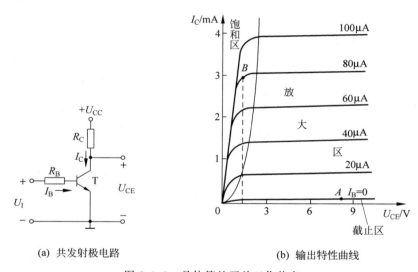

(a) 共发射极电路　　　　　　　　(b) 输出特性曲线

图 2.1.2　晶体管的开关工作状态

当输入电压 U_I 为负值时，晶体管发射结和集电结均反向偏置，晶体管进入截止区，如图 2.1.2(b)所示的 A 点。这时 $I_\mathrm{B}\approx0$，$I_\mathrm{C}\approx0$，$U_\mathrm{CE}\approx U_\mathrm{CC}$，晶体管的 C、E 之间近似于开路，相当于开关断开，晶体管的工作状态处于截止状态。对 NPN 硅管而言，在实际应用中，只要晶体管 U_BE 小于发射结死区电压，即 $U_\mathrm{BE}<0.5\mathrm{V}$，晶体管就处于截止状态。

当输入电压 U_I 正向增加，使发射结导通后，随着 U_I 增加，I_B 增加，I_C 也会增加，集电极电位随之减小，即

$$U_\mathrm{C}=U_\mathrm{CC}-I_\mathrm{C}R_\mathrm{C}$$

当集电极电位减小到低于基极电位，晶体管发射结和集电结均正向偏置，晶体管进入饱和区，如图 2.1.2(b)所示的 B 点。这时集电极电流称为饱和电流 I_CS，基本上不随 I_B 增加而

增加,集电极电压称为饱和压降 U_{CES},即

$$U_{CE} = U_{CC} - I_{CS}R_C = U_{CES} \approx 0.3V$$

饱和压降 U_{CES} 也基本上不随 I_B 的增加而变化。由于 U_{CES} 很小,晶体管的 C、E 之间近似于短路,相当于开关闭合,晶体管的工作状态处于饱和状态。

由此可见,晶体管可看成一个由基极电流控制的无触点开关,晶体管截止时,开关断开;晶体管饱和时,开关闭合。

与二极管一样,晶体管的开关过程也是内部电荷"建立"和"消散"的过程,因而需要一定的开关时间。晶体管从截止到饱和所需要的时间称为开通时间,从饱和到截止所需要的时间称为关闭时间,开通时间和关闭时间的总和称为晶体管开关时间,一般为几十至几百纳秒(ns)。开关时间对电路的开关速度影响很大,开关时间越小,电路的开关速度就越快。

2.2 基本逻辑门电路

实现与、或、非三种逻辑运算的电子电路分别称为与逻辑门、或逻辑门、非逻辑门,简称为与门、或门、非门。为了给出逻辑门的概念,下面介绍由二极管和晶体管构成的门电路。

2.2.1 与门电路

图 2.2.1(a)是由二极管构成的有两个输入端的与门电路。A 和 B 为输入,F 为输出。假设二极管是硅管,正向结压降为 0.7V,输入高电平为 3V,低电平为 0V。现在来分析这个电路如何实现与逻辑运算。输入 A 和 B 的高、低电平共有 4 种不同的组合,下面分别讨论。

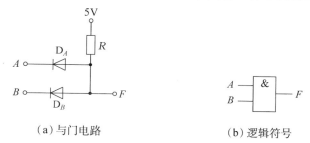

(a)与门电路   (b)逻辑符号

图 2.2.1 与门电路及逻辑符号

1. $U_A = U_B = 0V$

在这种情况下,很显然,二极管 D_A 和 D_B 都处于正向偏置,D_A 和 D_B 均导通,由于二极管的正向结压降为 0.7V,使 U_F 被钳制在 $U_F = U_A$(或 U_B)+ 0.7V = 0.7V。

2. $U_A = 0V, U_B = 3V$

$U_A = 0V$,故 D_A 先导通。由于二极管钳位作用,$U_F = 0.7V$。此时 D_B 反向偏置,处于截止状态。

3. $U_A = 3\text{V}, U_B = 0\text{V}$

显然 D_B 先导通，$U_F = 0.7\text{V}$。此时 D_A 反向偏置，处于截止状态。

4. $U_A = U_B = 3\text{V}$

在这种情况下，D_A 和 D_B 均导通，因二极管钳位作用，$U_F = U_A$（或 U_B）$+0.7\text{V} =$ 3.7V。

将上述输入与输出电平之间的对应关系列表，如表 2.2.1 所示。假定高电平 3V 或 3.7V 代表逻辑取值 1，低电平 0V 或 0.7V 代表逻辑取值 0，则可以把表 2.2.1 输入与输出电平关系表转换为输入与输出的逻辑关系表，这个表就是如表 1.5.1 所示的与逻辑真值表。由此可见，图 2.2.1 的电路满足与逻辑的要求。只有输入端都是 1，输出才是 1，否则输出就是 0，所以它是一种与门，其逻辑表达式为 $F = A \cdot B$。与门是数字电路的基本单元之一，其逻辑符号如图 2.2.1(b) 所示。

表 2.2.1　与门电路输入与输出电平关系表

输入/V		输出/V
U_A	U_B	U_F
0	0	0.7
0	3	0.7
3	0	0.7
3	3	3.7

2.2.2　或门电路

图 2.2.2(a) 是由二极管构成的有两个输入端的或门电路，图 2.2.2(b) 是或门的逻辑符号。电路分析可分为以下两种情况。

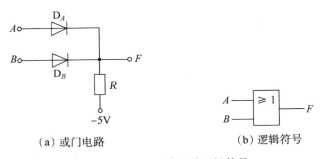

（a）或门电路　　　　（b）逻辑符号

图 2.2.2　或门电路及其逻辑符号

1. $U_A = U_B = 0\text{V}$

显然，二极管 D_A 和 D_B 都导通，$U_F = U_A$（或 U_B）$-0.7\text{V} = -0.7\text{V}$。

2. U_A、U_B 任意一个为 3V

例如,在 $U_A = 3V$,D_A 先导通,因二极管钳位作用,$U_F = U_A - 0.7V = 2.3V$。此时,D_B 截止。如果将高电平 2.3V 和 3V 代表逻辑 1,低电平 $-0.7V$ 和 0V 代表逻辑 0,那么,根据上述分析结果,可以得到如表 2.2.2 所示的逻辑真值表。通过真值表可看出,只要输入有 1,输出就为 1,否则,输出就为 0。由此可知,输入变量 A、B 与逻辑函数 F 之间的逻辑关系是或逻辑。因此,图 2.2.2 电路是实现或逻辑运算的或门,其逻辑表达式为 $F = A + B$。

表 2.2.2 或门电路真值表

A	B	$F = A + B$
0	0	0
0	1	1
1	0	1
1	1	1

2.2.3 非门电路

图 2.2.3 给出了非门电路及其逻辑符号。电路只有一个输入,分两种情况讨论它的工作状态。

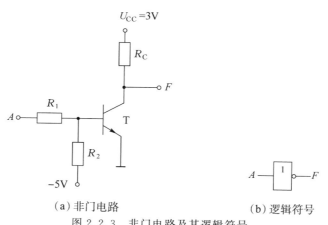

(a) 非门电路　　　　　　　　(b) 逻辑符号

图 2.2.3 非门电路及其逻辑符号

1. $U_A = 0V$

由于 $U_A = 0V$,它与 $-5V$ 分压后使三极管 T 的基极电压 $U_B < 0$,所以,三极管处于截止状态,输出电压 U_F 将接近于 U_{CC},即 $U_F \approx U_{CC} = 3V$。

2. $U_A = 3V$

由于 $U_A = 3V$,三极管 T 发射结正向偏置,T 导通并处于饱和状态(可以设计电路使基极电流大于临界饱和基极电流,在这种情况下,三极管为饱和状态),三极管 T 饱和状态时,

$U_{CE}=0.3\mathrm{V}$，因此，$U_F=0.3\mathrm{V}$。假定用高电平 3V 代表逻辑 1，低电平 0V 和 0.3V 代表逻辑 0，根据上述分析结果，可得到如表 2.2.3 所示的真值表。根据真值表可知，输入变量 A 与逻辑函数 F 之间是非逻辑的关系，其逻辑表达式为 $F=\overline{A}$。

表 2.2.3　非门电路真值表

A	$F=\overline{A}$
0	1
1	0

2.2.4　复合逻辑门

　　逻辑代数中，由基本的与、或、非逻辑运算可以实现多种复合逻辑运算关系，实现复合逻辑运算的逻辑门称为复合逻辑门。常用的复合逻辑门有与非门、或非门、异或门、同相门、同或门。表 2.2.4 列出了常用复合逻辑门的逻辑表达式、逻辑符号、真值表及逻辑关系。

表 2.2.4　常用复合逻辑门

逻辑门名称	逻辑门符号	表　达　式	真　值　表	逻辑关系
与非门	A,B → `&` → F	$F=\overline{AB}$	$A\;B\;F$ $0\;0\;1$ $0\;1\;1$ $1\;0\;1$ $1\;1\;0$	输入有 0 输出为 1 输入全 1 输出为 0
或非门	A,B → `≥1` → F	$F=\overline{A+B}$	$A\;B\;F$ $0\;0\;1$ $0\;1\;0$ $1\;0\;0$ $1\;1\;0$	输入全 0 输出为 1 输入有 1 输出为 0
异或门	A,B → `=1` → F	$F=A\overline{B}+\overline{A}B$ $=A\oplus B$	$A\;B\;F$ $0\;0\;0$ $0\;1\;1$ $1\;0\;1$ $1\;1\;0$	输入相同 输出为 0 输入相异 输出为 1
同相门	A → `1` → F	$F=A$	$A\;F$ $0\;0$ $1\;1$	输入、输出相同
同或门	A,B → `=` → F	$F=\overline{A\oplus B}=A\odot B$	$A\;B\;F$ $0\;0\;1$ $0\;1\;0$ $1\;0\;0$ $1\;1\;1$	输入相同 输出为 1 输入相异 输出为 0

　　表中 $\oplus$ 为异或门的逻辑运算符号，$\odot$ 为同或门的逻辑运算符号。

例 2.2.1　已知与门输入端 A、B 的波形如图 2.2.4 所示,试画出输出端 F 的波形。

解　根据与门逻辑关系,A、B 全为 1,F 为 1,否则 F 为 0,与门输出端 F 的波形如图 2.2.4 所示。比较输入、输出波形,可以发现与门可用作信号传输控制门。需要传送的信号和控制信号分别为 A、B 信号,当允许传送信号时,B 端控制信号为 1,与门通过 A 端输入的信号;当禁止传送信号时,B 端控制信号为 0,与门阻断 A 端输入的信号,输出为 0。

由于例 2.2.1 中波形图反映了逻辑门输入输出的逻辑关系,因而波形图也可用来表示逻辑关系。

例 2.2.2　已知逻辑门输入端 A、B 和输出端 F 的波形如图 2.2.5 所示,请写出逻辑门的表达式。

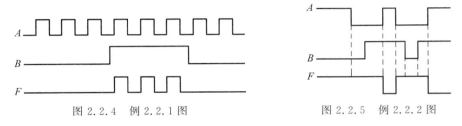

图 2.2.4　例 2.2.1 图　　　　　图 2.2.5　例 2.2.2 图

解　将波形图中各输入所对应的输出填入真值表,如表 2.2.5 所示,由真值表即可判断出逻辑门是与非门,表达式为

$$F = \overline{A\,B}$$

表 2.2.5　例 2.2.2 真值表

A	B	F
0	0	1
0	1	1
1	0	1
1	1	0

2.2.5　正逻辑和负逻辑

在数字电路中,通常用电路的高电平和低电平分别代表逻辑 1 和逻辑 0,在这种规定下的逻辑关系称为正逻辑。反之,用低电平表示逻辑 1,用高电平表示逻辑 0,在这种规定下的逻辑关系称为负逻辑。将电平和逻辑取值之间对应关系给予规定称为逻辑规定。

对于一个数字电路,既可采用正逻辑,也可采用负逻辑。同一电路,如果采用不同的逻辑规定,那么电路所实现的逻辑运算是不同的。如图 2.2.1 所示的与门电路,按照正逻辑规定,如前述的分析表明,它是与门电路。如果按照负逻辑规定,则这个电路是或门电路,这是因为只要任意一个输入端的信号是低电平时(逻辑 1),输出就是低电平(逻辑 1),否则,输出是高电平(逻辑 0)。由此可见,正逻辑与门和负逻辑或门是互相对应的。同样的分析,也可知道正逻辑或门和负逻辑与门是互相对应的。表 2.2.6 和表 2.2.7 分别给出了几种基本逻辑门的正逻辑和负逻辑电平关系。在本书中,除在特殊情况下注明为负逻辑外,一律采用正逻辑。

表 2.2.6   逻辑门正逻辑电平关系

输　　入		输　　出			
X	Y	与门	或门	与非门	或非门
L	L	L	L	H	H
L	H	L	H	H	L
H	L	L	H	H	L
H	H	H	H	L	L

表 2.2.7   逻辑门负逻辑电平关系

输　　入		输　　出			
X	Y	与门	或门	与非门	或非门
L	L	L	L	H	H
L	H	H	L	L	H
H	L	H	L	L	H
H	H	H	H	L	L

2.3   TTL 数字集成逻辑门电路

　　数字集成逻辑门电路是将多个逻辑门做在一块半导体基片上，然后封装在一个外壳内构成一个电路单元。数字集成逻辑门电路依据集成度可分为小规模集成，单片内包含的等效门少于 10 个；中规模集成，单片内包含的等效门在 100 个以内；大规模集成，单片内包含的等效门在万个以内；更大的称为超大规模和甚大规模集成逻辑门电路。

　　TTL 是晶体管-晶体管逻辑（Transistor-Transistor Logic）的英文缩写。在 TTL 数字集成逻辑门电路中，输入和输出部分的开关元件均采用晶体管（又称双极型晶体管），因此也得名 TTL 数字集成逻辑门电路，简称 TTL 逻辑门。这种门电路于 20 世纪 60 年代问世，随后经过对电路结构和集成工艺的不断改进，其性能得到不断完善，至今仍被广泛应用于各种中、小规模集成逻辑电路和数字系统。由于与非逻辑可以实现任意的逻辑运算，所以与非门是应用最广泛的逻辑门之一。本节先介绍 TTL 与非门的工作原理、特性参数，然后介绍集电极开路与非门和三态门，最后介绍常用的 TTL 集成电路芯片。

2.3.1   基本 TTL 与非门工作原理

　　图 2.3.1 是 TTL 与非门的电路图。它由输入级、中间级和输出级三部分组成。输入级由多发射极晶体管 T_1、R_1 和二极管 D_1 和 D_2 构成。多发射极晶体管中的基极和集电极是共用的，发射极是独立的，其作用与二极管构成与门的作用相似。D_1 和 D_2 为输入端限幅二极管，限制输入负脉冲的幅度，起到保护多发射极晶体管的作用。中间级由 T_2、R_2、R_3构成，其集电极和发射极产生相位相反的信号，分别驱动输出级的 T_3 和 T_4，实现非门即反相的作用。输出级由 T_3、T_4、R_4 和 D_3 构成推拉式输出，以提高带负载的能力。

　　假定输入信号高电平为 3.6V，低电平为 0.3V，晶体管发射结导通时 $U_{BE}=0.7V$，晶体

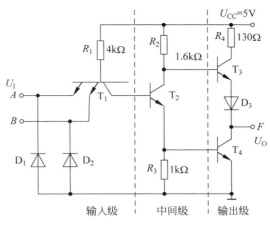

图 2.3.1 TTL 与非门电路

管饱和时 $U_{CE}=0.3V$, 二极管导通时电压 $U_D=0.7V$。这里主要分析 TTL 与非门的逻辑关系, 并估算电路有关各点的电压。

1. 输入有一个 (或两个) 为 0.3V

假定输入端 A 为 0.3V, 那么 T_1 的 A 发射结导通, T_1 的基极电压 $U_{B1}=U_A+U_{BE1}=0.3+0.7=1.0V$。此时, U_{B1} 作用于 T_1 的集电结和 T_2、T_4 的发射结共三个 PN 结, U_{B1} 过低, 不足以使 T_2 和 T_4 导通。因为要使 T_2 和 T_4 导通, 至少需要 $U_{B1}=2.1V$。当 T_2 和 T_4 截止时, 电源 U_{CC} 通过电阻 R_2 向 T_3 提供基极电流, 使 T_3 和 D_3 导通, 其电流流入负载。因为电阻 R_2 上的压降很小, 可以忽略不计, 输出电平为

$$U_O=U_{CC}-U_{BE3}-U_{D3}=5V-0.7V-0.7V=3.6V$$

实现了输入只要有一个低电平, 输出就为高电平的逻辑关系。

2. 输入端全为 3.6V

当输入端 A、B 都为高电平 3.6V 时, 电源 U_{CC} 通过电阻 R_1 先使 T_2 和 T_4 导通, 使 T_1 基极电压 $U_{B1}=3\times0.7V=2.1V$, 多发射极管 T_1 的两个发射结处于截止状态, 而集电结处于正向偏置的导通状态。这时 T_1 处于倒置运用, I_{B1} 电流流入 T_2 的基极, 只要合理选择 R_1、R_2 和 R_3, 就可以使 T_2 和 T_4 处于饱和状态。由此, T_2 集电极电平 U_{C2} 为

$$U_{C2}=U_{CE2}+U_{BE4}=0.3V+0.7V=1.0V$$

U_{C2} 为 1.0V, 不足以使 T_3 和 D_3 导通, 故 T_3 和 D_3 截止。因 T_4 处于饱和状态, 故 $U_{CE4}=0.3V$, 即 $U_O=0.3V$。实现了输入全为高电平, 输出为低电平的逻辑关系。

通过上述分析可知, 当输入有一个或两个为 0.3V 时, 输出为 3.6V; 当输入全为 3.6V 时, 输出为 0.3V。电路实现了与非门的逻辑关系。由于 T_4 的状态决定输出是否为高、低电平, 所以, 人们将 T_4 的状态作为与非门的状态。当 T_4 截止时, 称与非门处于截止状态或关门状态; 当 T_4 饱和导通时, 称与非门处于导通状态或开门状态。

由上述分析还可得知, 当输入端全悬空时, 即输入端什么都不接, 电源 U_{CC} 可通过电阻 R_1 先使 T_2 和 T_4 导通, 电路的工作情况与输入端全为高电平时相同, 当输入端接地时, 电

路的工作情况与输入端接低电平时相同；当两个与非门输出端并用时，若一个输出高电平，另一个输出低电平，则会造成逻辑混乱和器件的损坏。所以对于普通 TTL 逻辑门，输入端悬空可视为输入高电平，输入端接地可视为输入低电平，当输入端信号不同时，逻辑门输出端禁止并用。在实际应用中，输入端悬空容易引入干扰，故对不用的输入端一般不悬空，应做相应的处理。

2.3.2　TTL 与非门的主要外部特性参数

1. 输出和输入高、低电平

前面介绍逻辑门时，假定高电平 3.6V 代表逻辑 1，低电平 0.3V 代表逻辑 0，这是高、低电平的典型值。但是在实际应用中，由于受到噪声干扰，信号的高、低电平要发生变化。为了保证逻辑门能正确实现逻辑运算，规定了高、低电平值的容许范围。

输出高电平 U_{OH}。指逻辑门电路输出处于截止（或关门）状态时的输出电平，允许范围为 $2.4\sim5V$，典型值是 3.6V，最小值 $U_{OH(min)}$ 为 2.4V，由产品手册给出。

输出低电平 U_{OL}。指逻辑门电路输出处于导通（或开门）状态时的输出电平，允许范围为 $0\sim0.4V$，典型值是 0.3V，最大值 $U_{OL(max)}$ 为 0.4V，由产品手册给出。

在 TTL 电路中输出电平不允许出现在 $0.4(U_{OL(max)})\sim2.4V(U_{OH(min)})$，若电平值处于这个范围，就会造成逻辑上的混乱。

输入高电平 U_{IH}。指保证门电路处于开门状态的输入电平，典型值是 3.6V，最小值 $U_{IH(min)}$ 为 2.0V，由产品手册给出，这个电平称为开门电平，用 U_{ON} 表示，即 $U_{ON}=U_{IH(min)}=2.0V$。

输入低电平 U_{IL}。指保证门电路处于关门状态的输入电平，典型值是 0.3V，最大值 $U_{IL(max)}$ 为 0.8V，由产品手册给出，该电平称为关门电平，用 U_{OFF} 表示，即 $U_{OFF}=U_{IL(max)}=0.8V$。

2. 输入噪声容限

在数字电路中，即使有干扰信号即噪声电压叠加在输入信号的高、低电平上，只要噪声电压的幅度不超过允许的界限，输出端的逻辑状态就不会受到影响。通常把不允许超过的界限称为噪声容限，电路的噪声容限越大，其抗干扰能力就越强。由于前一级逻辑门的输出电平往往是后一级的输入电平，则输出高电平的最小值 $U_{OH(min)}$ 即为输入高电平的最小值，因此，高电平噪声容限 U_{NH} 定义为

$$U_{NH}=U_{OH(min)}-U_{IH(min)}$$

同理，输出低电平的最大值 $U_{OL(max)}$ 即为输入低电平的最大值，因此，低电平噪声容限 U_{NL} 定义为

$$U_{NL}=U_{IL(max)}-U_{OL(max)}$$

若已知 TTL 与非门的 $U_{OH(min)}=2.4V$，$U_{IH(min)}=2.0V$，$U_{OL(max)}=0.4V$，$U_{IL(max)}=0.8V$，则噪声容限为

$$U_{NH}=2.4V-2.0V=0.4V$$
$$U_{NL}=0.8V-0.4V=0.4V$$

因此，TTL 与非门电路的抗干扰能力为 0.4V，也就是说，叠加在信号上的噪声电压不能大于 0.4V，否则，逻辑门电路将会发生逻辑错误。

3. 开门电阻和关门电阻

当与非门的某一输入端通过电阻 R_1 接地(其他输入端均接高电平)时,若 $R_1 = \infty$,即输入端悬空,与非门输出低电平,处于开门状态;若 $R_1 = 0$,即输入端接地,与非门输出高电平,处于关门状态。因此输入电阻 R_1 的大小可以决定与非门的输出状态。

开门电阻 R_{ON}。为使与非门可靠地工作在开门状态,R_1 所允许的最小值称为开门电阻 R_{ON},典型值是 $2.5\text{k}\Omega$。对大多数 TTL 门电路,只要 $R_1 > 2.5\text{k}\Omega$,就相当于输入高电平。

关门电阻 R_{OFF}。为使与非门可靠地工作在关门状态,R_1 所允许的最大值称为关门电阻 R_{OFF},典型值是 $0.7\text{k}\Omega$。对大多数 TTL 门电路,只要 $R_1 < 0.7\text{k}\Omega$,就相当于输入低电平。

例 2.3.1 在如图 2.3.2 所示的 TTL 门电路中,能否实现图中规定的逻辑运算。

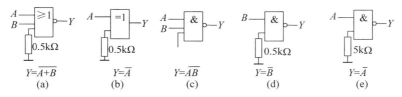

图 2.3.2 例 2.3.1 图

解 图 2.3.2(a)中输入电阻小于 $0.7\text{k}\Omega$,该输入端视为低电平,$Y = \overline{A+B+0} = \overline{A+B}$,故能实现图中规定的逻辑运算。

图 2.3.2(b)中输入电阻小于 $0.7\text{k}\Omega$,可视为低电平,$Y = A \oplus 0 = A$,故不能实现图中规定的逻辑运算。

图 2.3.2(c)中输入端悬空,可视为高电平,$Y = \overline{A \cdot B \cdot 1} = \overline{AB}$,故能实现图中规定的逻辑运算。

图 2.3.2(d)中输入电阻小于 $0.7\text{k}\Omega$,可视为低电平,$Y = \overline{B \cdot 0} = 1$,故不能实现图中规定的逻辑运算。

图 2.3.2(e)中输入电阻大于 $2.5\text{k}\Omega$,可视为高电平,$Y = \overline{A \cdot 1} = \overline{A}$,故能实现图中规定的逻辑运算。

4. 扇入与扇出系数

扇入系数 N_1 由 TTL 与非门输入端的个数确定,例如一个三输入端的与非门,其扇入系数 $N_1 = 3$。扇入系数由产品手册给出,一般 $N_1 \leqslant 5$。

扇出系数用来衡量逻辑门的带负载能力,它表示一个门电路能驱动同类门的最大数目。根据负载电流的流向,扇出系数分为以下两种情况。

1) 灌电流负载

TTL 与非门输出为低电平时的等效电路如图 2.3.3(a)所示。负载电流是来自于下一级负载与非门的输入低电平电流 I_{IL},由于与驱动门连接的 T_1 发射结处于导通状态,输入低电平电流 I_{IL} 的大小为

$$I_{IL} = \frac{U_{CC} - U_{BE1} - U_{IL}}{R_1}$$

与同一个与非门接至低电平的输入端个数无关,其方向是流入 T_4 的集电极,故称为灌电流,即输出低电平电流 I_{OL},此时负载称为灌电流负载。在正常情况下,T_4 的基极电流 I_{B4} 很大,因此 T_4 处于深度的饱和状态,输出为低电平。如果负载的个数增加,使电流 I_{IL} 增加,引起 U_O 升高,若达到某值后,T_4 将退出饱和状态进入放大状态,U_O 迅速上升,如图 2.3.3(b)所示。当 U_O 大于 $U_{OL(max)}$ 时,超出了规定的低电平值,逻辑关系被破坏,这是不允许的。因此,对负载的灌电流要予以限制,不得大于输出低电平电流的最大值 $I_{OL(max)}$。为了保证与非门的输出 U_{OL} 保持在 0.4V 以内,所能驱动同类门的个数为

$$N_{OL} = \frac{I_{OL(max)}}{I_{IL}} \tag{2.3.1}$$

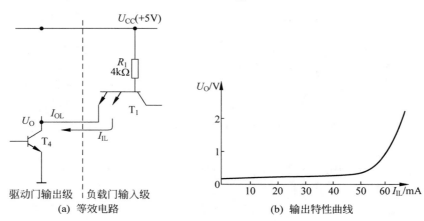

图 2.3.3　TTL 与非门输出低电平的输出特性

2）拉电流负载

TTL 与非门输出为高电平时的等效电路如图 2.3.4(a)所示。负载电流是来自于下一级负载与非门的每一个输入高电平电流 I_{IH},方向是由输出端流向负载,故称为拉电流,即输出高电平电流 I_{OH}。在正常情况下,T_3 工作于放大区。但当负载的个数增加,电流 I_{IH} 增加较大时,使 R_4 上压降较大,引起 U_{C3} 下降较大,使 T_3 进入饱和状态,射随器失去跟随作用,输出电压随负载电流增加而线性下降,如图 2.3.4(b)所示。当输出电压下降超过 $U_{OH(min)}$ 时,则造成逻辑错误。因此,对拉电流也要限制,不得大于输出高电平电流的最大值 $I_{OH(man)}$。这样,当 TTL 与非门输出为高电平时,扇出系数为

$$N_{OH} = \frac{I_{OH(max)}}{I_{IH}} \tag{2.3.2}$$

例 2.3.2　已查得 7410 与非门的参数为 $I_{OL(max)} = 16\text{mA}$,$I_{IL} = -1.6\text{mA}$,$I_{OH(max)} = 0.4\text{mA}$,$I_{IH} = 0.04\text{mA}$,试计算带同类门的扇出系数。

解　根据式(2.3.1)可计算输出为低电平时的扇出系数

$$N_{OL} = \frac{I_{OL(max)}}{|I_{IL}|} = \frac{16\text{mA}}{1.6\text{mA}} = 10$$

根据式(2.3.2)可计算高电平时的扇出系数

$$N_{OH} = \frac{0.4\text{mA}}{0.04\text{mA}} = 10$$

可见此时 $N_{OL} = N_{OH}$。当 $N_{OL} \neq N_{OH}$ 时，工程上取较小的作为电路的扇出系数。

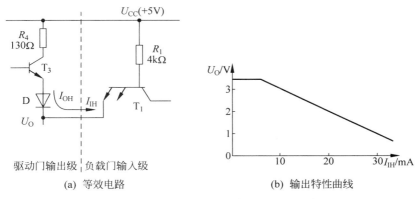

(a) 等效电路　　　　　　　　(b) 输出特性曲线

图 2.3.4　TTL 与非门输出高电平的输出特性

5. 输入短路电流与输入漏电流

输入短路电流 I_{IS}。指与非门一个或多个输入端接地，而其他输入端接高电平（或悬空）时，流向低电平输入端的电流，该电流由产品手册给出，其大小与电源、输入级电阻 R_1 和 T_1 发射极导通电压有关，与同一个与非门接至低电平的输入端个数无关。在实际应用中，输入短路电流可看成输入低电平时的输入电流 I_{IL}。

输入漏电流 I_{IH}。指某一个输入端接高电平，而其他输入端接低电平时，流入高电平数入端的电流（反向漏电流）。对任意一个输入端而言，都有一个输入漏电流 I_{IH}。

例 2.3.3　如图 2.3.5 所示的 TTL 门电路中，其 $I_{IH} = 40\mu A$、$I_{IL} = -1mA$、$I_{OL} = 10mA$、$I_{OH} = -400\mu A$。计算图中 G_1 带拉电流和灌电流的具体数值，负载电流是否超过 G_1 的允许范围？

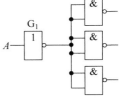

图 2.3.5　例 2.3.3 的图

解

（1）G_1 输出高电平时，负载电流为拉电流，也就是后面所接与非门总的输入漏电流，由于与非门每一个输入端都存在一个漏电流 I_{IH}，共有 6 个输入端与 G_1 输出端并联，所以，拉电流的数值为

$$6 \times I_{IH} = 6 \times 40\mu A = 240\mu A$$

因拉电流小于 I_{OH} 绝对值，故没有超过 G_1 的允许范围。

（2）G_1 输出低电平时，负载电流为灌电流，也就是后面连接的与非门总的低电平输入电流，由于每个与非门的输入电流 I_{IL} 与输入端个数无关，共有三个与非门，所以，灌电流的数值为

$$3 \times |I_{IL}| = 3 \times 1mA = 3mA$$

因灌电流的数值小于 I_{OL}，故也没有超过 G_1 的允许范围。

6．平均传输延迟时间 t_{Pd}

在理想情况下，TTL 与非门的输出会立即按逻辑关系响应输入信号的变化，但实际上，由于电子元件所具有的开关特性，使得输出的变化总是滞后于输入的变化。图 2.3.6 给出一个与非门的输入、输出脉冲波形图。从输入脉冲由低电平上升到高电平幅值 50% 的时刻起，到输出脉冲由高电平下降到低电平幅值的 50% 时止，这段时间间隔称为导通延时，用 t_{PHL} 表示。同样，从输入脉冲由高电平下降到低电平幅值的 50% 时刻起，到输出脉冲由低电平上升到高电平幅值的 50% 时止，这段时间间隔称为截止延时，用 t_{PLH} 表示。平均传输延迟时间是 t_{PHL} 和 t_{PLH} 的平均值，即

$$t_{Pd} = (t_{PHL} + t_{PLH})/2 \tag{2.3.3}$$

电路的 t_{Pd} 越小，说明它的工作速度越快。一般 TTL 系列与非门的平均传输延迟时间为几纳秒（ns）。

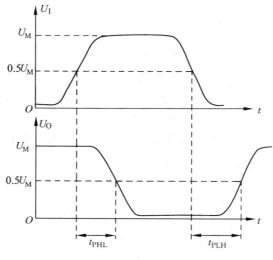

图 2.3.6   传输延迟时间

7．静态功耗

静态功耗是门电路的重要参数之一。它是指与非门空载时电源总电流 I_C 与电源电压 U_{CC} 的乘积。

2.3.3   TTL 集电极开路门

图 2.3.7(a) 是一种集电极开路的与非门电路（简称 OC 门），符号如图 2.3.7(b) 所示。与前面介绍的与非门相比，不同之处在于用外接电阻 R_C 代替了原来的 T_3、D_3 和 R_4 部分。应用时输出端可以并用。

1．OC 门的线与功能

线与功能是 OC 门在应用中的主要特点。两个 OC 门实现线与的电路如图 2.3.7(c) 所

示。图中两个逻辑门的输出端并用,当 F_1 和 F_2 均为高电平时,两个 OC 门内部的 T_4 处于关门状态,输出端 F 通过电源和外接电阻 R_C 输出高电平。当 F_1 和 F_2 只要有低电平时,不为低电平的 OC 门处于关门状态,为低电平 OC 门内部的 T_4 处于开门状态,输出端 F 为低电平,显然 $F=F_1F_2$ 完成的是与运算。这种不用与门而完成的与运算称为线与逻辑。由于两个 OC 门均为与非门,图 2.3.7(c)输入与输出之间的逻辑关系为

$$F = F_1 F_2 = \overline{A\,B}\,\overline{CD}$$

　　OC 门输出端相连可以完成线与功能,而前面所介绍的普通逻辑门的输出端却不能连接在一起,输出端相连后将造成逻辑混乱和器件的损坏。OC 门除有与非门外,还有与门、或门、或非门等。

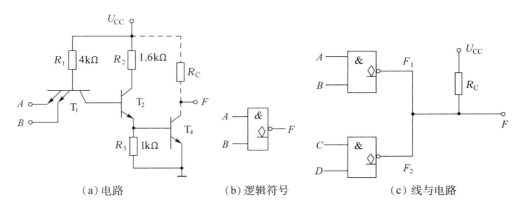

(a)电路　　　　　　　(b)逻辑符号　　　　　　　(c)线与电路

图 2.3.7　集电极开路与非门

2. 电平转换及驱动负载

OC 门除能实现线与功能外,还可用于电平转换及直接驱动较大电流的负载。

图 2.3.8(a)是利用 OC 门进行电平转换电路图,与图 2.3.7(a)比较,由于 OC 门外接电源 U_{CC2},输出高电平由图 2.3.7(a)的 U_{CC} 转换 U_{CC1}。

图 2.3.8(b)是利用 OC 非门直接驱动指示灯的原理图,当控制信号 A 为高电平时,OC 非门输出为低电平,指示灯亮,否则指示灯熄灭。

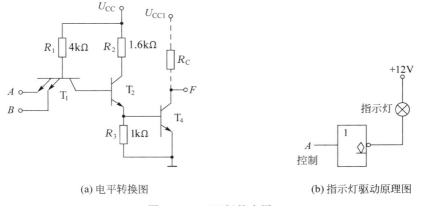

(a)电平转换图　　　　　　　　　(b)指示灯驱动原理图

图 2.3.8　OC 门的应用

3. 外接电阻 R_C 的确定

OC 门在使用中必须加接外接电阻 R_C，连接到电源上才能工作。R_C 称为上拉电阻，其数值按两种情况分析计算，如图 2.3.9 和图 2.3.10 所示。

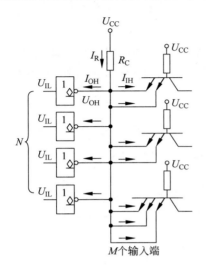

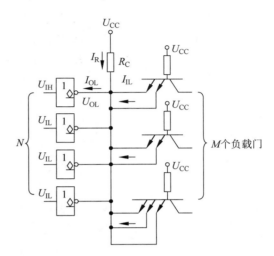

图 2.3.9   OC 门处于截止状态   图 2.3.10   OC 门中有一个处于导通状态

当所有的 OC 门都处在截止状态时，输出为 U_{OH} 高电平，如图 2.3.9 所示。图中有 N 个 OC 门连接成线与逻辑，I_{OH} 为每一个 OC 门输出管的截止漏电流，负载为 TTL 与非门，I_{IH} 为每一个负载门的输入高电平电流，电流实际方向如图 2.3.9 所示，共有 M 个输入端与 OC 门相接，R_C 上的电流为

$$I_R = NI_{OH} + MI_{IH}$$

为保证输出高电平不低于最小值 $U_{OH(min)}$，R_C 的最大值为

$$R_{C(max)} = \frac{U_{CC} - U_{OH(min)}}{NI_{OH} + MI_{IH}} \tag{2.3.4}$$

当 OC 门中有一个处于导通状态时，输出为低电平 U_{OL}，如图 2.3.10 所示。图中有 N 个 OC 门连接成线与逻辑，M 个 TTL 负载门，所有负载门的电流 MI_{IL} 和 R_C 上的电流 I_R 全部流入导通的 OC 门内，电流实际方向如图 2.3.10 所示。当只有一个 OC 门导通时，OC 门的负载最重，其最大输出低电平电流值 $I_{OL(max)}$ 为

$$I_{OL(max)} = I_R + MI_{IL}$$

为使 OC 门输出低电平不超过最大值 $U_{OL(max)}$，R_C 的最小值为

$$R_{C(min)} = \frac{U_{CC} - U_{OL(max)}}{I_{OL(max)} - MI_{IL}} \tag{2.3.5}$$

实际使用时，R_C 值可在 $R_{C(max)}$ 和 $R_{C(min)}$ 之间选择。

2.3.4   三态门

三态与非门的电路结构如图 2.3.11(a) 所示。图中 CS 为片选信号输入端（使能端），

A、B 为数据输入端。

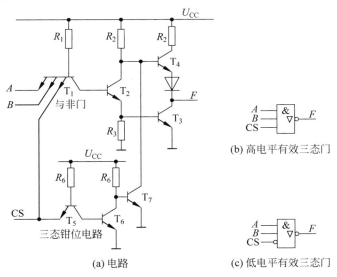

(b) 高电平有效三态门

(a) 电路　　　　(c) 低电平有效三态门

图 2.3.11　三态门与非门

1. 工作原理

当 CS 为低电平($U_{CS}=0.3V$)时,T_5 发射结导通,使 $U_{B5}=1V$,T_6 截止,T_7 饱和导通,使 T_4 的基极钳位在低电平,T_4 截止。同时由于 CS 为低电平,使 T_1 的发射结导通(不管 A、B 是什么逻辑电平),从而使 T_2 和 T_3 截止。这样,T_3 和 T_4 均截止,使输出端 F 上、下两个支路都不通,如同一悬浮的导线,称为"高阻"态。当 CS 为高电平($U_{CS}=3.6V$)时,T_5 处于倒置运用,T_6 饱和,T_7 截止,其集电极相当于开路,电路处于正常的与非门工作状态,逻辑关系同与非门一样。这样,输出端有三种状态:高阻、高电平和低电平,三态门因此得名。当 CS 为高电平时,电路处于逻辑门的正常工作状态,当 CS 为低电平时,无论输入什么电平,输出均为高阻态,这样的三态门称为高电平有效三态门。如果反过来,CS 为低电平时,电路处于逻辑门的正常工作状态,CS 为高电平时,输出均为高阻态,这样的三态门称为低电平有效三态门。三态门与非门逻辑符号如图 2.3.11(b)、图 2.3.11(c)所示。高电平有效三态与非门的真值表如表 2.3.1 所示。三态门除了有三态门、与非门和三态门非门外,还有三态门与门、三态门或门等,常用三态门的逻辑符号和真值表如图 2.3.12 所示。

表 2.3.1　高电平有效三态与非门真值表

CS	数据输入端		输出端 F
	A	B	
1	0	0	1
	0	1	1
	1	0	1
	1	1	0
0	×	×	高阻

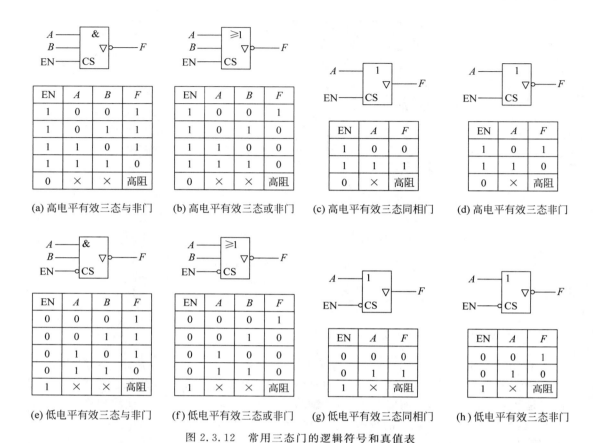

图 2.3.12　常用三态门的逻辑符号和真值表

2. 应用

使用三态门可以构成传送数据总线。图 2.3.13 为由三态非门构成的单向总线。这个单向总线是分时传送的总线，每次只能传送 A_1、A_2、A_3 中的一个信号。当三个三态门中的某一个片选信号 EN 为 1 时，其输入端的数据传送到总线上（数据的非）。当三态门的片选信号 EN 都为 0 时，不传送信号，总线与各三态门呈断开状态（高阻）。

图 2.3.14 为三态非门构成的双向总线。该电路可以实现总线上三态门之间的数据分时双向传送，图中，D_1 可传送到总线上（为 $\overline{D_1}$），总线上数据也可传送给 D_2。图 2.3.15 是图 2.3.14 的输入、输出波形。在 $0 \sim t$ 内，使能端的输入数据 EN 为高电平，G_1 门打开，输入数据 D_1 经非运算后传送到总线 $Y = Y_1$ 上，同时 G_2 门关闭，输出 D_2 为高阻状态；在 t 时间后，使能端 EN 为低电平，G_2 门打开，总线 Y 上数据经非运算后传送到 D_2，而此时 G_1 门关闭，输出 Y_1 为高阻状态。

例 2.3.4　指出图 2.3.16 中哪些电路能正常工作、哪些电路不能？说明其理由。

解 图 2.3.16(a)中两个低电平有效三态门输出端并用,由于数据输入不同,而片选信号相同,故造成输出逻辑混乱,无法正常工作。

图 2.3.16(b)中两个 OC 与非门输出端并用,外接电阻和电源,实现线与运算,电路工作正常。

图 2.3.16(c)中两个或非门输出端并用,由于输入数据不同,故造成输出逻辑混乱,无法正常工作。

图 2.3.16(d)中两个输入数据不同的三态门输出端并用,虽然片选信号相同,但一个是低电平有效,另一个是高电平有效,故能正常工作。

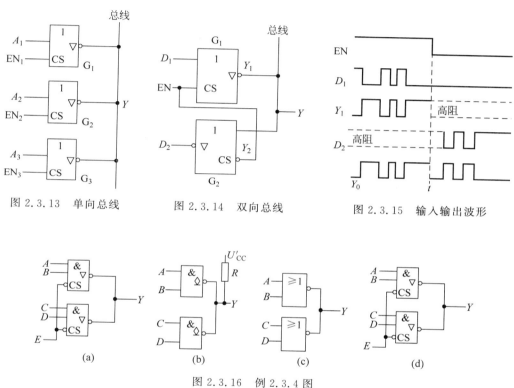

图 2.3.13 单向总线   图 2.3.14 双向总线   图 2.3.15 输入输出波形

图 2.3.16 例 2.3.4 图

2.3.5 TTL 常用集成电路芯片

常用的 TTL 集成电路芯片有与非门、或非门、非门、与门、或门和异或门。

1. 与非门

74LS00 是常用的与非门集成电路芯片之一,它含有 4 个独立的、具有两输入端的与非门,其引脚、内部逻辑电路和外形如图 2.3.17 所示。引脚共有 14 个,其中 12 个引脚是 4 个与非门的输入输出端,14 号引脚是电源 5V 的接线端,7 号引脚是电源地的接线端。从芯片外形图看,并没有直接标明引脚号,但有一个半圆标志,将芯片水平放置,半圆标志向左,如引脚图的位置,则芯片下方从左至右引脚顺序为 1~7,则芯片上方从右至左引脚顺序为 8~14。理解各引脚含义和位置是正确使用芯片的前提,芯片中各门电路是互相独立的,可以单独使用,但它们共用一条电源线和一条地线。

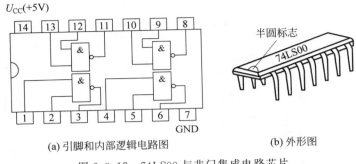

(a) 引脚和内部逻辑电路图   (b) 外形图

图 2.3.17   74LS00 与非门集成电路芯片

2. 或非门

二输入端 TTL 或非门电路如图 2.3.18(a)所示。同与非门结构不同的是输入级和中间级分别由两套相同的电路组成,T_1、T_1' 的发射极是或非门的两个输入端。当输入 A、B 中只要有一个为高电平,T_1 和 T_1' 中有一个处于倒置运用,使相接的中间级晶体管(T_2 或 T_2')导通,从而使 T_4 导通,T_3、D 截止,输出低电平。当 A、B 全为低电平时,T_2、T_2'、T_4 均截止,T_3、D 导通,输出高电平。由此可见,Y 与 A、B 之间是或非逻辑关系,即 $Y=\overline{A+B}$。

常用 TTL 或非门集成电路芯片有二输入四或非门 74LS02、3 输入三或非门 74LS27 等。74LS02 的引脚及内部逻辑电路如图 2.3.18(b)所示。

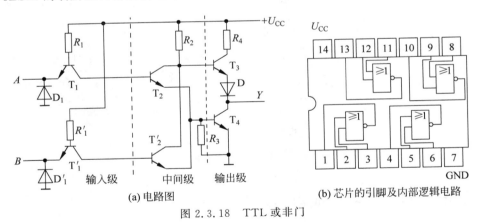

(a) 电路图   (b) 芯片的引脚及内部逻辑电路

图 2.3.18   TTL 或非门

例 2.3.5   如图 2.3.19 所示的 TTL 门电路中,其 $I_{IH}=40\mu A$、$I_{IL}=-1mA$、$I_{OL}=10mA$、$I_{OH}=-400\mu A$。计算图中 G_1 带拉电流和灌电流的具体数值。

解   (1) G_1 输出高电平时,负载电流为拉电流,也就是后面所接或非门总的输入漏电流,或非门输入漏电流的情况与与非门相似,即或非门每一个输入端都存在一个漏电流 I_{IH},共有 6 个输入端与 G_1 输出端并联,所以,拉电流的数值为

$$6\times I_{IH}=6\times 40\mu A=240\mu A$$

(2) G_1 输出低电平时,负载电流为灌电流,也就是后面连接

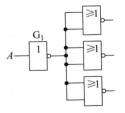

图 2.3.19   例 2.3.5 图

的或非门总的低电平输入电流,由于或非门的输入端由不同的晶体管构成,每一个输入端都存在一个低电平输入电流 I_{IL},共有 6 个输入端与 G_1 输出端并联,所以,灌电流的数值为

$$6 \times |I_{IL}| = 6 \times 1\text{mA} = 6\text{mA}$$

3. TTL 非门、与门、或门和异或门

将 TTL 与非门的多发射极做成一个发射极便得到非门;在 TTL 与非门和或非门的中间级增加一个反相电路得到便是与门和或门;异或门可以用 4 个与非门得到。图 2.3.20 给出了 TTL 非门、与门、或门和异或门的芯片的引脚分配图。

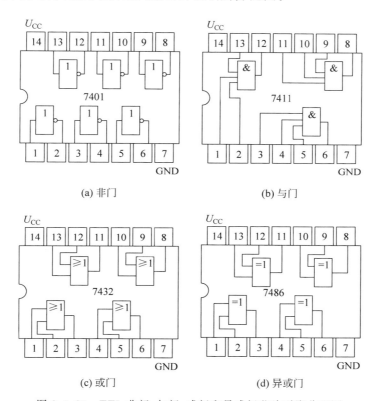

图 2.3.20 TTL 非门、与门、或门和异或门芯片引脚分配图

2.4 ECL 逻辑门电路

射极耦合逻辑(Emitter Coupled Logic)电路是另一种双极型逻辑电路,简称 ECL 逻辑电路,是一种非饱和型逻辑电路。它从根本上改变了饱和型电路的工作方式,使逻辑电路的开关速度大大提高,是目前各类数字集成电路中速度最快的一种。

2.4.1 电路的基本结构

ECL 电路的基本结构如图 2.4.1 所示。

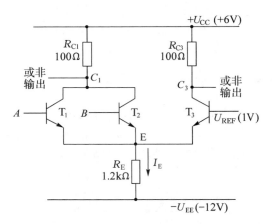

图 2.4.1　ECL 电路的基本结构

在图 2.4.1 中,T_1、T_2、T_3 组成射极耦合电路,U_{REF} 是固定的参考电压,A、B 是信号输入端,C_1 和 C_3 是信号输出端。

1. 当输入端 A、B 都接低电平 0(设 $U_A = U_B = 0.5V$)时

由于 $U_{REF} = 1V$,因此 T_3 优先导通,这使得发射极 E 的电平 $U_E = U_{REF} - U_{BE3} = 0.3V$。对于 T_1、T_2 来说,由于发射极之间的电压为 $0.5V - 0.3V = 0.2V$,又是硅管,因而确保处于截止状态。这样流过 R_E 的电流将全都由 T_3 提供,且有 $I_E = [U_E - (-U_{EE})]/R_E = (0.3V + 12V)/1.2k\Omega \approx 10mA$。这样

$$U_{C3} = U_{CC} - I_E R_{C3} = 6V - 10mA \times 0.1k\Omega = 5V$$

而

$$U_{C1} = U_{CC} = 6V$$

由此可见,当输入为 0 时,T_1、T_2 截止,输出端 C_1 为高电平 1(+6V),而 T_3 导通,输出端 C_3 为低电平 0(+5V)。因为 $U_{B3} = U_{REF} = 1V$,且 $U_{C3} = 5V$,所以 T_3 处于放大状态,并没达到饱和。

2. 当输入端 A、B 中有一个接高电平 1(设 A 接高电平,$U_A = 1.5V$)时

由于 $U_A > U_{REF}$,所以 T_1 优先导通,这便使 $U_E = 1.5V - 0.7V = 0.8V$,对 T_3 来说,这时基极电平比发射极电平仅高 0.2V,可以保证为截止。流过 R_E 的电流由 T_1 提供,且有 $I_E = (0.8V + 12V)/1.2k\Omega \approx 10.6mA$,而

$$U_{C1} = U_{CC} - I_E R_{C1} = 6V - 10.6mA \times 0.1k\Omega \approx 5V$$

$$U_{C3} = U_{CC} = 6V$$

此时 T_1 处于放大状态。由于 T_1 和 T_2 的发射极和集电极是分别连在一起的,所以只要 A、B 中有一个接高电平,都会使 C_1 为低电平 0(+5V),而 C_3 为高电平 1(+6V)。

由上分析可得

$$C_1 = \overline{A + B} \qquad 或非输出$$

$$C_3 = A + B \qquad 或输出$$

即 ECL 门的基本逻辑功能是同时具备或非/或输出。

以上所述的是具有 A、B 两个输入端的或非电路,只要增加相同类型的晶体管与 T_1 并联,就能增加门电路的输入端数。

2.4.2 ECL 门的工作特点

ECL 门的工作特点如下:

(1) ECL 工作在截止区或放大区,集电极电平总高于基极电平,这就避免了晶体管因工作在饱和状态而产生的存储电荷问题。

(2) 逻辑电平的电压摆幅小,这不仅有利于电路的转换,而且可采用很小的集电极电阻 R_C。因此,ECL 门的负载电阻总是在几百欧的数量级,使输出回路的时间常数比一般饱和型电路小,有利于提高开关速度和带负载的能力。

(3) ECL 逻辑门同时具有或和或非两个逻辑输出端,给逻辑组合带来很大方便。

ECL 门的速度快,常用于高速系统中,它的主要缺点如下:

(1) 制造工艺要求高。

(2) 抗干扰能力较弱。因为 ECL 电路的逻辑电平电压摆幅小,所以噪声容限只有 0.2V 左右。

(3) 电路功耗大,ECL 或/或非门典型空载功耗为 25mW,比 TTL 电路大得多。

2.5 MOS 逻辑门电路

MOS 逻辑门是用绝缘栅场效应管作为开关元件制作的逻辑门,是继 TTL 器件之后开发出的第二种广泛应用的数字集成逻辑器件。由于 MOS 逻辑门电路具有制造工艺简单、集成度高、抗干扰能力强等优点,因此,在数字集成电路产品中占据着相当大的比例。从发展趋势看,随着制造工艺的不断改进,MOS 电路的性能可能会超越 TTL 而成为占主导地位的逻辑器件。

MOS 逻辑电路可分为三类,即由 N 沟道增强型 MOS 管构成的 NMOS 逻辑电路、由 P 沟道增强型 MOS 管构成的 PMOS 逻辑电路和由 N、P 沟道 MOS 管两者结合构成的 CMOS 逻辑电路,也称互补 MOS 电路。这三种电路之中以 CMOS 发展最迅速,在集成度、工作速度、功耗等方面的性能比 NMOS、PMOS 优越,应用最广泛。本节在简单介绍 MOS 场效应管及其开关特性的基础上,讨论几种常用的 CMOS 逻辑门。

2.5.1 MOS 场效应管及其开关特性

MOS 场效应管(以下简称 MOS 管)按所用材料可分为 P 沟道和 N 沟道两大类,由于采用的工艺不同,又分成增强型和耗尽型两种。这样 MOS 管有 4 种类型:

① N 沟道增强型;

② N 沟道耗尽型;

③ P 沟道增强型;

④ P 沟道耗尽型。

　　这里,仅介绍 N 沟道增强型和 P 沟道增强型两类 MOS 管及其开关运用特性。

　　增强型 MOS 管的表示符号和转移特性曲线如图 2.5.1 所示。图中,D 表示漏极,G 表示栅极,S 表示源极,B 表示衬底,箭头向里表示 N 沟道,箭头向外表示 P 沟道。由转移特性曲线可见,N 沟道增强型 MOS 管的开启电压 U_T 为正值,而 P 沟道增强型 MOS 管的开启电压 U_T 为负值。当栅源电压 U_{GS} 大于 U_T（N 沟道）或 U_{GS} 小于 U_T（P 沟道）比较多的情况下,漏源电流 I_{DS} 比较大,漏源电阻 R_{ON} 比较小,此时,MOS 管处于导通状态,漏源极相当于开关接通;若栅源电压 U_{GS} 的绝对值小于开启电压 U_T 的绝对值,则漏源电流 I_{DS} 数值比较小,漏源电阻 R_{OFF} 比较大,此时,MOS 管处于截止状态,漏源极相当于开关断开。

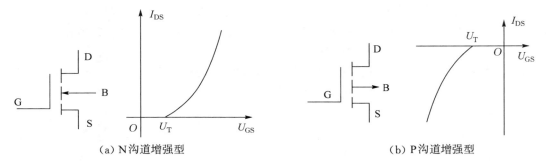

（a）N 沟道增强型　　　　　　　　　　　　（b）P 沟道增强型

图 2.5.1　增强型 MOS 管符号及转移特性曲线

　　在使用中,P 沟道 MOS 管采用负电源,P 沟道衬底接电路中最高电平;而 N 沟道 MOS 管接正电源,N 沟道衬底接电路中最低电平。

　　当 MOS 管工作在大信号条件下时,可以通过栅源电压 U_{GS} 来控制其漏、源之间的导通或截止,使 MOS 管工作在开、关状态。由于 MOS 管的输入电阻很高,输入电容（栅源极的电容）充放电时间常数很大,使 MOS 管的状态转换时间较长,限制了 MOS 管的工作速度,因而 MOS 管的工作速度一般比晶体管的工作速度低。图 2.5.2 是 N 沟道增强型 MOS 管开关电路,如果 $U_{GS}<U_T$,则 MOS 管工作于截止区,漏、源之间相当于断开,输出端电平近似为电源电压,即 $U_{DS}≈U_{DD}$。若 $U_{GS}>U_T$,则 MOS 管工作在导通区,漏、源之间导通电阻为 R_{ON},输出电平为

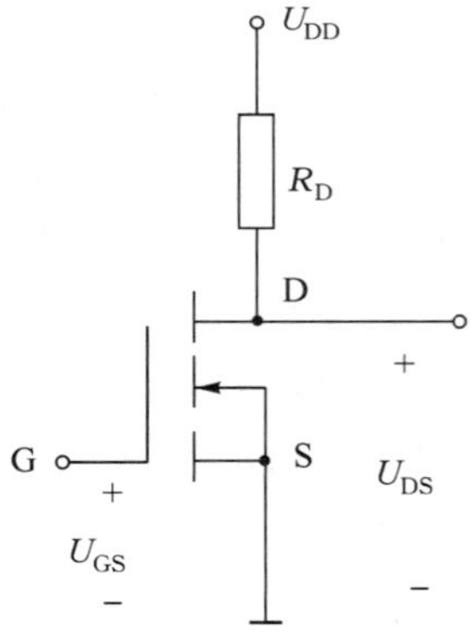

图 2.5.2　N 沟道增强型 MOS 管开关电路

$$U_{DS} = \frac{U_{DD}}{R_D + R_{ON}} \cdot R_{ON}$$

因为 R_{ON} 比较小,只要选择 $R_D \gg R_{ON}$,则 $U_{DS}≈0V$。

　　P 沟道增强型 MOS 管的开关电路,除采用负电源,控制电压 U_{GS} 为负值,开启电压 U_T 为负值外,其工作原来和分析方法与上述完全相同。

　　MOS 门的各项指标的定义和 TTL 门的相同,只是数值有所差异。由于各种 MOS 门的工作原理类似,所以下面只讨论应用日益广泛的 CMOS 逻辑门。

2.5.2 CMOS 逻辑电路

1. CMOS 非门

图 2.5.3 是 CMOS 非门逻辑电路,是 CMOS 电路的基本单元。它由一个 P 沟道增强型 MOS 管 T_P 和一个 N 沟道增强型 MOS 管 T_N 构成,电路按互补对称形式连接,两管漏极 D 相连作为输出端 F,两管栅极 G 相连作为输入端 A,T_P 源极 S 接正电源 U_{DD},T_N 源极 S 接地。T_N 和 T_P 参数对称,即 $U_{TN} = |U_{TP}|$,为了确保电路的正常工作,一般情况下,电源电压 U_{DD} 应大于 T_P、T_N 开启电压绝对值之和,即 $U_{DD} > U_{TN} + |U_{TP}|$。

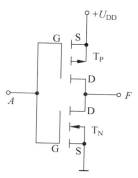

图 2.5.3 CMOS 非门逻辑电路

当输入 $U_A = 0V$(低电平)时,T_N 管的栅源极电压 $U_{GSN} = 0$,小于开启电压 U_{TN},T_N 截止,输出与地断开;而 $U_{GSP} = U_A - U_{DD} = -U_{DD}$,小于开启电压 U_{TP},故 T_P 导通,输出与 U_{DD} 相连,因此,输出电平 $U_F = U_{DD}$(高电平)。

当输入 $U_A = U_{DD}$(高电平)时,T_P 管的栅源极电压 $U_{GSP} = 0V$,大于开启电压 U_{TP},故 T_P 截止,输出与 U_{DD} 断开;而 $U_{GSN} = U_{DD}$,大于开启电压 U_{TN},T_N 导通,输出与地相连,所以,输出为 $0V$(低电平)。因此,电路实现非运算。

$$F = \overline{A}$$

由于非门输入与输出的逻辑取值相反,故称为反相器。

该电路在静态条件下,不论输出高电平还是输出低电平,T_P 和 T_N 中总有一个截止,并且截止时阻抗极高,因此流过 T_P 和 T_N 的静态电流很小,故该电路的静态功耗非常低。这是 CMOS 电路共有的优点。

根据对 CMOS 反相器的工作原理分析,若输入 U_A 由 0 变化到 U_{DD} 时:当 $0 \leqslant U_A < T_{TN}$,$U_{GSN} < T_{TN}$,T_N 截止,而 $|U_{GSP}| > |U_{TP}|$,T_P 导通,输出高电平 $U_F = U_{OH} \approx U_{DD}$;当 $U_{DD} - |U_{TP}| \leqslant U_A \leqslant U_{DD}$,$U_{GSN} > T_{TN}$,$T_N$ 导通,而 $|U_{GSP}| < |U_{TP}|$,T_P 截止,输出低电平 $U_F = U_{OH} \approx 0$;当 $T_{TN} \leqslant U_A < U_{DD} - |U_{TP}|$,$U_{GSN} > T_{TN}$,$|U_{GSP}| > |U_{TP}|$,$T_P$、$T_N$ 同时导通,由于两管参数对称,则当 $U_I = U_{DD}/2$,两管的导通电阻差不多相等,故有 $U_F = U_{DD}/2$。此时两管处于转换状态,其输入电压称为反相器的阈值电压 $U_{TH} = U_{DD}/2$。

2. CMOS 与非门电路

图 2.5.4 是两输入 CMOS 与非门电路。同非门电路相比,增加一个 P 沟道 MOS 管与原 P 沟道 MOS 管并接,增加一个 N 沟道 MOS 管与原 N 沟道 MOS 管串接。每个输入分别控制一对 P、N 沟道 MOS 管。

当输入 A 和 B 中至少有一个为低电平时,两个 P 沟道 MOS 管也至少有一个导通,而两个 N 沟道 MOS 管有一个截止,输出为高电平。只有当输入 A 和 B 都为高电平时,两个 P 沟道管都截止,两个 N 沟道管都导通,输出为低电平,所以电路实现与非运算。

$$F = \overline{AB}$$

通过串接 N 沟道管,并接 P 沟道管,可实现多于两输入的与非门。

3. CMOS 或非门电路

图 2.5.5 是两输入 CMOS 或非门电路。电路是在非门电路的基础上，增加一个串联连接的 P 沟道管，一个并联连接 N 沟道管。当输入 A 和 B 至少有一个为高电平时，T_1 和 T_3 至少有一个截止，而 T_2 和 T_4 至少有一个导通，因此，输出为低电平。只有当输入 A 和 B 全为低电平时，T_1 和 T_3 导通，T_2 和 T_4 截止，输出为高电平，所以电路实现或非运算。

$$F = \overline{A + B}$$

通过串接多个 P 沟道管，并接多个 N 沟道管，可实现多于两输入的或非门。

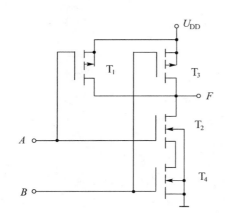

图 2.5.4　CMOS 与非门逻辑电路图

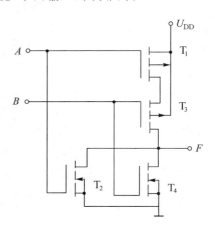

图 2.5.5　CMOS 或非门逻辑电路

4. CMOS 传输门

同 CMOS 非门逻辑电路一样，CMOS 传输门也是构成各种 CMOS 逻辑电路的另一种基本单元电路。传输门电路和逻辑符号如图 2.5.6 所示，图中把 N 沟道 MOS 管 T_N 的源极和 P 沟通 MOS 管 T_P 的源极并联在一起作输入端，T_N 的漏极与 T_P 漏极并联在一起作为输出端，两个栅极是一对控制端，分别接入 C 和 $\overline{C}$ 互补信号，形成传输门电路。由于两个 CMOS 管源极和漏极结构与参数完全对称，输入端可以作输出，输

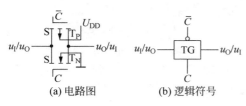

(a) 电路图　　　(b) 逻辑符号

图 2.5.6　CMOS 传输门

出端也可以作为输入，因此电路的输入用 u_I/u_O 表示，输出用 u_O/u_I 表示。

假设 $U_{DD}=10V$，控制信号的高、低电平分别是 U_{DD} 和 0V，输入信号 u_I 在 0～10V 变化，T_N、T_P 开启电压绝对值为 U_T，传输门的工作原理如下。

当 $C=0$，$\overline{C}=1$ 时，只要输入信号的变化范围不超过 0～10V，则 $U_{GSN}=0-u_I<U_T$，T_N 截止，$U_{GSP}=10-u_I>-U_T$，T_P 截止，传输门呈高阻状态，输入信号 u_I 无法通过，传输门截止。相反，如果 $C=1$，$\overline{C}=0$，且 $0<u_I<10-U_T$ 时，$U_{GSN}=10-u_I>U_T$，则 T_N 导通；若 $U_T<u_I<10V$ 时，$U_{GSP}=0-u_I<-U_T$，则 T_P 导通，因此，u_I 在 0～10V 的变化范围内，

T_N、T_P 中至少有一个导通,传输门导通,$u_I = u_O$。

综合上述的分析,把传输门的工作原理归纳为:当控制端 C 为低电平,$\overline{C}$ 为高电平时,传输门处于关闭状态,输出呈高阻态;当 C 为高电平,$\overline{C}$ 为低电平时,传输门处于导通状态,允许输入信号通过门到达输出端。传输门在导通状态时,不仅允许由高、低两种电平构成的数字信号通过,而且允许模拟信号通过,所以传输门也称为模拟开关。

典型的模拟开关电路如图 2.5.7 所示。C 为控制信号,$C = 0$,传输门关闭,禁止输入信号 u_I 通过传输门;$C = 1$,传输门导通,输入信号传至输出,$u_O = u_I$。

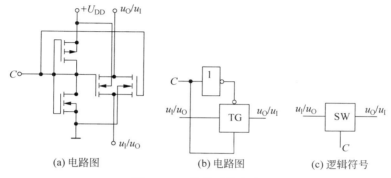

(a) 电路图　　　　　(b) 电路图　　　(c) 逻辑符号

图 2.5.7　模拟开关电路

除了上述列举的几种 CMOS 逻辑门之外,CMOS 电路也可以做成其他逻辑功能的逻辑门,如或门、与门、异或门等。从结构上来讲,也可以做成漏极开路的 OD 门和带有控制信号的三态门,它们的工作原理及应用与 TTL 门电路中的 OC 门和三态门类似,这里不再一一赘述。

2.5.3　CMOS 集成电路的主要特点

与双极型(TTL)集成电路比,CMOS 电路具有如下特点:

(1) 静态功耗低。在静态时,总是负载管和驱动管之一导通,另一个截止,因而几乎不从电源吸取电流,故其静态功耗极小。有利于提高集成度和封装密度,几乎所有超大规模存储器件和可编程逻辑器件(简称 PLD)都采用 CMOS 电路。

(2) 电源电压范围宽。CC4000 系列 CMOS 电路的电源电压范围为 3~18V,从而使选择电路的余地大,电源设计要求低。

(3) 输入阻抗高。由于 CMOS 集成电路所用的开关元件是电压控制的 MOS 管,所以,直流输入阻抗大于 100MΩ。正因如此,CMOS 门的输入端禁止悬空,否则,易受静电干扰,造成工作不稳定和器件损坏。

(4) 扇出系数大。由于输入阻抗高,当 CMOS 门作负载门时,几乎不向前级门吸取电流,当频率升高时,扇出系数有所减小。在低频工作时,一个输出端可驱动 50 个以上的 CMOS 器件的输入端,输出电流 $I_{OH(max)} \approx I_{OL(max)}$,驱动负载既可以选拉电流方式,也可选灌电流方式。

(5) 抗干扰能力强。CMOS 集成电路的电压噪声容限可达电源电压的 45%,而且高电平和低电平的噪声容限基本相等。

（6）逻辑摆幅大。因为输出高电平 $U_{OH} \approx U_{DD}$，输出低电平 $U_{OL} \approx 0$，所以输出电平摆幅为 $U_{OH} - U_{OL} \approx U_{DD}$。

（7）温度稳定性好。由于是互补对称结构，因而当环境温度变化时，其参数有补偿作用。另外，MOS 管靠多数载流子导电，受温度的影响不大。

（8）抗辐射能力强。MOS 管靠多数载流子导电，射线辐射对多数载流子浓度影响不大。

（9）电路结构简单。CMOS 与非门只由 4 个管子构成，而 TTL 与非门共由 5 个管子和 5 个电阻，故成本低。

（10）输入高、低电平 U_{IH} 和 U_{IL} 均受电源电压 U_{DD} 的限制。一般规定 $U_{IH} \geqslant 0.7U_{DD}$，$U_{IL} \leqslant 0.3U_{DD}$。所以，$U_{IHmin} = 0.7U_{DD}$ 和 $U_{ILmax} = 0.3U_{DD}$ 是允许的极限值。

（11）工作速度比 TTL 电路低，且功耗随频率的升高而显著增大。

本章介绍了 TTL、CMOS、ECL 三种类型逻辑门，为了对不同类型的各种系列器件有一个定性比较，表 2.5.1 列出了几种系列逻辑门的主要参数。

表 2.5.1　各种系列逻辑门的主要参数

系列	参数	电源电压/V	延时时间 T_{pd}/ns	静态功耗 P/mW	逻辑摆幅/V
TTL	74	+5	10	10	3.3
	74H	+5	6	22	3.3
	74S	+5	3	20	3.3
	74LS	+5	9	2	3.3
ECL	CE10K	−5.2	2	25	0.8
	CE100K	−4.5	0.75	40	0.8
CMOS	4000	+5	75	0.002	5
	74HC	+5	10	0.0015	5
	74HCT	+5	13	0.0001	5

2.6　数字集成电路使用中应注意的问题

2.6.1　电源

一般要求电源电压稳定度在 ±5% 之内。为防止干扰，要在电源和地之间接入滤波电容。

2.6.2　输出端的连接

除特殊电路外，一般数字集成电路的输出端不允许直接接电源或地，输出端也不允许并接使用。

2.6.3 不用输入端的处理

在使用中,有时要遇到多输入端的逻辑门中有的输入端不用的情况,对多余的输入端绝对不能悬空,否则会因受干扰而破坏逻辑关系。对不用输入端的处理原则是不改变电路工作状态和保证电路工作稳定可靠,由此可做如下处理。

1. 与使用端并接使用

一般情况下,各种逻辑门器件均可采用。但是这种并接使用的方法增加了前级逻辑门的负载,对 CMOS 门而言,每一个并接使用的输入端会使负载电容增大,造成工作速度降低和功耗增加。

2. 将不用输入端接固定电平

对于与门和与非门,将不用输入端接高电平;对于或门和或非门,将不用输入端接低电平。该方法安全有效,应优先采用。

2.6.4 CMOS 电路的储电防护

因为 CMOS 电路为高输入阻抗器件,易感受静电高压,电路部件间绝缘层薄,因此在 CMOS 电路使用中尤其要注意静电保护问题。CMOS 电路中不用的输入端一定不能悬空。CMOS 电路中应有输入保护钳位二极管,为防止其过流损坏,对于低内阻信号源,要加限流电阻。

2.6.5 CMOS 电路与 TTL 电路的电平匹配

在实际应用中,有时电路需要同时使用 CMOS 和 TTL 电路,由于两类电路的电平并不能完全兼容,因此存在相互连接的匹配问题。电平匹配原则是驱动门输出高电平要大于负载门的输入高电平;驱动门输出低电平要小于负载门的输入低电平。

1. CMOS 驱动 TTL

只要两者的电压参数兼容,一般情况下不需另加电平转换接口电路。

2. TTL 驱动 CMOS

因为 TTL 电路的 U_{OH} 小于 CMOS 电路的 U_{IH},所以 TTL 一般需进行电平转换。可采用如图 2.6.1(a)所示电路,提高 TTL 电路的输出高电平。R_{UP} 为上拉电阻。如果 CMOS 电路 U_{DD} 高于 5V,则需要加电平变换电路,可采用 OC 门进行电平转换,如图 2.6.1(b)所示。

2.6.6 负载能力的匹配

负载能力的匹配是指驱动门能对负载门提供足够大的灌电流和拉电流,即驱动门输出电流要大于负载门的输入电流。

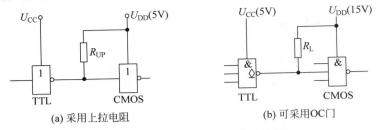

图 2.6.1　TTL 与 CMOS 电平匹配

（a）采用上拉电阻　　　　　（b）可采用OC门

1. TTL 与 CMOS 互相驱动匹配

在满足电平匹配的条件下，TTL 门可以直接驱动 CMOS 门，TTL 电路的灌电流负载能力较强，当 TTL 门驱动较大负载时，应选用灌电流方式，而不宜采用拉电流方式。由于 CMOS 门驱动电流较小，一般不能直接驱动 TTL 门，可以将同一芯片上的多个 CMOS 门电路并联使用以获得较大的驱动电流，如图 2.6.2(a)所示，或采用专用的接口电路，如图 2.6.2(b)、(c)所示。

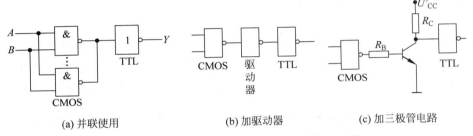

（a）并联使用　　　　　　　（b）加驱动器　　　　　　　（c）加三极管电路

图 2.6.2　CMOS 驱动 TTL 门电路的接口电路

2. TTL、CMOS 与机电、光电驱动匹配

在工程应用中，常见的机电、光电负载有继电器、LED、指示灯等，常用的驱动电路如图 2.6.3 所示。图 2.6.3(a)是 TTL 逻辑门驱动发光二极管电路，R_L 是发光二极管的限流电阻，一般为几百欧姆。图 2.6.3(b)是 TTL 逻辑门驱动继电器电路，其中二极管起保护作用，用以防止门电路截止时继电器绕组产生的过压损坏门电路的输出端。

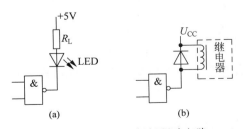

（a）　　　　　　　（b）

图 2.6.3　TTL 逻辑门驱动电路

2.7 小结

（1）实现逻辑运算的电路称为逻辑门电路，组成门电路的关键器件是二极管、晶体管和场效应管（MOS 管）管，它们通常工作在开关状态，即导通或截止状态。二极管的导通条件是二极管两端的正向电压大于死区电压，截止条件是二极管端电压在反向击穿电压与死区电压之间；三极管饱和导通的条件是晶体管发射结和集电结均正向偏置，可靠截止的条件是发射结和集电结均反向偏置；MOS 管导通的条件是栅源电压 U_{GS} 的绝对值大于开启电压 U_T 的绝对值，截止的条件是栅源电压 U_{GS} 的绝对值小于开启电压 U_T 的绝对值。

（2）常用的逻辑门有与门、或门、非门、与非门、或非门、异或门等，它们的逻辑关系可用表达式、真值表、波形图和语言来描述。

（3）在逻辑体制中有正、负逻辑的规定，本书主要采用正逻辑。同样一个逻辑门电路，利用正、负逻辑等效变换原则，可以达到灵活运用的目的。

（4）逻辑门电路的主要技术参数为输入和输出高、低电平，扇入、扇出系数，噪声容限，传输延迟时间及功耗等。

（5）采用 OC 门和 OD 门可以实现线与的逻辑功能，利用三态门可以构成传送数据总线，运用传输门可以组成数字和模拟开关。

（6）TTL 门电路具有速度高、抗干扰能力和带负载能力较强等特点，并有中速、高速、超高速和低功耗等系列产品，是当前应用最广泛的逻辑集成电路。

（7）ECL 逻辑门电路中的晶体管可以不工作在饱和区，因而它的开关速度是众多逻辑门电路中最高的，具有工作速度高、逻辑电平摆幅小的特点，主要应用于大型计算机和高速实时数据处理系统。

（8）CMOS 逻辑门电路是由互补的增强型 N 沟道和 P 沟道 MOS 构成的，它的优点是功耗低，抗干扰能力和带负载能力强，开关速度可接近 TTL 门，所以，应用范围越来越广阔，有取代 TTL 门的趋势。

习题

2-1 填空题。

（1）数字电路中最基本的逻辑运算有_____、_____、_____。

（2）作为逻辑取值的 0 和 1，并不表示数值的大小，而是表示_____的两个_____。

（3）逻辑真值表是表示数字电路_____之间逻辑关系的表格。

（4）数字电路中的逻辑状态是由_____来表示的。用电路的高电平代表_____，低电平代表_____，这种逻辑规定称为正逻辑。

（5）正逻辑的与门等效于负逻辑的_____门。

（6）常用的复合逻辑门有_____、_____、_____。

（7）TTL 与非门的输入高电平最小值为_____，这是保证门电路输出处于_____电平的_____输入电平，如果输入高电平小于这个最小值，那么门电路将_____。

（8）TTL 门的输出负载电流 $I_{OH(max)}$ 和 $I_{OL(max)}$ 中，_____大，因此 TTL 门驱动负

载时,一般选用_____电流方式;而 CMOS 门的 $I_{OH(max)}$ 和 $I_{OL(max)}$ 却_____大,驱动负载既可以选拉电流方式,也可选灌电流方式。

(9) 比较 TTL 门和 CMOS 门,扇出系数大的是_____,抗干扰能力强的是_____,功耗低的是_____,工作速度较高的是_____。

2-2 单项选择题,选一个正确答案号填入题后的括号中。

(1) 在下述电路中,工作速度最高的门电路是( ),功耗最小的门电路是( )。

    A. TTL   B. CMOS   C. ECL

(2) 符合逻辑或运算规则的是( )。

    A. 1×1 B. $1+1=10$ C. $1+1=1$

(3) 用 TTL 系列逻辑门($I_{OL(max)}=16\text{mA}$, $I_{OH(max)}=0.4\text{mA}$)驱动 $I_D=10\text{mA}$, $U_D=1.5\text{V}$ 的发光二极管,应采用( )。

    A. 灌电流方式   B. 拉电流方式   C. A 和 B 均可

(4) 多个门的输出端可以无条件连接到一起的是( )。

    A. 三态门   B. OC 门   C. TTL 与非门

(5) 在下述门电路中,开关元件工作于非饱和状态的是( )。

    A. TTL   B. CM   C. ECL

(6) 需要外接电源和负载电阻的门是( )。

    A. 普通与非门   B. 三态门   C. OC 门

(7) 可以用于总线连接的门电路是( )。

    A. OC 门   B. 三态门   C. 普通与非门

2-3 在如图题 2.3 所示输入波形条件下,请分别画出二变量 A、B 与、或、与非、或非门的输出 F 波形。

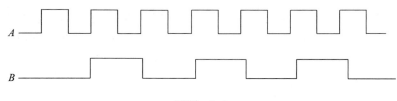

图题 2.3

2-4 已知逻辑电路及 A 和 B 的输入波形如图题 2.4 所示,请在(1)～(4)波形中选定输出 F 的波形。如果 $B=0$,输出 F 波形如何?

2-5 已知三输入与非门中输入 A、B 和输出 F 的波形如图题 2.5 所示,请在(1)～(5)波形中选定输入 C 的波形。

2-6 逻辑门的输入端 A、B 和输出波形如图题 2.6 所示,请分别写出逻辑门的表达式。

2-7 试分析 TTL 电路(如图 2.2.1 所示)在下列输入高、低电平条件下,是否可以正常工作。

(1) 输入高电平为 2.5V,低电平为 1.0V。

(2) 输入高电平为 2.0V,低电平为 0.5V。

(3) 输入高电平为 2.0V,低电平为 1.0V。

(4) 输入高电平为 2.5V,低电平为 0.5V。

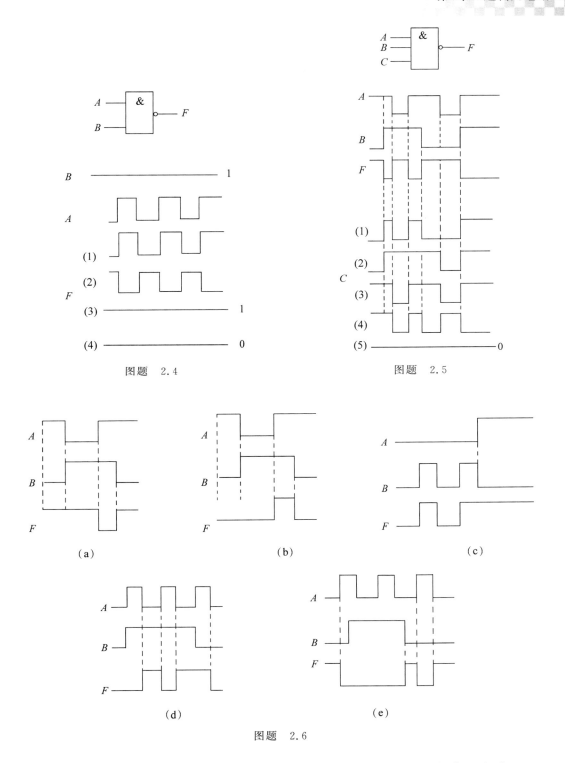

图题 2.4

图题 2.5

（a）　　　　（b）　　　　（c）

（d）　　　　（e）

图题 2.6

2-8　某 TTL 门电路有关参数为，输出低电平 $U_{OL} \leqslant 0.4V$，最大灌入电流 $I_{OL} = 10mA$；输出高电平 $U_{OH} \geqslant 2.6V$，最大拉出电流 $I_{OH} = 1mA$，关门电平 $U_{OFF} = 0.9V$，开门电

平 $U_{ON}=1.8V$；输入低电平电流 $I_{IH} \leqslant 1.0mA$，输入高电平电流 $I_{IH} \leqslant 80\mu A$。试求该门电路的扇出系数 N_O。高电平噪声容限 U_{NH} 和低电平噪声容限 U_{NL}。

2-9 计算图题2.9电路中的反相器 G_M 能驱动多少个同样的反相器。要求 G_M 输出的高、低电平符合 $U_{OH} \geqslant 3.2V$，$U_{OL} \leqslant 0.25V$。所有的反相器均为TTL系列电路，输入电流 $I_{IL} \leqslant -0.4mA$，$I_{IH} \leqslant 20\mu A$。$U_{OL} \leqslant 0.25V$ 时输出电流的最大值 $I_{OL(max)}=8mA$，$U_{OH} \geqslant 3.2V$ 时输出电流的最大值为 $I_{OH(max)}=-0.4mA$。

2-10 在图题2.10由TTL系列的或非门组成的电路中，试求门 G_M 能驱动多少个同样的或非门。要求 G_M 输出的高、低电平符合 $U_{OH} \geqslant 3.2V$，$U_{OL} \leqslant 0.4V$。或非门每个输入端的输入电流 $I_{IL} \leqslant -1.6mA$，$I_{IH} \leqslant 40\mu A$。$U_{OL} \leqslant 0.4V$ 时输出电流的最大值 $I_{OL(max)}=16mA$，$U_{OH} \geqslant 3.2V$ 时输出电流的最大值为 $I_{OH(max)}=-0.4mA$。

2-11 OC门电路连接成如图题2.11所示的电路。试列出输入变量与 F_1 和 F_2 的真值表，写出输出 F 逻辑表达式。

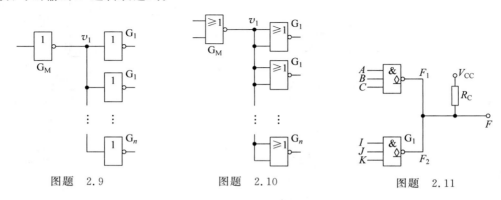

图题 2.9   图题 2.10   图题 2.11

2-12 对应图题2.12所示的电路和波形，画出总线 MN 上的波形。

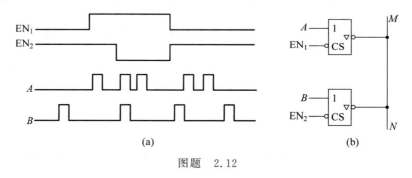

(a)   (b)

图题 2.12

2-13 已知逻辑电路及 A、B 和 E 的输入波形如图题2.13所示，画出 F_1 和 F_2 的波形。

2-14 已知输入 A、B 和 C 的波形如图题2.14(a)所示，试画出图题2.14(b)各输出波形。

2-15 已知输入 A、B 和 C 的波形如图题2.15(a)所示，试画出图题2.15(b)各输出波形。

2-16 已知输入 A、B 和 C 的波形如图题2.16(d)所示，试画出图题2.16(a)～图2.16(c)的输出波形。

2-17 已知输入 A、B 和 C 的波形如图题2.17(a)所示，逻辑门为TTL类型，试画出图题2.17(b)的输出波形。

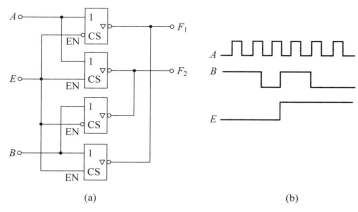

(a)   (b)

图题 2.13

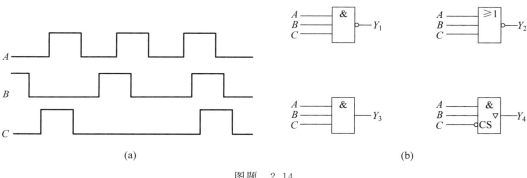

(a)   (b)

图题 2.14

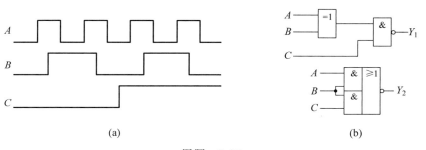

(a)   (b)

图题 2.15

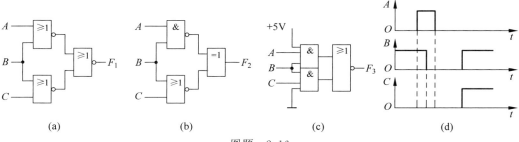

(a)   (b)   (c)   (d)

图题 2.16

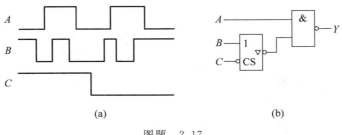

(a)   (b)

图题　2.17

2-18　三态门电路如图题 2.18(a) 所示，各输入波形如图题 2.18(b) 所示，写出 Y_1、Y_2 的表达式，并画出 Y_1、Y_2 的波形。

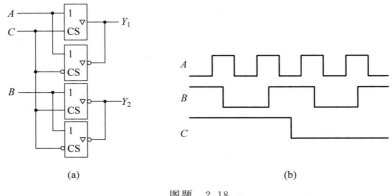

(a)   (b)

图题　2.18

2-19　在图题 2.19 电路中，哪些能正常工作？哪些不能？说明理由。

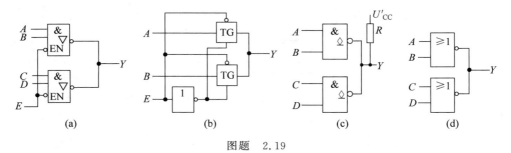

(a)   (b)   (c)   (d)

图题　2.19

2-20　已知输入 A、B 和 C 的波形如图题 2.20(d) 所示，试画出图题 2.20(a)～图 2.20(c) 的输出波形。

2-21　试写出如图题 2.21 所示电路中各输出端逻辑表达式。

2-22　图题 2.22 为 TTL 门电路，已知图中各逻辑门的参数为 $U_{OH}=3.6V$，$U_{OL}=0.3V$。$I_{IL}=1.4mA$，$I_{IH}=50\mu A$，$I_{OL(max)}=13mA$，$I_{OH(max)}=250\mu A$，试计算 R_L 的值。

2-23　在如图题 2.23 所示的电路中，输入信号 A、B 参数为 $U_{OH}=3.6V$，$U_{OL}=0.3V$。晶体管 T 的参数为 $\beta=30$，饱和电压 $U_{CES}=0.3V$。TTL 与非门参数为 $U_{OH}=3.6V$，$U_{OL}=0.3V$，$R_{ON}=2k\Omega$，$R_{OFF}=0.7k\Omega$，$I_{IL}=1.4mA$，$I_{IH}=50\mu A$，$I_{OL(max)}=20mA$，

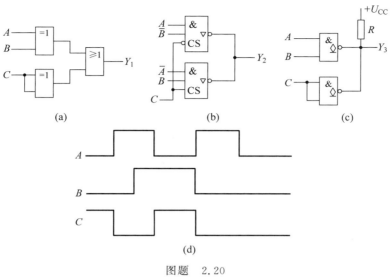

图题 2.20

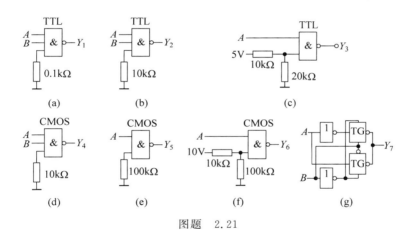

图题 2.21

$I_{OH(max)} = 6mA$，试问：（1）在输入信号 A、B 控制下，晶体管 T 的工作状态？（2）确定电阻 R_B 的取值范围。

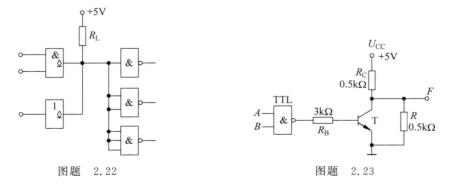

图题 2.22　　　　　　　　图题 2.23

第3章

逻辑代数与逻辑函数

逻辑代数是数字电路分析和设计的主要数学工具。本章介绍逻辑函数、逻辑代数的基本运算、逻辑函数化简及逻辑函数门电路的实现等内容,这些内容是分析和设计逻辑电路的基础。

3.1 逻辑代数的基本运算

数字电路研究的是数字电路的输入与输出之间的因果关系,即逻辑关系。逻辑关系一般由逻辑函数来描述。逻辑函数是由逻辑变量 A、B、C 等和基本逻辑运算符号·(与)、+(或)、-(非)及括号、等号等构成的表达式来表示,如

$$F = A\overline{B} + \overline{A} BC + A\overline{C}$$

式中,A、B、C 称为原变量,$\overline{A}$、$\overline{B}$、$\overline{C}$ 称为对应的反变量,F 称为逻辑函数($\overline{F}$ 称为逻辑反函数)。

3.1.1 基本运算公式

与(乘)	或(加)	非
$A \cdot 0 = 0$	$A + 0 = A$	
$A \cdot 1 = A$	$A + 1 = 1$	
$A \cdot A = A$	$A + A = A$	$\overline{\overline{A}} = A$
$A \cdot \overline{A} = 0$	$A + \overline{A} = 1$	

3.1.2 基本运算定律

交换律 $\quad A \cdot B = B \cdot A \qquad\qquad\qquad\qquad A + B = B + A$

结合律 $\quad A \cdot (B \cdot C) = (A \cdot B) \cdot C \qquad\quad A + (B + C) = (A + B) + C$

分配律 $\quad A \cdot (B + C) = AB + AC \qquad\quad A + B \cdot C = (A + B)(A + C)$

吸收律 $\quad A(A + B) = A \qquad\qquad\qquad\quad A + AB = A$

$\qquad\qquad A + \overline{A} B = A + B \qquad\qquad\quad (A + B)(A + C) = A + BC$

$\qquad\qquad AB + \overline{A}C + BC = AB + \overline{A}C$

反演律 $\quad \overline{A \cdot B} = \overline{A} + \overline{B} \qquad\qquad\qquad \overline{A + B} = \overline{A} \cdot \overline{B}$

以上这些定律可以用基本公式或真值表进行证明。

例 3.1.1 利用基本公式证明 $AB + \overline{A}C + BC = AB + \overline{A}C$。

证　左边＝$AB+\overline{A}C+(A+\overline{A})BC$

$\qquad = AB+\overline{A}C+ABC+\overline{A}BC$

$\qquad =AB(1+C)+\overline{A}C(1+B)$

$\qquad =AB+\overline{A}C=$右边

例 3.1.2　利用真值表证明反演律(也称摩根定理)。

证　可将变量 A、B 的各种取值分别代入等式两边,其真值表如表 3.1.1 所示。从真值表可看出,等式两边的逻辑值完全对应相等,所以定理成立。

表 3.1.1　证明摩根定理的真值表

A B	$\overline{A}$ $\overline{B}$	$\overline{A+B}$	$\overline{A}\cdot\overline{B}$	$\overline{A\cdot B}$	$\overline{A}+\overline{B}$
0　0	1　1	$\overline{0+0}=1$	1	$\overline{0\cdot0}=1$	1
0　1	1　0	$\overline{0+1}=0$	0	$\overline{0\cdot1}=1$	1
1　0	0　1	$\overline{1+0}=0$	0	$\overline{1\cdot0}=1$	1
1　1	0　0	$\overline{1+1}=0$	0	$\overline{1\cdot1}=0$	0

上面所列出的运算定理反映了逻辑关系,而不是数量之间的关系,因而在逻辑运算时不能简单套用初等代数的运算规则。例如,在逻辑运算中不能套用初等代数的移项规则,这是由于逻辑代数中没有减法和除法的缘故。

3.1.3　基本运算规则

1.运算顺序

在逻辑代数中,运算优先顺序为:先算括号,再是非运算,然后是与运算,最后是或运算。

2.代入规则

在逻辑等式中,如果将等式两边出现某一变量的位置都代之以一个逻辑函数,则等式仍然成立,这就是代入规则。

例如,已知 $\overline{A\cdot B}=\overline{A}+\overline{B}$。若用 $Z=A\cdot C$ 代替等式中的 A,根据代入规则,等式仍然成立,即

$$\overline{A\cdot B\cdot C}=\overline{A\cdot C}+\overline{B}=\overline{A}+\overline{B}+\overline{C}$$

摩根定律可以扩展对任意多个变量都成立。由此可见,代入规则可以扩展所有基本定律的应用范围。

3.反演规则

已知函数 F 求其反函数 $\overline{F}$ 时,只要将 F 式中的 1 换成 0,0 换成 1,·换成＋,＋换成·,原变量就换成反原变量,反变量就换成原变量,所得到的表达式就是 $\overline{F}$ 表达式。这就是反演规则。利用反演规则能较容易地求出一个函数的反函数。

例如,求 $F=\overline{A}\,\overline{B}+CD+0$ 和 $L=A+\overline{B\overline{C}+\overline{\overline{D}+E}}$ 的反函数。根据反演规则可求得

$$\overline{F}=(A+B)\cdot(\overline{C}+\overline{D})\cdot1=(A+B)(\overline{C}+\overline{D})$$

$$\overline{L}=\overline{A}\cdot\overline{\overline{(\overline{B}+C)\cdot\overline{\overline{D}\cdot E}}}$$

运用反演规则时必须注意如下两点：

(1) 保持原来的运算优先顺序。

(2) 对于反变量以外的非号应保留不变。

4. 对偶规则

将逻辑函数 F 中所有的 1 换成 0,0 换成 1,·换成＋,＋换成·,变量保持不变,得到新函数 F'。F' 称为 F 的对偶式,例如

$$F = A \cdot (B + \overline{C}) \qquad F' = A + B \cdot \overline{C}$$

变换时仍需注意保持原式中先与后或的顺序。

如果某个逻辑恒等式成立时,则其对偶式也成立,这就是对偶规则。

3.2 逻辑函数的变换和化简

3.2.1 逻辑函数变换和化简的意义

利用基本逻辑运算可以将同一个逻辑函数变换为不同的表达式,例如,$F = \overline{A}\,B + AC$可写为

$$F = \overline{A}\,B + AC + BC$$

或

$$F = \overline{\overline{\overline{A}\,B}\ \overline{AC}}$$

这样描述同一个逻辑函数有以上三个不同的表达式,若用逻辑门实现这三个表达式有三种不同的门电路,如图 3.2.1 所示。

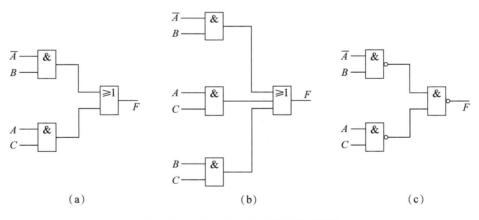

(a)　　　　　　　　　　(b)　　　　　　　　　　(c)

图 3.2.1　同一个函数三种不同的电路

由图 3.2.1 可知,表达式复杂,实现的电路就复杂,表达式运算的种类多,实现电路所需门电路的种类就多。实际应用中,逻辑函数与逻辑电路之间存在着一一对应的关系,将较烦琐的逻辑表达式变换为与之等效的简化表达式意味着可以用较少的逻辑元件和较少的输入

端来实现相同的逻辑功能,电路越简单,可靠性越高,而成本越低。所以需要进行逻辑函数的变化和化简。

3.2.2 逻辑函数的代数法变换

一个逻辑函数通常有以下 5 种类型的表达式。

类型 1 与或表达式

$$F = A + BC$$

类型 2 或与表达式

$$F = (A+B)(A+C)$$

类型 3 与非-与非表达式(简称与非表达式)

$$F = \overline{\overline{A} \cdot \overline{BC}}$$

类型 4 或非-或非表达式(简称或非表达式)

$$F = \overline{\overline{(A+B)} + \overline{(A+C)}}$$

类型 5 与或非表达式

$$F = \overline{\overline{A}\,B + \overline{A}\,\overline{C}}$$

以上 5 个表达式是同一函数不同形式的表达式,利用逻辑代数的基本运算可以将逻辑函数变换为不同形式的表达式。例如,运用摩根定律可以将与或表达式变换为与非表达式,即

$$F = A + BC = \overline{\overline{A} \cdot \overline{BC}}$$

从而可以用与非门电路来实现;运用摩根定律还可以将或与表达式变换为或非表达式,即

$$(A+B)(A+C) = \overline{\overline{(A+B)} + \overline{(A+C)}}$$

从而可以用或非门电路来实现;运用摩根定律还可以将或非表达式变换为与或非表达式,即

$$\overline{\overline{(A+B)} + \overline{(A+C)}} = \overline{\overline{A}\,\overline{B} + \overline{A}\,\overline{C}}$$

例 3.2.1 已知函数 $Y = AB + BC$,试写出与非表达式和或非表达式。

解 根据逻辑代数运算

$$Y = AB + BC = \overline{\overline{AB} \cdot \overline{BC}}$$

$$Y = AB + BC = B(A+C) = \overline{\overline{B} + \overline{B} + \overline{A+C}}$$

3.2.3 逻辑函数的代数法化简

由于与或表达式易于从真值表直接写出,因此本书以与或表达式为例,讨论逻辑函数代数法化简的方法。

最简的与或表达式有如下两个特点:

(1) 与项(即乘积项)的个数最少。

(2) 每个与项中变量的个数最少。

代数法化简逻辑函数是运用逻辑代数的基本定律和基本公式进行化简,常用下列方法。

1. 吸收法

利用吸收律公式 $A + AB = A$,消去多余项,例如

$$F = A\overline{C} + A\overline{C}D(E+F)$$
$$\text{（应用公式 } A + AB = A\text{）}$$
$$= A\overline{C}$$

2. 并项法

利用公式 $A + \overline{A} = 1$，将两项合并成一项，并消去一个变量，例如
$$F = AB\overline{C} + A\overline{B\overline{C}}$$
$$\text{（应用分配律）}$$
$$= A(B\overline{C} + \overline{B\overline{C}})$$
$$\text{（应用 } A + \overline{A} = 1\text{）}$$
$$= A \cdot 1$$
$$= A$$

3. 消去因子法

利用公式 $A + \overline{A}B = A + B$，消去多余的因子，例如
$$F = AB + \overline{A}C + \overline{B}C$$
$$\text{（应用分配律）}$$
$$= AB + (\overline{A} + \overline{B})C$$
$$\text{（应用反演律）}$$
$$= AB + \overline{AB}C$$
$$\text{（应用吸收律）}$$
$$= AB + C$$

4. 配项消项

先利用公式 $A + \overline{A} = 1$ 增加必要的乘积项，再用并项或吸收的办法使项数减少，例如
$$F = AB + \overline{A}\overline{C} + B\overline{C}$$
$$\text{（应用 } A + \overline{A} = 1 \text{ 和 } A \cdot 1 = A\text{）}$$
$$= AB + \overline{A}\overline{C} + (\overline{A} + A)B\overline{C}$$
$$\text{（应用分配律）}$$
$$= AB + \overline{A}\overline{C} + AB\overline{C} + \overline{A}B\overline{C}$$
$$\text{（应用交换律）}$$
$$= (AB + AB\overline{C}) + (\overline{A}\overline{C} + \overline{A}\overline{C}B)$$
$$\text{（应用吸收律）}$$
$$= AB + \overline{A}\overline{C}$$

3.3 逻辑函数的卡诺图法化简与变换

利用代数化简逻辑函数不但要求熟练掌握逻辑代数的基本公式,而且需要一些技巧,没有形式统一的方法,特别是较难掌握获得代数化简后的最简逻辑表达式的方法。下面介绍的卡诺图化简法能直接获得最简与或表达式,并且方法形式统一,易于掌握。

3.3.1 最小项

1. 最小项的定义

每个函数都有唯一的真值表,对于 n 个输入变量的逻辑函数而言,若将真值表中每一行输入变量的取值用对应的变量表示,即取值 1 用原变量,取值 0 用反变量,然后相乘构成 n 个变量的乘积项,共有 2^n 个不同的乘积项,这些乘积项统称为 n 个变量逻辑函数的最小项。对每个最小项而言,每个输入变量都以它的原变量或反变量的形式在最小项中出现,且仅出现一次,真值表中每一行输入变量取值对应的函数值即为最小项的逻辑取值。

举例来说,表 3.3.1 右边两列是三输入变量逻辑函数的真值表,A、B、C 是三个输入变量,将真值表中每一行输入变量的取值用这三个原变量和反变量的不同组合来表示,可以构成 8 个最小项,即 $\overline{A}\,\overline{B}\,\overline{C}$、$\overline{A}\,\overline{B}\,C$、$\overline{A}\,B\,\overline{C}$、$\overline{A}\,B\,C$、$A\,\overline{B}\,\overline{C}$、$A\,\overline{B}\,C$、$A\,B\,\overline{C}$、$A\,B\,C$,如表 3.3.1 左边一列所示。这些最小项中各变量仅出现一次,每个最小项均为三个变量相乘,表 3.3.1 中的函数值(即输出变量值)对应每个最小项的逻辑取值,如最小项 $\overline{A}\,\overline{B}\,\overline{C}$ 的逻辑取值为 1,最小项 $\overline{A}\,\overline{B}\,C$ 的逻辑取值为 0,最小项 $\overline{A}\,B\,\overline{C}$ 的逻辑取值为 0,最小项 $A\,B\,C$ 的逻辑取值为 1 等。

表 3.3.1　三输入变量逻辑函数真值表与最小项

最 小 项	输 入 变 量			函 数 值 Y
	A	B	C	
$\overline{A}\,\overline{B}\,\overline{C}$	0	0	0	1
$\overline{A}\,\overline{B}\,C$	0	0	1	0
$\overline{A}\,B\,\overline{C}$	0	1	0	0
$\overline{A}\,B\,C$	0	1	1	1
$A\,\overline{B}\,\overline{C}$	1	0	0	0
$A\,\overline{B}\,C$	1	0	1	0
$A\,B\,\overline{C}$	1	1	0	1
$A\,B\,C$	1	1	1	1

2. 最小项的性质

三输入变量与对应最小项构成的真值表如表 3.3.2 所示。

表 3.3.2 变量与最小项真值表

A B C	$\overline{A}\,\overline{B}\,\overline{C}$	$\overline{A}\,\overline{B}\,C$	$\overline{A}\,B\overline{C}$	$\overline{A}\,BC$	$A\overline{B}\,\overline{C}$	$A\overline{B}C$	$A\,B\overline{C}$	$A\,BC$
0 0 0	1	0	0	0	0	0	0	0
0 0 1	0	1	0	0	0	0	0	0
0 1 0	0	0	1	0	0	0	0	0
0 1 1	0	0	0	1	0	0	0	0
1 0 0	0	0	0	0	1	0	0	0
1 0 1	0	0	0	0	0	1	0	0
1 1 0	0	0	0	0	0	0	1	0
1 1 1	0	0	0	0	0	0	0	1

观察表 3.3.2 可得到最小项的性质。

性质 1   对于任意一个最小项，只有一组输入变量的取值使其值为 1，而在输入变量取其他各组值时这个最小项的取值都是 0。例如，$\overline{A}\,B\overline{C}$ 最小项为 1 对应的一组输入变量的取值是 $ABC=010$，除此之外，其他组输入变量取值都使 $\overline{A}\,B\overline{C}=0$，例如 $ABC=011$，则 $\overline{A}\,B\overline{C}=0$。

性质 2   对于输入变量的任一组取值，任意两个最小项之积为 0。

性质 3   对于输入变量的一组取值，全部最小项之和为 1。

3. 最小项的表示

最小项可以用变量表示，也可用符号 m_i 表示。下标 i 是该最小项值为 1 时对应的输入变量组取值的十进制等效值，如最小项 $\overline{A}\,B\overline{C}$ 记作 m_2，下标 2 对应最小项 $\overline{A}\,B\overline{C}=1$ 时变量组取值 $ABC=010$，而 010 相当于十进制的 2，因而下标 $i=2$。显然，最小项各变量与变量组取值（即 m_i 中的下标 i）的关系是：变量组取值中的 1 对应最小项中的原变量。变量组取值中的 0 对应最小项中的反变量。由此可见，表 3.3.2 中从左到右的 8 个最小项也可分别为 $m_0,m_1,m_2,\cdots,m_7$。

3.3.2 逻辑函数的最小项表达式

由前面的讨论得知，对于某种逻辑关系，用真值表来表示是唯一的，而用前面讨论的逻辑表达式来表示可以有多个表达式。如果用最小项之和组成的表达式来表示，也是唯一的。由最小项之和组成的表达式称为逻辑函数标准与或表达式，也称为最小项表达式。

1. 由真值表求最小项表达式

根据给定的真值表，利用最小项性质 1，可以直接写出最小项表达式。例如，对于如表 3.3.2 所示的三变量真值表，左边每一组输入变量的取值代表一个最小项，右边每一个输出变量的值代表一个最小项的逻辑取值，由真值表可知，输出变量 F 为 1 的条件是

$$A=0,B=1,C=1，即最小项\overline{A}\,BC=m_3=1$$

$$A=1,B=0,C=1，即最小项 A\overline{B}C=m_5=1$$

$$A=1,B=1,C=0，即最小项 A\,B\overline{C}=m_6=1$$

$$A=1,B=1,C=1，即最小项 A\,BC=m_7=1$$

4 个条件中满足一个 F 就是 1,所以 F 的表达式可以写成最小项之和的形式,即

$$F = \overline{A}BC + A\overline{B}C + AB\overline{C} + ABC$$

或写成

$$F(A,B,C) = m_3 + m_5 + m_6 + m_7 = \sum m(3,5,6,7) = \sum(3,5,6,7)$$

2. 由一般表达式转换为最小项表达式

任何一个逻辑函数表达式都可以转换为最小项表达式。例如,将 $F(A,B,C)=AB+\overline{A}C$ 转换为最小项表达式时,可利用逻辑运算关系 $(A+\overline{A})=1$,将逻辑函数中的每一项转换成包含所有变量的项,即

$$\begin{aligned}F(A,B,C) &= AB + \overline{A}C = AB(C+\overline{C}) + \overline{A}(B+\overline{B})C\\&= ABC + AB\overline{C} + \overline{A}BC + \overline{A}\,\overline{B}C\\&= m_7 + m_6 + m_3 + m_1\\&= \sum(1,3,6,7)\end{aligned}$$

又如,要将 $F(A,B,C)=AB\overline{C}+A\,\overline{\overline{B}\overline{C}}$ 转换为最小项表达式,虽然逻辑函数中的每一项都包含有三个变量,但 $A\overline{\overline{B}\overline{C}}$ 项不是只由原变量和反变量组成的三个变量乘积项,因此逻辑函数表达式不是最小项表达式,化成最小项表达式的具体步骤如下:

(1) 利用摩根定理去掉非号,即

$$F(A,B,C) = AB\overline{C} + A\overline{\overline{B}\overline{C}} = AB\overline{C} + A(\overline{B}+C)$$

(2) 利用分配律除去括号,即

$$F(A,B,C) = AB\overline{C} + A(\overline{B}+C) = AB\overline{C} + A\overline{B} + AC$$

(3) 用公式 $(B+\overline{B})=1$、$(C+\overline{C})=1$,将逻辑函数中的每一项转换成包含所有变量的项,即

$$\begin{aligned}F(A,B,C) &= AB\overline{C} + A\overline{B}(C+\overline{C}) + AC(B+\overline{B})\\&= AB\overline{C} + A\overline{B}C + A\overline{B}\overline{C} + ABC\\&= m_6 + m_5 + m_4 + m_7\\&= \sum(4,5,6,7)\end{aligned}$$

3.3.3　卡诺图

卡诺图是真值表的图形表示。图 3.3.1 分别表示了二变量、三变量、四变量和五变量的卡诺图。

有关卡诺图的说明如下:

(1) 卡诺图中的每一个方格号代表一个最小项,方格号的数字表示相应最小项的下标,方格里的内容是最小项的逻辑取值;

(2) 卡诺图方格外为输入变量及其相应逻辑取值,变量取值的排序不能改变,将纵向变量取值作高位;

(3) 卡诺图中相邻的两个方格称为逻辑相邻项,相邻项的特点是:方格号所对应的两

个最小项中存在一对互补变量,而其余变量完全对应相同。图 3.3.1(b)中 4、5 号方格是相邻项,对应的最小项分别为 $\overline{A}B\overline{C}$、$\overline{A}BC$,其中 $\overline{C}$ 和 C 是一对互补变量,变量 A 和 $\overline{B}$ 同时存在于最小项 $\overline{A}B\overline{C}$ 和 $\overline{A}BC$ 之中。除上下、左右相邻的两个方格是相邻项外,卡诺图左右两侧、上下两侧相对的方格均满足相邻项的特点,也是相邻项。图 3.3.1(c)中,4、6 号方格为相邻项,1、9 号方格也为相邻项。

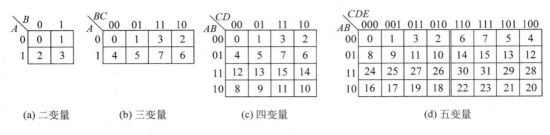

(a) 二变量　　　　(b) 三变量　　　　　(c) 四变量　　　　　　　(d) 五变量

图 3.3.1　卡诺图

3.3.4　逻辑函数的卡诺图表示

由逻辑函数的真值表和表达式可以直接画出逻辑函数的卡诺图。

1. 由逻辑函数真值表直接画出的卡诺图

真值表的每一行对应一个最小项及相应的逻辑取值,因此,也对应卡诺图中的一个方格号及该方格的逻辑值,将表 3.3.3 真值表的每一行取值并填入卡诺图对应的方格中,即可画出卡诺图,如图 3.3.2 所示。

表 3.3.3　逻辑函数真值表

A	B	C	F
0	0	0	0
0	0	1	0
0	1	0	0
0	1	1	1
1	0	0	0
1	0	1	1
1	1	0	1
1	1	1	1

2. 由逻辑函数表达式画出的卡诺图

若函数表达式是最小项表达式,例如,$F(A,B,C,D)=\sum m(0,1,3,5,10,11,12,15)$,可根据如图 3.3.1 所示的四变量卡诺图的形式,将上述逻辑函数最小项表达式中的各项,在卡诺图对应方格内填入 1,即在四变量卡诺图中,将与最小项 $m_0,m_1,m_3,m_5,m_{10},m_{11},m_{12},m_{15}$ 对应的格内填入 1,其余的方格内均填入 0,最后得出如图 3.3.3 所示的 F 函数的卡诺图。

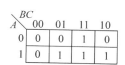

A \ BC	00	01	11	10
0	0	0	1	0
1	0	1	1	1

图 3.3.2　真值表的卡诺图

AB \ CD	00	01	11	10
00	1	1	1	0
01	0	1	0	0
11	1	0	1	0
10	0	0	1	1

图 3.3.3　函数 F 的卡诺图

若函数表达式是非最小项表达式，可先转换成最小项表达式，再画出其卡诺图。例如，$G(A,B,C)=AB+BC+AC$，有

$$\begin{aligned}G(A,B,C)&=AB+BC+AC\\&=AB(C+\overline{C})+BC(A+\overline{A})+AC(B+\overline{B})\\&=ABC+AB\overline{C}+A\overline{B}C+\overline{A}BC\\&=m_7+m_6+m_5+m_3\end{aligned}$$

在对应的卡诺图 3.3.1(b)中最小项下标为 3、5、6、7 的方格内填入 1，其余的方格内均填入 0，便得到如图 3.3.4 所示的卡诺图。

也可由非最小项表达式的函数表达式直接画出卡诺图。例如，$L(A,B,C)=A+BC$。与项 A 对应卡诺图 $A=1$ 一行的 4 个方格，而与项 BC 对应卡诺图 $BC=11$ 的一列两个方格，在这些方格中填 1，其余方格中填 0，即可得到函数 L 的卡诺图，如图 3.3.5 所示。

A \ BC	00	01	11	10
0	0	0	1	0
1	0	1	1	1

图 3.3.4　函数 G 的卡诺图

A \ BC	00	01	11	10
0	0	0	1	0
1	1	1	1	1

图 3.3.5　函数 L 的卡诺图

3.3.5　逻辑函数的卡诺图化简

1. 化简依据

卡诺图中任何两个为 1 的相邻项的最小项可以合并为一个与项，并且消去一个变量，如 $F(A,B,C,D)=\sum m(6,7)=\overline{A}BC\overline{D}+\overline{A}BCD=\overline{A}BC$，被消去的变量在相邻项的最小项中以互为反变量的形式出现，如此处的 D 变量；4 个为 1 的相邻项的最小项可以合并成一个与项，并消去两个变量，如 $F(A,B,C,D)=\sum m(4,5,6,7)=\overline{A}B\overline{C}\overline{D}+\overline{A}B\overline{C}D+\overline{A}BC\overline{D}+\overline{A}BCD=\overline{A}B\overline{C}(\overline{D}+D)+\overline{A}BC(\overline{D}+D)=AB(\overline{C}+C)=\overline{A}B$，由于 B、C 和 $\overline{B}$、$\overline{C}$ 均出现在最小项中，故被消去；8 个为 1 的相邻最小项，可以合并成一个与项，并消去三个变量，如

$$\begin{aligned}F(A,B,C,D)&=\sum m(8,9,10,11,12,13,14,15)\\&=A\overline{B}\,\overline{C}\,\overline{D}+A\overline{B}\,\overline{C}D+A\overline{B}C\overline{D}+A\overline{B}CD+AB\overline{C}\,\overline{D}+\\&\quad AB\overline{C}D+ABC\overline{D}+ABCD\end{aligned}$$

$$= A\overline{B}\,\overline{C}(\overline{D}+D)+A\overline{B}C(\overline{D}+D)+AB\overline{C}(\overline{D}+D)+ABC(\overline{D}+D)$$

$$= A\overline{B}(\overline{C}+C)+AB(\overline{C}+C)$$

$$= A(\overline{B}+B)$$

$$= A$$

由于 $\overline{B}$、B、$\overline{C}$、C、$\overline{D}$、D 均出现在最小项中，故被消去。

由此可见，卡诺图中 2^k 个为 1 的相邻最小项，可以合并成一个与项，并消去 k 个变量，$k=0,1,2,\cdots$。

2. 化简原则

（1）将为 1 的相邻方格用线包围起来，包围圈内的方格越多越好，但应满足 2^k 个，包围圈的数目越少越好。

（2）每个为 1 的方格可重复使用，每个包围圈内至少含有一个新的为 1 的方格，每个为 1 的方格都要圈起来。

（3）将所有包围圈内的最小项合并成对应与项，然后相加，最后得到的逻辑函数就是最简与或表达式。

例 3.3.1 试用卡诺图化简函数 $F(A,B,C)=\overline{A}\,BC+A\overline{B}\,\overline{C}+ABC+AB\overline{C}$。

解 步骤 1，画出卡诺图，如图 3.3.6 所示。

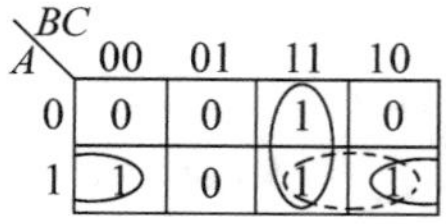

步骤 2，圈出相邻为 1 的包围圈，共两个，每个含有两个方格，即圈出 m_3、m_7 和 m_4、m_6 两个包围圈。

步骤 3，合并圈出的相邻项并相加，两个相邻最小项，可以消去一个变量，合并成一个与项，m_3 和 m_7 相邻最小项合并得一个与项 BC，m_4 和 m_6 合并后的与项为 $A\overline{C}$，相加后得到最简表达式，即

图 3.3.6　例 3.3.1 卡诺图

$$F=BC+A\overline{C}$$

注意：画虚线的圈内，没有新的为 1 的方格，因此无效。

例 3.3.2 试用卡诺图化简函数 $F(A,B,C,D)=\sum m(0,1,2,4,5,6,8,9,12,13,14)$。

解 画出卡诺图，圈出相邻项，如图 3.3.7 所示。

卡诺图中，一组为 8 个 1 的相邻项，这 8 个最小项中只有变量 C 的取值均为 0，其他变量取值均成对为 0 和 1，故可以消去三个变量合并成一个与项 $\overline{C}$，两组为 4 个 1 的相邻最小项，其中一组中的变量 B 和 C 的取值均成对为 0 和 1，故被消去，合并成 $\overline{A}\,D$，而另一组按同样的原则消去 A 和 C，合并成 $B\overline{D}$，化简后的函数为

$$F=\overline{C}+\overline{A}\,D+B\overline{D}$$

例 3.3.3 试用卡诺图化简函数 $F(A,B,C,D)=\overline{A}\,\overline{B}\,\overline{C}\,\overline{D}+\overline{A}\,\overline{B}C D+A\overline{B}\,\overline{C}\,\overline{D}+\overline{A}\,BCD+A\overline{B}C\overline{D}$。

解 画出卡诺图，圈出相邻项，如图 3.3.8 所示。

卡诺图中，4 个角上的 1 可以圈在一起，形成与项 $\overline{B}\,\overline{D}$，独立的 1 直接形成与项 $\overline{A}\,B\overline{C}D$，化简后的函数为

$$F=\overline{B}\,\overline{D}+\overline{A}\,BCD$$

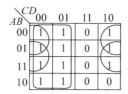

图 3.3.7 例 3.3.2 卡诺图

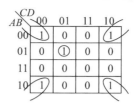

图 3.3.8 例 3.3.3 卡诺图

利用卡诺图表示逻辑函数式时,如果卡诺图中各小方格被 1 占去了大部分,虽然可用包围 1 的方法进行化简,但由于要重复利用 1 项,往往显得零乱而易出错。这时采用包围 0 的方法简化更为简单。求出反函数 $\overline{F}$ 后,再对反函数求非,其结果相同,下面举例说明。

例 3.3.4 化简逻辑函数 $F(A,B,C,D) = \sum m(0 \sim 3,5 \sim 11,13 \sim 15)$。

解 (1) 由 F 画出卡诺图,如图 3.3.9(a)所示。

(2) 用包围 1 的方法化简,如图 3.3.9(b)所示,得

$$F = \overline{B} + C + D$$

(3) 用包围 0 的方法化简,如图 3.3.9(c)所示,得

$$\overline{F} = B\overline{C}\overline{D}$$
$$F = \overline{\overline{F}} = \overline{B} + C + D$$

两种方法结果相同。

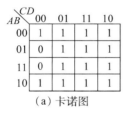

(a) 卡诺图

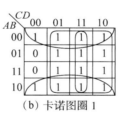
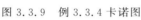

(b) 卡诺图圈 1

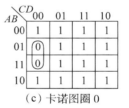

(c) 卡诺图圈 0

图 3.3.9 例 3.3.4 卡诺图

3. 含有无关项的逻辑函数化简

实际中经常会遇到这样的问题,在变量的某些取值下,函数的值可以是任意的,或者函数的某些变量的取值根本不会出现。例如,用 4 个变量 $ABCD$ 表示 8421BCD 码,其中 6 个变量取值 1010~1111 在 8421BCD 码中不存在,这些变量取值所对应的最小项称为无关项或约束项。在逻辑函数表达式中无关项通常用 $\sum d(\cdots)$ 表示。例如,$\sum d(10,11,15)$ 说明最小项 d_{10},d_{11},d_{15} 是无关项。有时也用逻辑表达式表示函数中的无关项。例如 $d = AB + AC = 0$,表示 $AB + AC$ 所包含的最小项为无关项。因此,含有无关项的逻辑函数可表示为

$$F(A,B,\cdots) = \sum m(\cdots) + \sum d(\cdots)$$

或

$$\begin{cases} F = F(A,B,\cdots) \\ d = d(A,B,\cdots) = 0 \end{cases}$$

在化简时,无关项的值可以为1,也可以为0。具体取什么值,可以根据使函数尽量得到简化而定。下面举例说明含有无关项的逻辑函数的化简。

例 3.3.5   试用卡诺图化简逻辑函数 $F(A,B,C,D) = \sum m(4,6,8,9,10,12,13,14) + \sum d(0,2,5)$。

解   画出函数 F 的卡诺图,如图 3.3.10 所示。将无关项 d_0 和 d_2 视为1,参与"圈1"过程,可使函数简化为 $F = \overline{D} + A\overline{C}$。

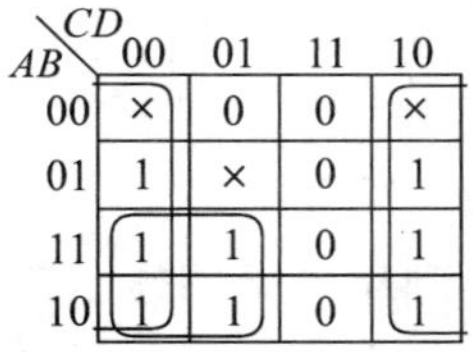

例 3.3.6   要求设计一个逻辑电路,能够判断用 8421BCD 码表示的一位十进制数是奇数还是偶数。当十进制数为奇数时,电路输出为1;当十进制数为偶数时,电路输出为0。

图 3.3.10   例 3.3.5 卡诺图

解   第一步,列出真值表。4 位码 ABCD 即为输入变量,当对应的十进制数为奇数时,函数值 F 为1,反之为0,由此得到如表 3.3.4 所示的真值表。注意,8421BCD 码只有 10 个,表中 4 位二进制码的后 6 种组合是无关项,通常以×表示。

表 3.3.4   例 3.3.6 真值表

对应十进制数	输 入 变 量				输 出
	A	**B**	**C**	**D**	**F**
0	0	0	0	0	0
1	0	0	0	1	1
2	0	0	1	0	0
3	0	0	1	1	1
4	0	1	0	0	0
5	0	1	0	1	1
6	0	1	1	0	0
7	0	1	1	1	1
8	1	0	0	0	0
9	1	0	0	1	1
无关项	1	0	1	0	×
	1	0	1	1	×
	1	1	0	0	×
	1	1	0	1	×
	1	1	1	0	×
	1	1	1	1	×

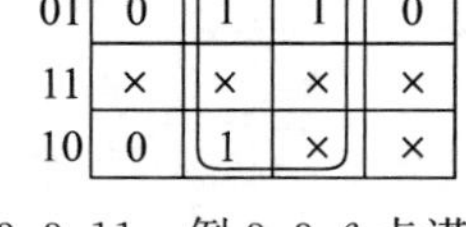

图 3.3.11   例 3.3.6 卡诺图

第二步,将真值表的内容填入四变量卡诺图,如图 3.3.11 所示。

第三步,画包围圈,此时应利用无关项,将 d_{13}、d_{15}、d_{11} 对应的方格视为1,可以得到最大的包围圈,由此写出 $F = D$。

若不利用无关项,$F = \overline{A}D + \overline{B}CD$,结果要复杂得多。

3.3.6 逻辑函数的卡诺图变换

卡诺图是数字电路中广泛使用的重要工具,它除了进行逻辑函数的化简外,还可用于逻辑函数的变换。

1. 将与或式转换为或与式

先画出函数的卡诺图,如图 3.3.12(a)所示。在卡诺图中方格 1 表示函数 F 为 1,而方格 0 表示函数 F 为 0,所以,按照"圈 1"的方法,通过图 3.3.12(b)"圈 0"可以求得反函数 $\overline{F}$ 的与或式,即

$$\overline{F} = \overline{A}\,\overline{B} + \overline{C}\,\overline{D}$$

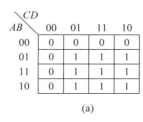
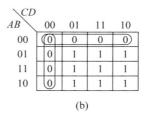

（a）　　　　　　　　　　　（b）

图 3.3.12　与或式转换为或与式

利用反演规则,求反后即得或与式

$$F = (A + B)(C + D)$$

因此,通过卡诺图"圈 0"可以直接得到 F 的或与式,具体步骤如下:

（1）将为 0 的相邻方格用线包围起来,包围圈内的 0 越多越好,但应满足 2^k 个,包围圈内的数目越少越好。

（2）每个为 0 的方格可重复使用,每个包围圈内至少含有一个新的为 0 的方格,每个为 0 的方格都要圈起来。

（3）将所有包围圈内的最小项化简成对应或项,化简原则与圈 1 的原则相同,每一个或项构成的方法是变量取值为 0 则用原变量,反之,变量取值为 1 则用反变量。

（4）所有或项相与便得到最简或与式。

2. 将与或式转换为与或非式

为了得到函数的与或非式,先画出该函数与或式的卡诺图,然后在卡诺图上"圈 0"得到反函数的与或式,再将反函数 $\overline{F}$ 等式两边求反得到函数的与或非式。

例 3.3.7 试将函数 $F = \overline{A}C + \overline{A}\,\overline{D} + \overline{B}C + \overline{B}\,\overline{D}$ 转换为与或非式。

解 画出函数 F 的卡诺图并在卡诺图上"圈 0",如图 3.3.13 所示,然后求出 F 的反函数

$$\overline{F} = AB + \overline{C}D$$

再将反函数 $\overline{F}$ 等式两边求反,即得到 F 函数的与或非式

$$F = \overline{AB + \overline{C}D}$$

3. 将与或式转换为或非式

先将与或式转换为或与式，然后利用摩根定理即可方便地转换为与或式。例如 $F = \overline{A}\,\overline{B}\,\overline{D} + A\overline{D} + B\overline{D} + A\overline{B}C$，其"圈 0"后的卡诺图如图 3.3.14 所示。先按与或式转换为或与式的方法求出

$$F = (A + B + D)(\overline{B} + \overline{D})(\overline{A} + C + \overline{D})$$

然后利用摩根定理求出或非式，即

$$F = \overline{\overline{(A + B + D)(\overline{B} + \overline{D})(\overline{A} + C + \overline{D})}} = \overline{\overline{(A + B + D)} + \overline{(\overline{B} + \overline{D})} + \overline{(\overline{A} + C + \overline{D})}}$$

AB＼CD	00	01	11	10
00	1	0	1	1
01	1	0	1	1
11	0	0	0	0
10	1	0	1	1

图 3.3.13   转换为与或非式

AB＼CD	00	01	11	10
00	0	1	1	0
01	1	0	0	1
11	1	0	0	1
10	1	0	1	1

图 3.3.14   转换为或非式

3.4 逻辑函数门电路的实现

逻辑函数经过化简之后，得到了最简逻辑表达式，根据逻辑表达式，就可采用适当的逻辑门来实现逻辑函数。逻辑函数的实现是通过逻辑电路图表现出来的。逻辑电路图是由逻辑符号以及其他电路符号构成的电路连接图。逻辑电路图是除真值表、逻辑表达式和卡诺图之外，表达逻辑函数的另一种方法。逻辑电路图更接近于逻辑电路设计的工程实际。

由于采用的逻辑门不同，实现逻辑函数的电路形式也不同。例如，逻辑函数 $F = AB + AC + BC$，可用三个与门和一个或门，连接成先"与"后"或"的逻辑电路，实现 F 逻辑函数，如图 3.4.1(a)所示。若将 F 函数变换成与非式，即 $F = \overline{\overline{AB}\,\overline{AC}\,\overline{BC}}$，可用 4 个与非门组成的逻辑电路实现该函数，如图 3.4.1(b)所示。如果允许电路输入采用反变量，对逻辑函数进行变换，即 $F = \overline{\overline{AB + AC + BC}} = \overline{\overline{\overline{A} + \overline{B}} + \overline{\overline{C} + \overline{D}} + \overline{\overline{B} + D}}$，可用 4 个或非门实现，逻辑电路如图 3.4.1(c)所示；对逻辑函数 $F = \overline{\overline{AC} + \overline{AB}}$，可用两个与门和一个或非门实现，逻辑电路如图 3.4.1(c)、图 3.4.1(d)所示。在所有基本逻辑门中，与非门是工程中大量应用的逻辑门，单独使用与非门可以实现任何组合的逻辑函数。

例 3.4.1   试用两输入与非门实现函数 $F = AC + \overline{A}\,B$ 的逻辑关系，画出逻辑电路图，输入仅为原变量。

解   将函数转换为与非式，即

$$F = AC + \overline{A}\,B = \overline{\overline{AC}\,\overline{\overline{A}\,B}}$$

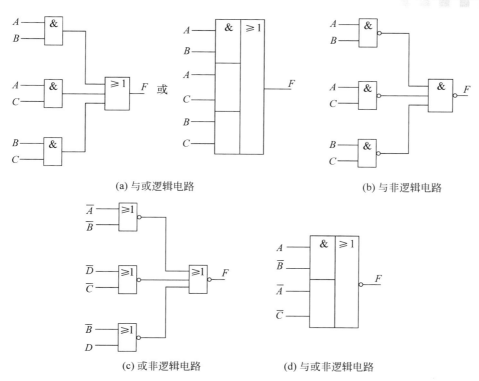

(a) 与或逻辑电路   (b) 与非逻辑电路

(c) 或非逻辑电路   (d) 与或非逻辑电路

图 3.4.1 逻辑电路图

由于表达式里有反变量,可用一个与非门,将其输入端接在一起,输出即为输入的反变量,F 函数的逻辑电路如图 3.4.2 所示。

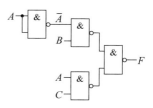

例 3.4.2 求图 3.4.3(a)的最简或与式,并用或非门实现,输入允许反变量。

图 3.4.2 例 3.4.1图

解 将如图 3.4.3(a)所示的卡诺图"圈 0",如图 3.4.3(b)所示,求出最简或与式,即

$$F = (\overline{D} + B)(D + \overline{B})$$

然后利用摩根定理转换为或非式,即

$$F = \overline{\overline{B + \overline{D}} + \overline{\overline{B} + D}}$$

最后画出逻辑电路如图 3.4.3(c)所示。

AB\\CD	00	01	11	10
00	1	0	0	1
01	0	1	1	0
11	0	1	1	0
10	1	0	0	1

(a)

AB\\CD	00	01	11	10
00	1	0	0	1
01	0	1	1	0
11	0	1	1	0
10	1	0	0	1

(b)

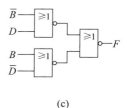

(c)

图 3.4.3 例 3.4.2图

3.5 各种逻辑函数表示方法的特点及转换

将实际中因果关系问题转换为逻辑关系问题，就可用逻辑函数来表示，以便进行分析和处理。前面讨论的逻辑函数表示方法共有 5 种，即真值表、表达式、卡诺图、波形图和逻辑图。它们既有各自的特点，又可互相转换，满足于不同的需要。

1. 真值表

将输入变量的各种取值与其对应的输出变量值列入同一个表格，即为真值表。真值表全面、直观、唯一地体现了变量之间的逻辑关系，是实际应用中的因果关系问题转换为逻辑关系问题直接描述，表达式逻辑关系的全面体现。

真值表能方便地与表达式、卡诺图和波形图互相转换。

例 3.5.1 图 3.5.1 为两地控制一盏灯的电路，A、B 为单刀双掷开关，装在两地，图中 A、B 两地开关的位置使灯 F 断电，灯 F 不亮，若在 A 开关所在地上、下拨动开关，灯 F 可熄、可亮；当 A 开关向下拨动时，电源与灯 F 接通，灯 F 亮，若走到 B 开关所在地，将 B 开关向上拨动时，可熄灭灯 F，向下拨动开关，可点亮灯 F。所以无论在哪一个开关所在地，都能控制灯 F 熄或亮。试描述两地控制一盏灯电路的逻辑关系。

解 分析图 3.5.1 电路，设 A、B 开关为输入变量，灯 F 为输出变量，$F=1$ 为灯亮，$F=0$ 为灯熄，开关向上，$A=1$、$B=1$；开关向下，$A=0$、$B=0$，这样将开关与灯的因果关系问题很容易地转换为变量 F 与 A、B 的逻辑关系问题，即可列出真值表如表 3.5.1 所示。

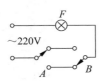

图 3.5.1 例 3.5.1 图

表 3.5.1 例 3.5.1 真值表

A	B	F
0	0	1
0	1	0
1	0	0
1	1	1

由真值表得知，两地控制一盏灯电路中灯 F 与开关 A 和 B 之间的逻辑关系是：输入相同即 $A=B$，输出 $F=1$；输入相异即 $A \neq B$，输出 $F=0$。由真值表很容易写出最小项表达式，即真值表中函数值为 1 对应的最小项之和，表 3.5.1 对应的表达式为

$$F = AB + \overline{A}\,\overline{B}$$

例 3.5.2 某逻辑电路的表达式为 $F = A\overline{B} + B\overline{C} + \overline{A}C$，试指出该电路所实现的逻辑关系（即逻辑功能）。

解 虽然表达式已是最简与或式，但仍较为复杂，难以直观全面体现函数逻辑关系，所以先将其转换为真值表，即将 A、B、C 三个变量的所有取值代入表达式中求出函数值并列入表格，如表 3.5.2 所示。由真值表方便得知，表达式实现的逻辑功能是：输入变量相同，输出为 0；输入变量相异，输出为 1。

表 3.5.2 例 3.5.2 真值表

A	B	C	F
0	0	0	0
0	0	1	1
0	1	0	1
0	1	1	1
1	0	0	1
1	0	1	1
1	1	0	1
1	1	1	0

2. 表达式

由逻辑变量和逻辑运算符所组成的逻辑运算式即为表达式。利用逻辑代数的公式和定理,通过表达式可以对数字信号进行处理,如逻辑函数的变换与化简。表达式是唯一能与逻辑图直接互转的函数形式。

例 3.5.3 在与门、或门、非门、与非门、或非门和异或门 6 个逻辑门中,试用最少的逻辑门实现逻辑函数 $F = \overline{A}\,\overline{B}C + \overline{A}\,B\overline{C} + A\overline{B}\,\overline{C} + ABC$,允许输入有反变量,画出逻辑图。

解 原函数表达式已是最简与或式,利用摩根定律变换为与非式

$$F = \overline{\overline{\overline{A}\,\overline{B}C} \cdot \overline{\overline{A}\,B\overline{C}} \cdot \overline{A\overline{B}\,\overline{C}} \cdot \overline{A\,BC}}$$

利用摩根定律变换为或非式

$$F = \overline{\overline{A + B + \overline{C}} + \overline{\overline{A} + \overline{B} + C} + \overline{\overline{A} + B + C} + \overline{\overline{A} + \overline{B} + \overline{C}}}$$

利用逻辑代数变换为异或式

$$F = (\overline{A}\,\overline{B} + AB)C + (\overline{A}\,B + A\overline{B})\overline{C} = \overline{\overline{A}\,B + A\overline{B}}C + (\overline{A}\,B + A\overline{B})\overline{C}$$
$$= \overline{A \oplus B}C + (A \oplus B)\overline{C} = A \oplus B \oplus C$$

分析逻辑函数变换的结果,要实现逻辑函数 $F = \overline{A}\,\overline{B}C + \overline{A}\,B\overline{C} + A\overline{B}\,\overline{C} + ABC$ 需要用三个与门和一个或门,或者 5 个与非门,或者 5 个或非门,或者两个异或门,显然使用最少的逻辑门是两个异或门,其逻辑图如图 3.5.2 所示。

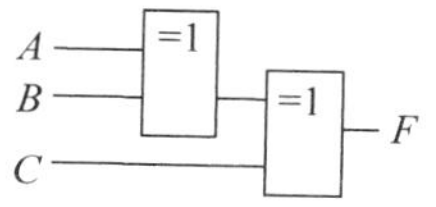

图 3.5.2 例 3.5.3 图

3. 卡诺图

卡诺图用按一定规则画出来的方格图表示逻辑函数,是真值表的图形转换,比真值表排列紧凑。真值表中每一行输入变量取值对应的最小项与卡诺图中每一个小方格号对应,小方格里的内容是与方格号对应的最小项的逻辑取值,即真值表中由与最小项有关的输入变量取值得到的函数值。卡诺图的主要用途是逻辑函数的化简和变换,特别适合少于 5 个输入变量的各种复杂的逻辑函数。卡诺图可以与表达式、真值表和波形图互相转换。

例 3.5.4 将逻辑函数 $Z = DEFG + D(\overline{E} + \overline{F} + \overline{G}) + BC(A + D) + \overline{D}(\overline{A} + \overline{B})(B + C)$ 化简为最简与或式。

解 由于逻辑函数有 7 个变量,不便于直接用卡诺图法化简,分析逻辑函数的构成,可

先用反演律将 $(\overline{E}+\overline{F}+\overline{G})$ 变换为与非形式 $\overline{EFG}$，然后利用分配率消去 E、F、G 变量。

$$Z = DEFG + D(\overline{E}+\overline{F}+\overline{G}) + BC(A+D) + \overline{D}(\overline{A}+\overline{B})(B+C)$$
$$= DEFG + D\overline{EFG} + ABC + BCD + \overline{A}\,B\overline{D} + \overline{A}C\overline{D} + \overline{B}C\overline{D}$$
$$= D(EFG + \overline{EFG} + BC) + ABC + \overline{A}\,B\overline{D} + \overline{A}C\overline{D} + \overline{B}C\overline{D}$$
$$= D + ABC + \overline{A}\,B\overline{D} + \overline{A}C\overline{D} + \overline{B}C\overline{D}$$

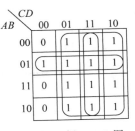

消去 E、F、G 变量后，逻辑函数剩下 4 个变量，再用卡诺图法化简，卡诺图和"圈 1"结果如图 3.5.3 所示，化简的表达式为

$$Z = C + D + \overline{A}\,B$$

图 3.5.3　例 3.5.4 图

4. 波形图

波形图将逻辑函数输入和输出变量的变化用高、低电平的波形来表示。波形图可以把逻辑函数输入和输出变量在时间上的对应关系直观地表示出来，因而波形图又称为时序图。利用示波器观察逻辑电路的波形图，可以检验逻辑电路的逻辑功能是否正确。波形图可以直接互转为真值表、卡诺图和表达式。

例 3.5.5　已知某电路的输入 A、B、C 及输出 F 的波形如图 3.5.4(a) 所示，试分析该电路的逻辑功能，用与非门画出其等效的逻辑图。

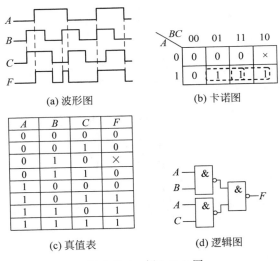

(a) 波形图

(b) 卡诺图

A	B	C	F
0	0	0	0
0	0	1	0
0	1	0	×
0	1	1	0
1	0	0	0
1	0	1	1
1	1	0	1
1	1	1	1

(c) 真值表

(d) 逻辑图

图 3.5.4　例 3.5.5 图

解　(1) 根据波形图画出的卡诺图和列出的真值表如图 3.5.4(b)、图 3.5.4(c) 所示，显然卡诺图比真值表排列紧凑，而且便于化简。

(2) 化简、变换逻辑函数。

$$F = AB + AC$$
$$= \overline{\overline{AB}\ \overline{AC}}$$

(3) 画出的逻辑图如图 3.5.4(d) 所示。

5．逻辑图

由逻辑符号以及其他电路基本单元符号构成的电路连接图称为逻辑电路图，简称逻辑图。逻辑图更接近于工程实际，可直接与表达式互转。

3.6　小结

（1）逻辑代数是分析和设计逻辑电路的数学工具。一个实际中的逻辑问题可用逻辑函数来描述，逻辑函数可用真值表、逻辑表达式、卡诺图、波形图和逻辑电路图表示，虽然它们有着各自的特点，但本质相通，可以互相转换。

（2）用真值表和最小项表达式表示逻辑函数，其形式是唯一的。

（3）运用逻辑代数的基本运算可以对逻辑函数进行化简和变换。这种方法适用于各种复杂的逻辑函数，但需要熟练地运用公式和定理，且具有一定的运算技巧。

（4）利用卡诺图也可实现逻辑函数化简及变换。这种方法简单直观，易于掌握，在对逻辑函数化简时，还可进行含有无关项的函数的化简，使结果更简单，但不适于太多变量的函数化简及变换。

习题

3-1　用代数法化简下列逻辑函数。

（1）$XY+X\overline{Y}$

（2）$(X+Y)(X+\overline{Y})$

（3）$XYZ+\overline{X}\,Y+XY\overline{Z}$

（4）$XZ+\overline{X}\,YZ$

（5）$\overline{X+Y}\cdot\overline{\overline{X}+\overline{Y}}$

（6）$Y(WZ+W\overline{Z})+XY$

（7）$ABC+\overline{A}\,\overline{B}C+\overline{A}\,BC+AB\overline{C}+\overline{A}\,\overline{B}\,\overline{C}$

（8）$BC+A\overline{C}+AB+BCD$

（9）$\overline{\overline{CD}+A}+A+AB+CD$

（10）$(A+C+D)(A+C+\overline{D})(A+\overline{C}+D)(A+\overline{B})$

（11）$A\overline{B}\,\overline{C}+A\overline{B}C+AB\overline{C}+ABC$

（12）$(A+B)\cdot C+\overline{A}C+AB+ABC+\overline{BC}$

3-2　写出下列函数的反函数。

（1）表示逻辑函数的 4 种方法是_____、_____、_____和_____。

（2）在真值表、表达式和逻辑电路图三种表示方法中，形式唯一的是_____。

（3）与最小项 $A\,B\overline{C}$ 相邻的最小项有_____、_____和_____。

3-3 写出下列函数的反函数。

(1) $F = \overline{A + B + \overline{\overline{C} + \overline{D + \overline{E}}}}$

(2) $F = B[(C\overline{D} + A) + \overline{E}]$

(3) $F = A\overline{B} + \overline{C}\,\overline{D}$

(4) $F = (AB + \overline{A}\,\overline{B})(C + D)(E + \overline{C}\overline{D})$

3-4 根据表题 3.4 写出函数 T_1 和 T_2 的最小项表达式，然后化简为最简与或式。

表题 3.4

输 入 变 量			输 出 变 量	
A	B	C	T_1	T_2
0	0	0	1	0
0	0	1	1	0
0	1	0	1	0
0	1	1	0	0
1	0	0	0	0
1	0	1	0	1
1	1	0	0	1
1	1	1	0	1

3-5 把下列函数表示为最小项表达式。

(1) $F = D(\overline{A} + B) + \overline{B}D$

(2) $F = \overline{Y}Z + WX\overline{Y} + WX\overline{Z} + \overline{W}\,\overline{X}Z$

(3) $F = (\overline{A} + B)(\overline{B} + C)$

(4) $F(A, B, C) = 1$

3-6 用卡诺图化简下列函数，并求出最简与或式。

(1) $F(X, Y, Z) = \sum(2, 3, 6, 7)$

(2) $F(A, B, C, D) = \sum(7, 13, 14, 15)$

(3) $F(A, B, C, D) = \sum(4, 6, 7, 15)$

(4) $F(A, B, C, D) = \sum(2, 3, 12, 13, 14, 15)$

(5) $F(A, B, C, D) = \sum m(0, 1, 4, 5, 6, 7, 9, 10, 13, 14, 15)$

(6) $F(A, B, C, D) = \sum m(1, 2, 4, 11, 13, 14) + \sum d(8, 9, 10, 12, 15)$

3-7 用卡诺图化简下列函数，并求出最简与或式。

(1) $F = XY + \overline{X}\,\overline{Y}Z + \overline{X}\,YZ$

(2) $F = \overline{A}\,B + B\overline{C} + \overline{B}\,\overline{C}$

(3) $F = \overline{A}\,\overline{B} + BC + \overline{A}\,B\overline{C}$

(4) $F = X\overline{Y}Z + XY\overline{Z} + \overline{X}\,YZ + XYZ$

(5) $F = D(\overline{A} + B) + \overline{B}(C + AD)$

(6) $F = A B D + \overline{A} \, \overline{C} \, \overline{D} + \overline{A} \, B + \overline{A} C D + A B \overline{D}$

(7) $F = \overline{X} Z + \overline{W} X Y + W (\overline{X} \, Y + X \overline{Y})$

(8) $F(A, B, C, D) = \overline{A} \, \overline{B} C + A B D + A B C + \overline{B} \, \overline{D} + \overline{A} \, \overline{B} \, C \overline{D}$

(9) $F(A, B, C, D) = \overline{A} \, \overline{B} \, \overline{C} + A B C + \overline{A} \, \overline{B} \, C \overline{D} + \sum d$，式中 $\sum d = A \oplus B$

(10) $F = \overline{A} \, B \overline{C} \overline{D} + \overline{A} \, B C \overline{D} + A \overline{B} C \overline{D} + A B C D + A \overline{B} C D$，$\overline{A} \, \overline{B} \, \overline{C} \, D + \overline{A} \, B C \overline{D} + \overline{A} \, B C D + \overline{A} \, B C D + A B \overline{C} \, \overline{D} = 0$

(11) $F = \overline{A} \, \overline{B} \, \overline{C} \, D + A B \overline{C} D + \overline{A} \, B C D + A B C D$，$\overline{A} \, \overline{B} C D + \overline{A} \, B \overline{C} D + A B C D = 0$

(12) $F(A, B, C, D) = \overline{A} \cdot \overline{B} \cdot \overline{C} \cdot \overline{D} + \overline{A} \cdot B C \overline{D} + \overline{A} \, B \overline{C} \cdot D + A \overline{B} \cdot \overline{C} \cdot C D$，$\overline{A} \, B C D + \overline{A} \, B C D + A B C D + A B C \overline{D} + A \overline{B} C D + A \overline{B} C D = 0$

(13) $F = C \overline{D} (A \oplus B) + \overline{A} \, B \overline{C} + \overline{A} \cdot \overline{C} \cdot D$，$A B + C D = 0$

(14) $F(A, B, C, D) = \sum m (0, 1, 2, 4, 5, 9) + \sum d (7, 8, 10, 11, 12, 13)$

3-8 给定逻辑函数 $F = X Y + X \overline{Y} + \overline{Y} Z$。

(1) 用与或电路实现；

(2) 用与非电路实现；

(3) 用或非电路实现。

3-9 用两个或非门实现下列函数，并画出逻辑电路图。

$\qquad F = \overline{A} \, B \overline{C} + A \overline{B} D + \overline{A} \, B C D$，无关项 $d = A B C + A \overline{B} \, \overline{D}$

3-10 化简逻辑函数 F，用两级与非电路实现之，并画出逻辑电路图。

$\qquad F = \overline{B} D + \overline{B} C + A B C D$，$d = \overline{A} \, B D + A \overline{B} \, \overline{C} \, \overline{D}$

3-11 用 4 个与非门实现下列函数，画出逻辑电路图（注：输入端只提供原变量）。

$\qquad F = \overline{W} X Z + \overline{W} \, Y Z + \overline{X} \, Y \overline{Z} + W X Y Z$，$d = W Y Z$

3-12 试用与非门实现下列多输出逻辑函数。

$\qquad Y_1 = F_1(A, B, C, D) = \sum (0, 2, 3, 6, 7, 8, 14, 15)$

$\qquad Y_2 = F_2(A, B, C, D) = \sum (2, 3, 10, 11, 14, 15)$

3-13 已知某电路的输入 A、B、C 及输出 F 的波形如图题 3.13 所示，试分析该电路的逻辑功能，并用与非门画出其等效的逻辑电路。

3-14 已知某电路的输入 A、B、C 及输出 F 的波形如图题 3.14 所示，试分析该电路的逻辑功能，并用与非门画出其等效的逻辑电路。

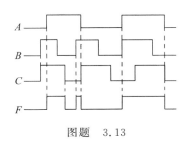

图题 3.13

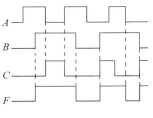

图题 3.14

3-15 已知某电路的输入 A、B、C 及输出 F 的波形如图题 3.15 所示，试分析该电路的逻辑功能。

（1）用与非门画出其等效的逻辑电路。

（2）用或非门画出其等效的逻辑电路。

3-16 已知某电路的输入 A、B、C 及输出 F 的波形如图题 3.16 所示，试分析该电路的逻辑功能，并用两输入的或非门画出其等效的逻辑电路。

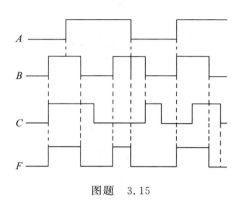 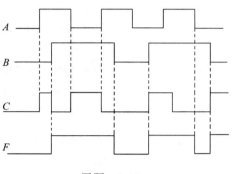

图题 3.15   图题 3.16

3-17 用卡诺图化简下列函数，写出最简与或式及最简或与式，并用与非门及或非门实现。

（1）$F(A,B,C,D) = \sum (3,4,5,7,9,13,14,15)$

（2）$F(A,B,C,D) = \sum (0,1,4,5,6,7,9,10,13,14,15)$

3-18 设 $F = \sum m(2,4,8,9,10,12,14)$，用最简单的方法和最简单的电路实现。要求分别用下列逻辑门，即

（1）与非门。

（2）或非门。

（3）与或非门。

3-19 将下列函数化简为最简与或非式。

$$F_1 = CD + BC + AD + \overline{A}\,\overline{B}D$$

$$F_2 = AB\overline{C} + AB\overline{D} + \overline{A}\,BC + AC\overline{D}, 且 \overline{B}\,\overline{C} + \overline{B}CD = 0$$

3-20 用卡诺图将下列函数化简为最简或与表达式。

（1）$F(A,B,C,D) = \sum (6,7,8,9,12,13)$

（2）$F(A,B,C,D) = \sum (0,2,5,7,8,10,13,15)$

（3）$F = \overline{A}\,\overline{B} + (A\overline{B} + \overline{A}\,B + AB)C$

（4）$F = (A+B)(A+B+C)(A+C)(B+C+D)$

第 **4** 章

组合逻辑电路

　　数字电路按逻辑功能和电路结构的不同特点可划分为两大类：一类称为组合逻辑电路，另一类称为时序逻辑电路。

　　本章先介绍小规模集成电路构成的组合逻辑电路的分析和设计方法，然后介绍常用的中规模集成器件构成的组合逻辑电路，即编码器、译码器、数据选择器、数据分配器、加法器、算术逻辑单元和数值比较器，重点分析这些器件的逻辑功能、实现原理及应用方法。

4.1　组合逻辑电路的分析与设计

　　在任何时刻，输出状态只决定于同一时刻各输入状态的组合，而与先前状态无关的逻辑电路称为组合逻辑电路。图 4.1.1 是组合逻辑电路的一般框图，它可用如下的逻辑函数来描述，即

$$F_i = f_i(A_1, A_2, \cdots, A_n) \quad (i = 1, 2, \cdots, m)$$

式中，$A_1, A_2, \cdots, A_n$ 为输入变量。

图 4.1.1　组合逻辑电路的一般框图

组合逻辑电路的结构特点如下：

（1）输出与输入之间没有反馈延迟通路。

（2）电路中不含记忆元件。

前面介绍的各种逻辑门电路均属于组合逻辑电路，它们是构成复杂组合电路的基本单元。

4.1.1　组合逻辑电路的分析

　　组合逻辑电路的分析是指根据给定的逻辑图分析其输出信号与输入信号之间的逻辑关系，从而确定其逻辑功能。在实际工作中，经常遇到对已设计好的电路进行评估，判断其是否经济合理、器件间是否能替代、两电路是否等效，或者研究电路有确定输出时，其输入的必备条件是什么，等等，这些都需要对数字电路进行分析。组合逻辑电路分析的一般步骤如下：

（1）写出逻辑电路图输出变量的逻辑表达式。

（2）化简和变换逻辑表达式。

（3）列出真值表。

（4）根据真值表和逻辑表达式对逻辑电路进行分析，最后确定电路的逻辑功能。

实际操作时可根据具体情况略去其中的某些步骤。

下面举例说明组合逻辑电路的分析方法。

例 4.1.1 试分析如图 4.1.2 所示逻辑电路的逻辑功能，并指出输出为 1 时，输入的必备条件是什么？

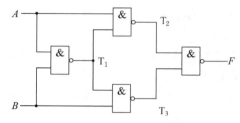

图 4.1.2 例 4.1.1 的逻辑电路图

解 （1）从给出的逻辑电路图，由输入向输出逐级写出逻辑门的逻辑表达式。

$$T_1 = \overline{A\,B}$$

$$T_2 = \overline{A\,\overline{A\,B}}$$

$$T_3 = \overline{B\,\overline{A\,B}}$$

$$F = \overline{\overline{A\,\overline{A\,B}}\ \cdot\ \overline{B\,\overline{A\,B}}}$$

（2）进行逻辑变换和化简。

$$\begin{aligned}
F &= \overline{\overline{A\,\overline{A\,B}}\ \cdot\ \overline{B\,\overline{A\,B}}}\\
&= A\,\overline{A\,B} + B\,\overline{A\,B}\\
&= A(\overline{A} + \overline{B}) + B(\overline{A} + \overline{B})\\
&= A\overline{B} + \overline{A}\,B
\end{aligned}$$

（3）列出真值表，如表 4.1.1 所示。

表 4.1.1 图 4.1.2 电路的真值表

A	B	F
0	0	0
0	1	1
1	0	1
1	1	0

（4）确定电路逻辑功能。由表达式和真值表可知，图 4.1.2 逻辑电路图实现的逻辑功能是异或运算，使输出为 1 的必备条件是 $A \ne B$。

例 4.1.2　分析如图 4.1.3 所示的逻辑电路的逻辑功能。

解　由图 4.1.3 可直接写出输出逻辑表达式。

$$F_0 = \overline{A_1}\,\overline{A_0}$$

$$F_1 = \overline{A_1}\,A_0$$

$$F_2 = A_1\,\overline{A_0}$$

$$F_3 = A_1\,A_0$$

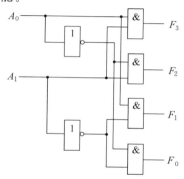

图 4.1.3　例 4.1.2 的逻辑电路图

由于该逻辑表达式简单,不需进行化简和变换,故可直接列出真值表,如表 4.1.2 所示。由表 4.1.2 可看出,$A_1 A_0 = 00$ 时,$F_0 = 1$,其他输出为 0;$A_1 A_0 = 01$ 时,$F_1 = 1$,其他输出为 0;$A_1 A_0 = 10$ 时,$F_2 = 1$,其他输出为 0;$A_1 A_0 = 11$ 时,$F_3 = 1$,其他输出为 0。这种对于一个输入的二进制代码,有一个输出为 1(或为 0),其余输出为 0(或为 1)的逻辑电路,称为译码器,其作用是将二进制代码转换为控制信号,其工作原理将在 4.4 节中讨论。

表 4.1.2　图 4.1.3 电路的真值表

A_0	A_1	F_0	F_1	F_2	F_3
0	0	1	0	0	0
0	1	0	1	0	0
1	0	0	0	1	0
1	1	0	0	0	1

4.1.2　组合逻辑电路的设计

组合逻辑电路的设计过程与分析过程相反,其任务是根据给定的逻辑问题(命题),设计出能实现其逻辑功能的逻辑电路,最后画出由逻辑门或逻辑器件实现的逻辑电路图。用逻辑门实现组合逻辑电路要求是使用的芯片个数和种类尽可能少,连线尽可能最少,一般设计步骤如下:

(1) 分析设计任务,确定输入变量、输出变量,找到输出与输入之间的因果关系,列出真值表。

(2) 由真值表写出逻辑表达式。

(3) 化简变换逻辑表达式,化简形式应根据选择何种逻辑门或集成的组合逻辑器件而定,从而画出最简单合理的逻辑电路图。

这样,原理性逻辑设计任务就完成了。实际设计工作还包括集成电路芯片的选择、工艺设计、安装、调试等内容。下面举例说明原理性逻辑设计方法。

例 4.1.3　试设计一个三人表决器电路,多数人同意,提案通过,否则提案不通过。

解　(1) 根据给定命题,设定参加表决提案的三人分别为 A、B、C,作为输入变量,并规定同意提案为 1,不同意为 0;设提案通过与否为输出变量 F,规定通过为 1,不通过为 0。提案通过与否由参加表决的情况来决定,构成逻辑的因果关系。列出输出和输入关系的真值表,如表 4.1.3 所示。

表 4.1.3　例 4.1.3 真值表

A	B	C	F
0	0	0	0
0	0	1	0
0	1	0	0
0	1	1	1
1	0	0	0
1	0	1	1
1	1	0	1
1	1	1	1

（2）由真值表写出输出逻辑表达式。

$$F = \overline{A}\,BC + A\overline{B}C + A\,B\overline{C} + A\,BC$$

（3）化简表达式，绘出逻辑电路图。

可用卡诺图化简得最简与或式或与非式，即

$$F = BC + AC + A\,B$$

$$F = \overline{\overline{A\,B} \cdot \overline{AC} \cdot \overline{BC}}$$

画出的逻辑电路图如图 4.1.4 所示。

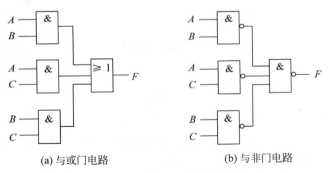

(a) 与或门电路　　　　　　　　(b) 与非门电路

图 4.1.4　例 4.1.3 逻辑电路图

图 4.1.4（a）是由最简与或逻辑表达式画的逻辑电路，需要两种类型的逻辑门。图 4.1.4（b）是按与非逻辑表达式画出的逻辑电路，只需一种类型的逻辑门。由此可见，最简的逻辑表达式用一定规格的集成器件实现时，其电路结构不一定是最简单和最经济的。设计逻辑电路时应以集成器件为基本单元，而不应以单个门为单元，这是工程设计与原理设计的不同之处。

例 4.1.4　设计两个一位二进制数的数值比较器。

解　两个一位二进制数 A 和 B 比较，结果有三种情况，$A = B (A = 0, B = 0$ 或 $A = 1$, $B = 1), A > B (A = 1, B = 0), A < B (A = 0, B = 1)$。设 A 和 B 为数值比较器的输入变量，均表示一位二进制数，数值比较器的输出有三种情况，用三个变量 L、Q、M 表示，其真值表如表 4.1.4 所示。

表 4.1.4 例 4.1.4 真值表

A	B	$L(A>B)$	$Q(A=B)$	$M(A<B)$
0	0	0	1	0
0	1	0	0	1
1	0	1	0	0
1	1	0	1	0

由真值表得输出函数表达式并进行化简变换,得

$$L = A\overline{B}$$
$$M = \overline{A}B$$

$$Q = AB + \overline{A}\,\overline{B} = \overline{\overline{A\overline{B} + \overline{A}B}} = \overline{\overline{A\overline{B}} \cdot \overline{\overline{A}B}}$$

由输出函数表达式画出的逻辑电路如图 4.1.5 所示。

例 4.1.5 设计一个 8421BCD 码的检码电路,要求当输入量 $DCBA \leqslant 2$ 或 >7 时,电路输出 F 为高电平,试用最少的二输入与非门设计该电路。

解 4 个输入变量 $DCBA$ 作为 4 位二进制数码可表示 16 种状态,而 8421BCD 码只需要前 10 种状态,后 6 种状态可视为无关项。根据题意列出的真值表如表 4.1.5 所示。利用图 4.1.6 给出的卡诺图化简得到最简的与或式为

$$F = \overline{C}\,\overline{B} + \overline{C}\,\overline{A}$$

变换后得

$$F = \overline{C}(\overline{B} + \overline{A}) = \overline{\overline{\overline{C}\,\overline{B\,A}}}$$

其逻辑电路如图 4.1.7 所示。

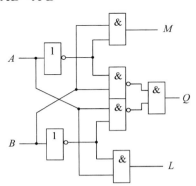

图 4.1.5 一位二进制数比较器

表 4.1.5 例 4.1.5 真值表

D	C	B	A	F
0	0	0	0	1
0	0	0	1	1
0	0	1	0	1
0	0	1	1	0
0	1	0	0	0
0	1	0	1	0
0	1	1	0	0
0	1	1	1	0
1	0	0	0	1
1	0	0	1	1
1	0	1	0	×
1	0	1	1	×
1	1	0	0	×
1	1	0	1	×
1	1	1	0	×
1	1	1	1	×

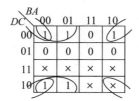

图 4.1.6　例 4.1.5 卡诺图

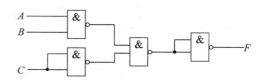

图 4.1.7　例 4.1.5 逻辑电路图

例 4.1.6　设计一个电话机信号控制电路。电路有火警、盗警和日常业务三种输入信号，在同一时间只能有一个信号通过。当同时有两个以上信号出现时，通过排队电路，应先接通火警信号，其次为盗警信号，最后是日常业务信号。试按照上述轻重缓急设计该信号控制电路。要求用集成门电路 74LS00（每片含 4 个二输入端与非门）。

解　根据题意，设输入变量为 A（火警）、B（盗警）和 C（日常业务），有信号为逻辑"1"，没信号为逻辑"0"；设输出变量为 F_0（火警）、F_1（盗警）和 F_2（日常业务），允许通过为逻辑"1"，不允许通过为逻辑"0"，所列真值表如表 4.1.6 所示。

表 4.1.6　例 4.1.6 真值表

A	B	C	F_0	F_1	F_2
1	×	×	1	0	0
0	1	×	0	1	0
0	0	1	0	0	1
0	0	0	0	0	0

由真值表写出各输变量的逻辑表达式为

$$F_0 = A$$

$$F_1 = \overline{A} B$$

$$F_2 = \overline{A}\, \overline{B} C$$

虽然这三个表达式已是最简，不需化简，但需要用非门和与门实现，且 F_2 需用三输入端与门才能实现，故不符合设计要求，需要进行逻辑变换，变换后的表达式为

$$F_0 = A$$

$$F_1 = \overline{\overline{\overline{A} B}}$$

$$F_2 = \overline{\overline{\overline{A}\, \overline{B} C}}$$

由表达式画出的逻辑图如图 4.1.8 所示，可用两片集成与非门 74LS00 来实现。

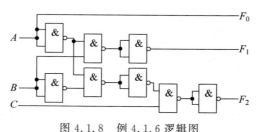

图 4.1.8　例 4.1.6 逻辑图

在实际设计逻辑电路时,有时并不是表达式最简单就能满足设计要求的,还应考虑所使用集成器件的种类,将表达式转换为所采用的集成器件能够实现的形式,并尽量使所用集成器件最少,就是设计步骤中所说的"最简单合理逻辑图"。

4.2 组合逻辑电路的竞争冒险

前面分析组合逻辑电路时,都是考虑电路在稳态下的工作情况,没有考虑信号转换瞬间门电路的延迟时间对电路产生的影响。实际上,从信号输入到输出的过程中,不同通路上门的级数不同,或者门电路平均延迟时间的差异,使信号从输入经不同通路传输到输出级的时间不同。有些电路往往在瞬间变化时发生违反常规逻辑的干扰输出,甚至会造成系统中某些环节误动作,产生错误的结果,所以有必要了解电路在瞬态的工作情况,对可能出现的不正常现象采取措施,预先加以解决,以保证电路工作的可靠性。组合逻辑电路中的"竞争冒险"现象就是一个在实际应用时不容忽视的重要问题。

4.2.1 竞争现象

当输入信号发生突变时,由于各个门传输时间的差异,或者是输入信号通过的路径(即门的级数)不同造成的传输时间差异,会使一个或几个输入信号经不同的路径到达同一点的时间有差异,这种现象称为竞争。如图 4.2.1(a)所示的电路,变量 A 有两条路径。一条通过 G_1 门到达与门 G_2 的输入;另一条直接进入 G_2 门的输入,故变量 A 具有竞争能力。在大多数的组合逻辑电路中均存在着竞争,有的竞争不会带来不良影响,有的竞争却会导致逻辑错误。

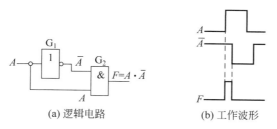

(a) 逻辑电路   (b) 工作波形

图 4.2.1 产生正跳变脉冲的竞争冒险

由于集成门电路离散性较大,因此延迟时间也不同。哪条路径上的总延时大,由实际测量而定,因此竞争的结果是随机的。下面为了分析问题方便,我们假定每个门的延时均相同。

4.2.2 冒险现象

函数式和真值表所描述的是静态逻辑关系,而竞争则发生在从一种稳态变到另一种稳态的过程中。因此,竞争是动态问题,它发生在输入变量变化时。

对图 4.2.1(a)电路而言,输出变量的表达式为 $F=A\overline{A}$,从静态看,无论输入 A 信号取何值,其输出 F 应均为0。但是由于 G_1 门的延迟, $\overline{A}$ 从1跳变到0所需要的时间比 A 从0跳变到1时间滞后,因而在 A 已变到1, $\overline{A}$ 还没有变到0的很短时间间隔内, G_2 的两个输入端都会出现高电平,从而使它的输出端出现一个不应该出现的正跳变窄脉冲,当暂态结束后, $\overline{A}$ 变化到0态,输出 F 回复到正常的逻辑状态,即 $F=A\overline{A}=0$,如图 4.2.1(b)所示。这种违背稳态逻辑关系的瞬态窄脉冲称为干扰脉冲,出现这种情况则称为冒险现象。A 变化不一定都会产生冒险,如 A 由1变到0时,就无冒险产生。

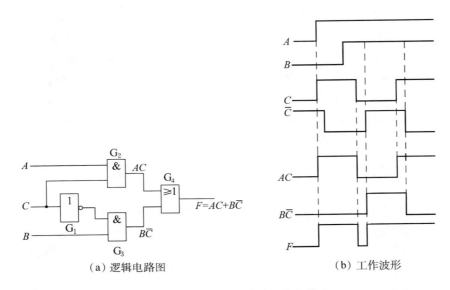

（a）逻辑电路图   （b）工作波形

图 4.2.2   产生负跳变脉冲的竞争冒险

发生冒险时,出现的干扰脉冲既可是正跳变的,也可是负跳变的。如图 4.2.2(a)所示电路,其输出表达式为 $F=AC+B\overline{C}$ 。当 A 和 B 均为1时,则有 $F=C+\overline{C}$ 。在静态时,不论 C 取何值,F 恒为1;但是当 C 变化时,由于各条路径的延时不同,将会出现如图 4.2.2(b)所示的情况。由图可见,当变量 C 由高电平突变到低电平时,输出将产生一个负跳变的窄脉冲,即出现冒险现象。

由上述两个例子可看出,当函数表达式出现 $F=X+\overline{X}$ 或 $F=X\overline{X}$,且变量 X 的状态发生变化时,将产生竞争冒险现象。

4.2.3   竞争冒险的检查方法

前面分析的竞争冒险都是在一个输入变量发生变化的条件下产生的,一般称为逻辑竞争冒险,其检查的方法可用逻辑代数法和卡诺图法。现以图 4.2.3(a)表示的电路为例说明检查方法。

1. 逻辑代数检查法

首先,找出具有竞争能力的变量,然后逐次改变其他变量,判断是否存在冒险。

如图 4.2.3(a)所示电路的函数表达式为 $F=AB+\overline{A}C$,在函数的输入变量中,同时存

在 A 的互补变量,故变量 A 具有竞争能力,且有

$$BC=00 \qquad F=0$$
$$BC=01 \qquad F=\overline{A}$$
$$BC=10 \qquad F=A$$
$$BC=11 \qquad F=A+\overline{A}$$

由上可看出,当 $BC=11$ 时,$F=A+\overline{A}$,因而可判断,当 A 变化时,存在竞争冒险。

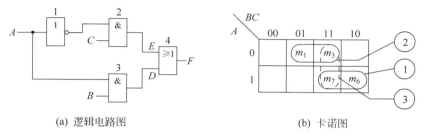

(a) 逻辑电路图   (b) 卡诺图

图 4.2.3 竞争冒险的检查与消除

2. 卡诺图检查法

函数 $F=AB+\overline{A}C$ 的卡诺图如图 4.2.3(b)所示。与项 AB 和 $\overline{A}C$ 分别对应合并圈①和②,这两个合并圈之间存在着相邻最小项 m_3 和 m_7,且无公共的合并圈覆盖它们,公共合并圈对应的与项为 BC,那么,在 $BC=11$,函数为 $F=A+\overline{A}$ 时,若 A 变化将产生冒险,与代数检查法结论一致。

利用卡诺图不仅能检查竞争冒险,还能消除竞争冒险。

在如图 4.2.3(b)所示的卡诺图中,如果 $B=C=1$,则 A 的变化在合并圈①和②之间进行。假设增加一个合并圈③,那么,A 的变化就在合并圈③内,而合并圈③所对应的与项 BC 与 A 无关,这时输出函数应为

$$F=AB+\overline{A}C+BC$$

在 $BC=11$ 的条件下,输出函数为

$$F=A+\overline{A}+1=1$$

无论变量 A 怎样变化,输出函数恒为1,由此消除了竞争冒险。

上述结论可用逻辑代数验证。因为

$$F=AB+\overline{A}C=AB+\overline{A}C+BC$$

式中,BC 是添加的乘积项,故其函数值不变。合并圈③正是要找寻的乘积项,图 4.2.4 是无竞争冒险的逻辑电路图。

综上所述,利用卡诺图可检查和消除竞争冒险,即若在卡诺图的两个合并圈之间存在相邻项,且无公共的合并圈覆盖它们的情况下,电路产生竞争冒险;若在卡诺图增加由该相邻项构成的新的合并圈,使相邻项(图 4.2.3(b)中的 m_3 和 m_7)有公共合并圈覆盖,就可以消除竞争冒险。

例 4.2.1 设计一个无冒险的组合逻辑电路,如图 4.2.4 所示,实现以下逻辑函数。

$$F=AB\overline{C}D+\overline{A}\,\overline{B}C+\overline{A}BD+A\overline{B}\,\overline{C}+AB\overline{C}+\overline{A}BCD+A\overline{B}\,\overline{C}D+\overline{A}\,\overline{B}C\overline{D}$$

解 （1）按照组合逻辑电路的设计方法，先将逻辑函数化简。

由 F 函数的卡诺图 4.2.5 化简可得最简函数表达式为

$$F = A\overline{C} + \overline{A}\,BD + \overline{A}\,\overline{B}C$$

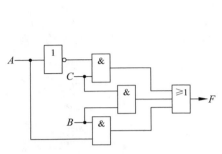

图 4.2.4　无竞争冒险的逻辑电路图

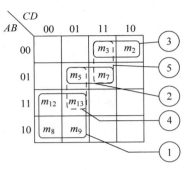

图 4.2.5　例 4.2.1 图

（2）分析卡诺图判定电路是否存在竞争冒险，若存在竞争冒险，找寻添加的乘积项消除竞争冒险。

由于图 4.2.5 中合并圈①和②之间存在着相邻项（m_{13} 和 m_5）且无公共的合并圈覆盖；合并圈②和③之间也存在着相邻项（m_7 和 m_3）且无公共的合并圈覆盖。所以，当 $ACD=011$，B 变化时，或 $BCD=101$，A 变化时，电路均存在竞争冒险，需要增加合并圈④和⑤，使相邻项 m_3 与 m_7 和 m_5 与 m_{13} 都有公共合并圈覆盖，从而消除竞争冒险。由此函数需要添加的乘积项分别由合并圈④和⑤构成，即 $\overline{B}\,CD$ 和 $\overline{A}CD$，无竞争冒险的函数表达式为

$$F = A\overline{C} + \overline{A}\,BD + \overline{A}\,\overline{B}C + \overline{B}CD + \overline{A}CD$$

例 4.2.2 判断 $F = AC + \overline{A}\,B + \overline{A}\,\overline{C}$ 是否存在冒险现象。

解 方法一，用代数法判别。

由于函数中存在 A 和 C 的互补变量，变量 A 和 C 具有竞争能力，且有

$$BC = 00 \qquad F = \overline{A}$$
$$BC = 01 \qquad F = AC$$
$$BC = 10 \qquad F = \overline{A}$$
$$BC = 11 \qquad F = A + \overline{A}$$
$$A\overline{B} = 00 \qquad F = \overline{C}$$
$$A\overline{B} = 01 \qquad F = 1$$
$$A\overline{B} = 10 \qquad F = C$$
$$A\overline{B} = 11 \qquad F = C$$

由上可看出，当 $BC=11$ 时，$F = A + \overline{A}$，若 A 变化，将产生竞争冒险。C 虽然是具有竞争的变量，但在其他变量取值的所有组合中，始终没有出现 $F = C + \overline{C}$ 或 $F = C\overline{C}$，故不会产生冒险。

方法二，用卡诺图判别。

将函数用卡诺图表示出来，如图 4.2.6 所示，从图中可看出，合

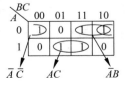

图 4.2.6　例 4.2.2 图

并圈 $\overline{A}\,B$ 与 AC 之间存在着相邻项,且无公共的合并圈覆盖,公共合并圈对应的与项为 BC,那么,在 $BC=11$ 时,会出现冒险。

上述两种方法判别的结果完全相同。

4.2.4 竞争冒险的消除方法

1. 增加乘积项,消掉互补变量

利用逻辑代数和卡诺图可以在含有竞争冒险的表达式中增加乘积项,在不改变逻辑关系的基础上,通过乘积项屏蔽互补变量,消除竞争冒险。

2. 加滤波电容

由于竞争冒险产生的干扰信号都是窄脉冲,在可能产生冒险的门电路输出端并接一个 $4\sim20\mathrm{pF}$ 的滤波电容,可以起到消除冒险现象的作用。

4.3 编码器

把二进制代码按一定规律编排,使每组代码具有特定含义(如代表某个数和控制信号)称为编码,实现编码逻辑功能的电路称为编码器。

4.3.1 编码器的工作原理

编码器有若干输入,对每一个有效的输入信号,产生唯一的一组二进制代码与之对应。所以,编码器是一个多输入、多输出的电路,每次只有一个输入信号被转换为二进制代码,m 个输入信号,需要 n 位二进制数编码,显然 $2^n \geqslant m$。用 n 位二进制代码对 2^n 个信号进行编码的电路称为二进制编码器,例如 8 线-3 线编码器,它能将 8 个输入信号分别编排为 3 位二进制代码输出。若将代表十进制数的 10 个输入信号分别编成对应的 BCD 代码输出的电路称为二-十进制编码器,例如 10 线-4 线编码器,用 4 位二进制代码分别将 10 个输入信号编排为 10 个 BCD 码输出。

1. 4 线-2 线编码器

4 线-2 线编码器有 4 个输入,两位二进制代码输出,其功能如表 4.3.1 所示。观察表 4.3.1 可知,在 4 个输入信号中,每次输入只有一个信号与其他信号不同,该信号即为被编码的有效信号,若该信号为 1 则称高电平输入有效,反之,为 0 则称低电平输入有效。由表 4.3.1 功能表得到如下逻辑表达式

$$Y_1 = \overline{I}_0\,\overline{I}_1 I_2 \overline{I}_3 + \overline{I}_0\,\overline{I}_1\,\overline{I}_2 I_3$$
$$Y_0 = \overline{I}_0 I_1 \overline{I}_2 \overline{I}_3 + \overline{I}_0\,\overline{I}_1\,\overline{I}_2 I_3$$

表 4.3.1　4 线-2 线编码器功能表

输　入				输　出	
I_0	I_1	I_2	I_3	Y_1	Y_0
1	0	0	0	0	0
0	1	0	0	0	1
0	0	1	0	1	0
0	0	0	1	1	1

根据逻辑表达式画出逻辑电路图如图 4.3.1 所示。该逻辑电路可以实现 4 线-2 线编码器的逻辑功能,即当 $I_0 \sim I_3$ 中某一个输入 1,输出 $Y_1 Y_0$ 即为相对应的代码,例如 I_1 为 1时,$Y_1 Y_0$ 为 01,I_3 为 1 时,$Y_1 Y_0$ 为 11,输出代码按有效输入端下标所对应的二进制数输出,这种情况称为输出高电平有效。反之,输出代码按有效输入端下标所对应的二进制数的反码输出,即 $I_1 = 1$,$Y_1 Y_0 = 10$ 或 $\overline{Y}_1 \overline{Y}_0 = 01$,则称为输出低电平有效。在如图 4.3.1 所示的逻辑电路图中,有一个值得注意问题,当 I_0 为 1,$I_0 \sim I_3$ 均为 0 时,$Y_1 Y_0$ 都是 0,前者输出有效,而后者输出无效,这两种情况在实际中是必须加以区别的。

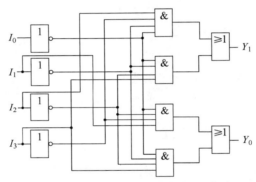

图 4.3.1　4 线-2 线编码器逻辑电路图

改进后的电路如图 4.3.2 所示。电路中增加一个输出信号 $GS = I_0 + Y_1 + Y_0$ 作为输出有效标志。输入信号中只要存在有效电平,即 I_0、Y_1、Y_0 不全为 0,则 $GS = I_0 + Y_1 + Y_0 = 1$,代表有有效信号输入,输出编码有效,只有 $I_0 \sim I_3$ 均为 0 时,$GS = I_0 + Y_1 + Y_0 = 0$,代表无有效信号输入,此时的输出代码 00 为无效编码。

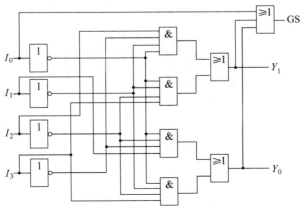

图 4.3.2　4 线-2 线编码器改进逻辑电路图

2. 优先编码器

上面讨论的编码器对输入信号有一定的要求,即任何时刻输入有效信号不能超过一个。当同一时刻出现多个有效的输入信号,会引起输出混乱。在数字系统中,特别是在计算机系统中,常常要控制几个工作对象,例如计算机主机要控制打印机、磁盘驱动器、键盘输入等。当某个部件需要实行操作时,必须先送一个信号给主机(称为服务请求),经主机识别后再发出允许操作信号(服务响应),并按事先编好的程序工作。这里会有几个部件同时发出服务请求的可能,而在同一时刻只能给其中一个部件发出允许操作信号。因此,必须根据轻重缓急,规定好这些控制对象允许操作的先后次序,即优先级别。识别这类请求信号的优先级别并进行编码的逻辑部件称为优先编码器。4 线-2 线优先编码器的功能表如表 4.3.2 所示。

表 4.3.2　4 线-2 线优先编码器功能表

输　　　　入				输　　　出	
I_0	I_1	I_2	I_3	Y_1	Y_0
1	0	0	0	0	0
×	1	0	0	0	1
×	×	1	0	1	0
×	×	×	1	1	1

表 4.3.2 中,4 个输入优先级别的高低次序依次为 I_3、I_2、I_1、I_0。对于 I_3,无论其他三个输入是否为有效电平输入,只要 I_3 为 1,输出均为 11,优先级别最高,由于 $I_3=1$ 高电平,$Y_1Y_0=11$,输出代码按有效输入端下标所对应的二进制数输出,故输入、输出均为高电平有效。对于 I_0,只有当 I_3、I_2、I_1 均为 0,即均无有效电平输入,且 I_0 为 1 时,输出为 00,所以,I_0 的优先级别最低。由表 4.3.2 可以得出该优先编码器的逻辑表达式为

$$Y_1 = I_2\overline{I_3} + I_3 = I_2 + I_3$$
$$Y_0 = I_1\overline{I_2}\,\overline{I_3} + I_3 = I_1\overline{I_2} + I_3$$

由于这里包括了无关项,逻辑表达式比前面介绍的非优先编码器简单些。

4.3.2　中规模集成通用编码器

74147 和 74148 是两种常用的中规模集成通用优先编码器,它们都有 TTL 和 CMOS 的定型产品,下面分析它们的逻辑功能并介绍其应用方法。

1. 8 线-3 线优先编码器 74148

优先编码器 74148 是二进制编码器,其功能如表 4.3.3 所示,其逻辑电路图和引脚图如图 4.3.3(a)、图 4.3.3(b)所示。

表 4.3.3　8 线-3 线优先编码器功能表

输　入									输　出				
EI	I_0	I_1	I_2	I_3	I_4	I_5	I_6	I_7	A_2	A_1	A_0	GS	EO
1	×	×	×	×	×	×	×	×	1	1	1	1	1
0	1	1	1	1	1	1	1	1	1	1	1	1	0
0	×	×	×	×	×	×	×	0	0	0	0	0	1
0	×	×	×	×	×	×	0	1	0	0	1	0	1
0	×	×	×	×	×	0	1	1	0	1	0	0	1
0	×	×	×	×	0	1	1	1	0	1	1	0	1
0	×	×	×	0	1	1	1	1	1	0	0	0	1
0	×	×	0	1	1	1	1	1	1	0	1	0	1
0	×	0	1	1	1	1	1	1	1	1	0	0	1
0	0	1	1	1	1	1	1	1	1	1	1	0	1

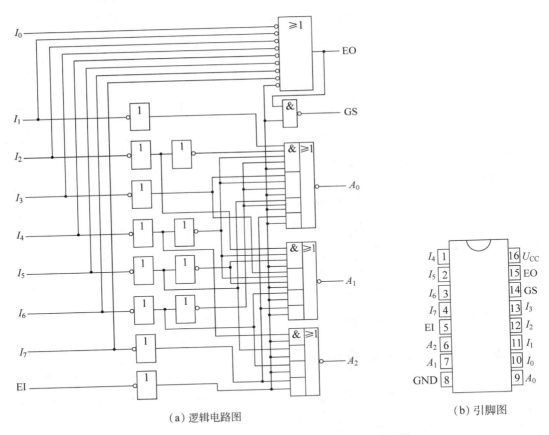

（a）逻辑电路图　　　　　　　（b）引脚图

图 4.3.3　优先编码器 74148 逻辑电路图和引脚图

　　由功能表得知，该编码器有 8 个数据信号输入端 $I_7 \sim I_0$ 和三位二进制码数据信号输出端 $A_2 A_1 A_0$，输入信号的优先级别由高至低分别为 $I_7 \sim I_0$。此外，还设置了 3 个控制信号端，即输入使能端 EI、输出使能端 EO 和输出有效标志端 GS。

当 EI=0 时,允许编码器工作;而当 EI=1 时,不允许编码器工作,此时,不论 8 个数据信号输入端为何种状态,三个数据信号输出端均为高电平,且输出有效标志端和输出使能端均为高电平,所以输入使能端 EI 为低电平有效。

当 EI 为 0,且至少有一个输入端有编码请求信号(逻辑 0)时,输出有效标志端 GS 为 0,表明编码器输出代码有效,否则 GS 为 1,表明编码器输出代码无效,所以输出有效标志端 GS 也是低电平有效。在 8 个数据信号输入端均无低电平输入信号和只有输入端 I_0(优先级别最低位)有低电平输入时,$A_2A_1A_0$ 均为 111,出现了输入条件不同而输出代码相同的情况,这时可由 GS 的状态加以区别,当 GS=1 时,表示 8 个输入端均无低电平输入,输出代码无效;GS=0 时,表示输入端有编码信号,输出为有效编码。

在 EI=0,若输入 I_5 为 0(低电平),且优先级别比它高的输入 I_6 和输入 I_7 均为 1 时,输出代码为 010,其反码为 101,若输入 I_0 单独为 0(低电平),输出代码为 111,其反码为 000,输出代码按有效输入端下标所对应的二进制数反码输出,所以输入、输出均为低电平有效。

根据功能表,可写出各输出端的逻辑表达式为

$$\overline{EO} = \overline{EI}I_0I_1I_2I_3I_4I_5I_6I_7$$

$$EO = \overline{\overline{EI}I_0I_1I_2I_3I_4I_5I_6I_7}$$

$$= EI + \bar{I}_0 + \bar{I}_1 + \bar{I}_2 + \bar{I}_3 + \bar{I}_4 + \bar{I}_5 + \bar{I}_6 + \bar{I}_7$$

$$GS = EI + \overline{EI}I_0I_1I_2I_3I_4I_5I_6I_7$$

$$= EI + \overline{EO}$$

$$= \overline{\overline{EI} \cdot EO}$$

$$A_2 = EI + \overline{EI}(I_0I_1I_2I_3I_4I_5I_6I_7 + \bar{I}_0I_1I_2I_3I_4I_5I_6I_7 + \bar{I}_1I_2I_3I_4I_5I_6I_7 +$$

$$\bar{I}_2I_3I_4I_5I_6I_7 + \bar{I}_3I_4I_5I_6I_7)$$

利用 $A + \bar{A}B = A + B$ 和 $A + \bar{A} = 1$ 的关系,化简得

$$A_2 = EI + I_4I_5I_6I_7$$

经过变换得

$$A_2 = \overline{\overline{EI\bar{I}_4} + \overline{EI\bar{I}_5} + \overline{EI\bar{I}_6} + \overline{EI\bar{I}_7}}$$

按上述方法可得出 A_1 和 A_0 的逻辑表达式如下。

$$A_1 = \overline{\overline{EI\bar{I}_2I_4I_5} + \overline{EI\bar{I}_3I_4I_5} + \overline{EI\bar{I}_6} + \overline{EI\bar{I}_7}}$$

$$A_0 = \overline{\overline{EI\bar{I}_1I_2I_4I_6} + \overline{EI\bar{I}_3I_4I_6} + \overline{EI\bar{I}_5I_6} + \overline{EI\bar{I}_7}}$$

根据 A_2、A_1、A_0 表达式画出的逻辑电路图与图 4.3.3 中的逻辑电路图是一致的。优先编码器 74148 的逻辑符号如图 4.3.4 所示。图中信号端有圆圈表示该信号是低电平有效,无圆圈表示该信号是高电平有效。

输出端能使 EO 只有在 EI 为 0,且所有输入端都为 1 时,输出为 0,否则,输出为 1。所以 EO=0

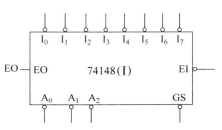

图 4.3.4 优先编码器 74148 的逻辑符号

表示当允许编码器工作时，而编码器没有有效输入信号的情况，它可与另一片同样器件的 EI 连接，以便扩展优先编码器输入位数。如图 4.3.5 所示的 16 位输入、4 位二进制码输出的优先编码器由两片 74148 组成，工作原理如下：

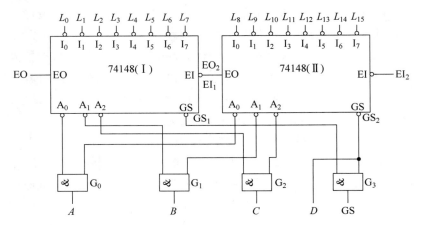

图 4.3.5　16 线-4 线优先编码器逻辑电路图

（1）当 $EI_2=1$ 时，$EO_2=1$，从而使 $EI_1=1$，这时 74148（Ⅰ）（Ⅱ）均禁止编码，它们的输出端 $A_2A_1A_0$ 都是 111，使 4 位二进制码输出端 $DCBA=1111$。由电路图可知，$GS=GS_1 \cdot GS_2=1$，表示此时整个电路的输出代码 $DCBA=1111$ 无效。

（2）当 $EI_2=0$ 时，高位芯片（Ⅱ）允许编码，但若无有效输入信号，即高位芯片均无编码请求，则 $EO_2=0$，从而使 $EI_1=0$，允许低位芯片（Ⅰ）编码。这时高位芯片（Ⅱ）的 $A_2A_1A_0=111$，使与门 $G_0 \sim G_2$ 都打开，其输出 C、B、A 的状态取决于低位芯片（Ⅰ）的 $A_2A_1A_0$，而 $D=GS_2$，总是等于 1，所以输出代码在 1111～1000 变化，其反码 0000～0111。如果 I_0 单独有效，输出为 1111，反码为 0000；如果 I_7 及任意其他输入同时有效，因 I_7 优先级别最高，则输出为 1000，反码为 0111。

（3）当 $EI_2=0$，且高位芯片（Ⅱ）存在有效输入信号（至少一个输入为低电平时），$EO_2=1$，从而使 $EI_1=1$，高位芯片（Ⅱ）编码，低位芯片（Ⅰ）禁止编码，低位芯片输出 $A_2A_1A_0=111$。此时 $D=GS_2=0$，C、B、A 取决于高位芯片的 $A_2A_1A_0$，输出代码在 0111～0000 变化，其反码为 1000～1111。显然，高位芯片（Ⅱ）的编码级别优先于低位芯片（Ⅰ），而高位芯片（Ⅱ）中 I_7 的优先级别最高。

整个电路实现了 16 位输入 $L_0 \sim L_{15}$ 的优先编码，对应的 4 位二进制代码输出为 $DCBA$，其中 L_{15} 具有最高的优先级别，优先级别从 L_{15} 至 L_0 依次递减。

2. 优先编码器 74147

优先编码器 74147 是二-十进制编码器，其功能如表 4.3.4 所示，逻辑符号如图 4.3.6 所示。编码器有 9 个输入信号端 $I_9 \sim I_1$，按高位优先编码，低电平有效。当 $I_9 \sim I_1$ 均为 1 时，相当于 $I_0=0$，输出代码为 1111，故 I_0 端被省略了。编码器输出有 4 个信号端 $Y_3 \sim Y_0$，输出 8421BCD 码的反码，如 $I_0=0$，输出代码为 1111，其反码为 8421BCD 码 0000，如 $I_9=0$，输出代码为 0110，其反码为 8421BCD 码 1001，故输出低电平有效。

表 4.3.4 74147 功能表

输　　入									输　　出			
I_1	I_2	I_3	I_4	I_5	I_6	I_7	I_8	I_9	Y_3	Y_2	Y_1	Y_0
1	1	1	1	1	1	1	1	1	1	1	1	1
×	×	×	×	×	×	×	×	0	0	1	1	0
×	×	×	×	×	×	×	0	1	0	1	1	1
×	×	×	×	×	×	0	1	1	1	0	0	0
×	×	×	×	×	0	1	1	1	1	0	0	1
×	×	×	×	0	1	1	1	1	1	0	1	0
×	×	×	0	1	1	1	1	1	1	0	1	1
×	×	0	1	1	1	1	1	1	1	1	0	0
×	0	1	1	1	1	1	1	1	1	1	0	1
0	1	1	1	1	1	1	1	1	1	1	1	0

对 74148 二进制编码器扩展也可构成二-十进制编码器,编码器逻辑电路如图 4.3.7 所示。

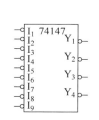

图 4.3.6　74147 逻辑符号

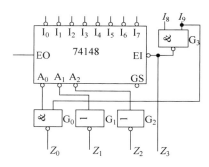

图 4.3.7　74148 组成的二-十进制编码器

编码器的输入仍为低电平有效,利用输入使能端 EI 扩展两个输入信号端 I_9、I_8。要求:只要 I_9、I_8 有有效输入(即有低电平),即刻对其编码,EI 为 1,此时禁止对 $I_7 \sim I_0$ 信号编码,当 I_9、I_8 无有效输入(即均为高电平),EI 为 0,允许对 $I_7 \sim I_0$ 信号编码,由此得到表达式

$$EI = \overline{I_9} + \overline{I_8} = \overline{I_9 I_8}$$

故将 EI 端接与非门 G_3 的输出端,输入信号 I_9、I_8 接与非门 G_3 的输入端。

当 I_9、I_8 无有效输入时,与非门 G_3 的输出 $Z_3 = 0$,同时使 74148 的 EI = 0,允许 74148 工作,74148 对输入 $I_7 \sim I_0$ 信号进行编码。若 $I_6 = 0$,则 $A_2 A_1 A_0 = 001$,再经过 G_0、G_1、G_2 门处理后,$Z_2 Z_1 Z_0 = 110$,这样总输出 $Z_3 Z_2 Z_1 Z_0 = 0110$,正好是 6 的 8421BCD 码。当 I_9、I_8 同时有有效输入,与非门 G_3 的输出 $Z_3 = 1$,EI = 1,74148 禁止编码,$A_2 A_1 A_0 = 111$,经过 G_0、G_1、G_2 门处理后,总输出 $Z_3 Z_2 Z_1 Z_0 = 1001$,恰好是 9 的 8421BCD 码,对 I_9 输入优先编码;若只有 I_8 输入有效,经过 G_0、G_1、G_2 门处理,总输出 $Z_3 Z_2 Z_1 Z_0 = 1000$,对 I_8 输入实现 8421BCD 编码。所以编码器输出为高电平有效的 8421BCD 码,其优先级别由高

位向低位排列。

4.4　译码器

译码是编码的逆过程。译码是将含有特定含义的二进制代码变换为相应的输出控制信号或者另一种形式的代码。实现译码的电路称为译码器。

译码器可分为两种形式，一种是将一系列代码转换成与之一一对应的有效信号。这种译码器可称为唯一地址译码器，它常用于计算机中对存储器单元地址译码，即将每一个地址代码转换成一个有效信号，从而选中对应的单元。另一种将代码转换为多路有效信号，即另一种形式代码，所以也称为代码转换器，适合需要多个有效信号的场合。

4.4.1　唯一地址译码器

假设译码器有 n 个输入信号和 M 个输出信号，如果 $M=2^n$，就称为二进制译码器或全译码器，常见的全译码器有 2 线-4 线译码器、3 线-8 线译码器、4 线-16 线译码器等。如果 $M<2^n$，称为部分译码，如二-十进制译码（也称作 4 线-10 线译码器）等。

1. 二进制译码器

图 4.4.1(a)为常用的中规模通用集成译码器 74138 的逻辑电路图，其引脚如图 4.4.1(b)所示，逻辑符号如图 4.4.1(c)所示。从如表 4.4.1 所示的功能看出，该译码器有 3 个输入 A、B、C，它们共有 8 种状态的组合，由二进制代码表示，即可译出对应的 8 个输出信号 $Y_0 \sim Y_7$，所以该译码器称为 3 线-8 线译码器，输出信号为低电平有效。译码器设置了 G_1、G_{2A} 和 G_{2B} 三个使能输入端，由功能表可知，当 G_1 为 1，且 G_{2A} 和 G_{2B} 均为 0 时，译码器处于工作状态，其输出表达式为

$$\overline{Y_0} = \overline{C}\ \overline{B}\ \overline{A}$$

$$Y_0 = \overline{\overline{C}\ \overline{B}\ \overline{A}} = \bar{m}_0$$

$$Y_1 = \overline{\overline{C}\ \overline{B} A} = \bar{m}_1$$

$$Y_2 = \overline{\overline{C} B \overline{A}} = \bar{m}_2$$

$$Y_3 = \overline{\overline{C} B A} = \bar{m}_3$$

$$Y_4 = \overline{C \overline{B}\ \overline{A}} = \bar{m}_4$$

$$Y_5 = \overline{C \overline{B} A} = \bar{m}_5$$

$$Y_6 = \overline{C B \overline{A}} = \bar{m}_6$$

$$Y_7 = \overline{C B A} = \bar{m}_7$$

其通式为

$$Y_i(C, B, A) = \bar{m}_i \qquad\qquad (4.4.1)$$

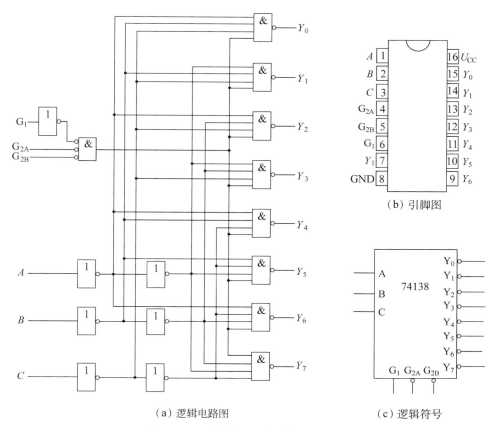

图 4.4.1 中规模通用集成译码器 74138

表 4.4.1 74138 译码器功能表

输 入						输 出							
G_1	G_{2A}	G_{2B}	C	B	A	Y_0	Y_1	Y_2	Y_3	Y_4	Y_5	Y_6	Y_7
$\times$	1	$\times$	$\times$	$\times$	$\times$	1	1	1	1	1	1	1	1
$\times$	$\times$	1	$\times$	$\times$	$\times$	1	1	1	1	1	1	1	1
0	$\times$	$\times$	$\times$	$\times$	$\times$	1	1	1	1	1	1	1	1
1	0	0	0	0	0	0	1	1	1	1	1	1	1
1	0	0	0	0	1	1	0	1	1	1	1	1	1
1	0	0	0	1	0	1	1	0	1	1	1	1	1
1	0	0	0	1	1	1	1	1	0	1	1	1	1
1	0	0	1	0	0	1	1	1	1	0	1	1	1
1	0	0	1	0	1	1	1	1	1	1	0	1	1
1	0	0	1	1	0	1	1	1	1	1	1	0	1
1	0	0	1	1	1	1	1	1	1	1	1	1	0

显然，一个 74138 译码器能产生三变量函数的全部最小项，利用这一点能够方便地实现三变量逻辑函数。

2. 利用中规模通用集成器件设计组合逻辑电路

用中规模集成器件设计组合逻辑电路是一种十分有效的方法，本章所介绍的常用中规模集成器件中有很多可以用于设计组合逻辑电路。因此，在介绍这些器件完之后，通过结合实例来说明用中规模集成器件组成组合逻辑电路的分析设计方法。

例 4.4.1　用一个集成译码器 74138 实现函数 $F = XYZ + \overline{X}Y + XY\overline{Z}$。

解　（1）将三个使能端按允许译码的条件进行处理，即 G_1 接高电平，G_{2A} 和 G_{2B} 接地。

（2）将函数 F 转换成最小项表达式，即

$$F = \overline{X}Y\overline{Z} + \overline{X}YZ + XY\overline{Z} + XYZ$$

（3）将输入变量 X、Y、Z 对应变换为 C、B、A 变量，注意该芯片 C 为高位，并利用摩根定律进行变换，可得到

$$F = \overline{C}B\overline{A} + \overline{C}BA + CB\overline{A} + CBA$$

$$= \overline{\overline{\overline{C}B\overline{A}} \cdot \overline{\overline{C}BA} \cdot \overline{CB\overline{A}} \cdot \overline{CBA}}$$

$$= \overline{\overline{m}_2 \cdot \overline{m}_3 \cdot \overline{m}_6 \cdot \overline{m}_7}$$

（4）利用 74138 译码器的函数关系 $Y_i = \overline{m}_i$ 将上式转换为

$$F = \overline{Y_2 \cdot Y_3 \cdot Y_6 \cdot Y_7}$$

（5）将 74138 译码器输出端 Y_2、Y_3、Y_6、Y_7 接入一个与非门，输入端 C、B、A 分别接入输入信号 X、Y、Z，即可实现题目所指定的组合逻辑函数，如图 4.4.2 所示。

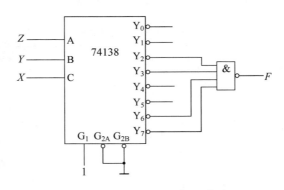

图 4.4.2　例 4.4.1 逻辑电路图

例 4.4.2　用 74138 译码器实现一位减法器。

解　一位减法器能进行被减数 A_i 与减数 B_i 和低位来的借位信号 C_i 相减，并根据求差结果 D_i 给出该位产生的借位信号 C_{i+1}，设计过程如下：

（1）根据减法器的功能，列出真值表，如表 4.4.2 所示。

表 4.4.2 例 4.4.2 真值表

A_i	B_i	C_i	D_i	C_{i+1}
0	0	0	0	0
0	0	1	1	1
0	1	0	1	1
0	1	1	0	1
1	0	0	1	0
1	0	1	0	0
1	1	0	0	0
1	1	1	1	1

（2）根据真值表写出最小项表达式并进行转换，即

$$D_i = \overline{A}_i\,\overline{B}_i C_i + \overline{A}_i B_i \overline{C}_i + A_i \overline{B}_i \overline{C}_i + A_i B_i C_i$$
$$= \overline{\overline{\overline{A}_i\,\overline{B}_i C_i} \cdot \overline{\overline{A}_i B_i \overline{C}_i} \cdot \overline{A_i \overline{B}_i \overline{C}_i} \cdot \overline{A_i B_i C_i}}$$
$$= \overline{\overline{m}_1 \cdot \overline{m}_2 \cdot \overline{m}_4 \cdot \overline{m}_7} = \overline{Y_1 \cdot Y_2 \cdot Y_4 \cdot Y_7}$$
$$C_{i+1} = \overline{A}_i\,\overline{B}_i C_i + \overline{A}_i B_i \overline{C}_i + \overline{A}_i B_i C_i + A_i B_i C_i$$
$$= \overline{\overline{m}_1 \cdot \overline{m}_2 \cdot \overline{m}_3 \cdot \overline{m}_7}$$
$$= \overline{Y_1 \cdot Y_2 \cdot Y_3 \cdot Y_7}$$

（3）选用 74138 译码器，其输入端接减法器的输入变量，即 $A_i = C, B_i = B, C_i = A$。减法器的输出信号 D_i 和 C_{i+1} 按其各自的表达式分别通过与非门与 74138 译码器相应的输出端相接，即可实现一位减法器，其逻辑电路图如图 4.4.3 所示。可见，用译码器实现多输出逻辑函数时，优点更明显。

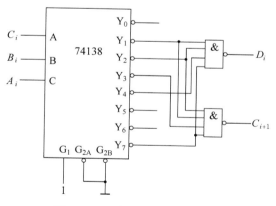

图 4.4.3 例 4.4.2 逻辑电路图

从上述例子可以看出，利用译码器进行逻辑设计时，一般可按如下步骤进行：

（1）列出真值表（当已给出逻辑函数，该步可省去）。

（2）写出各输出函数的最小项表达式，然后以译码器为中心进行逻辑设计，把函数输入变量作为译码器的输入变量，将其输出函数进行组合，适当附加逻辑门，即可构成各种含译码器输出变量的逻辑函数。

（3）画出逻辑函数的逻辑图。

例 4.4.3　由 74138 译码器组成的组合逻辑电路如图 4.4.4 所示,试分析其逻辑功能。

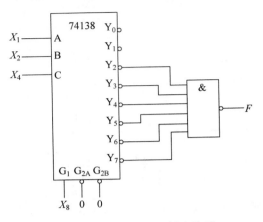

图 4.4.4　例 4.4.3 逻辑电路图

解　（1）由逻辑电路写出表达式。

当 $X_8 = 1$ 时,译码器处于工作状态,函数 F 的表达式为

$$F(X_4, X_2, X_1) = \overline{Y_2 \cdot Y_3 \cdot Y_4 \cdot Y_5 \cdot Y_6 \cdot Y_7}$$

$$= \overline{\overline{m}_2 \cdot \overline{m}_3 \cdot \overline{m}_4 \cdot \overline{m}_5 \cdot \overline{m}_6 \cdot \overline{m}_7}$$

$$= m_2 + m_3 + m_4 + m_5 + m_6 + m_7$$

当 $X_8 = 0$ 时,译码器处于禁止状态,函数 $F = 0$,故函数 F 的表达式为

$$F(X_8, X_4, X_2, X_1) = X_8 Y(X_4, X_2, X_1)$$

$$Y(X_4, X_2, X_1) = m_2 + m_3 + m_4 + m_5 + m_6 + m_7$$

（2）根据函数 F 的表达式列出真值表如表 4.4.3 所示。

（3）分析真值表,当输入变量 X_8、X_4、X_2、X_1 构成 8421BCD 码时,输出 F 为 0；否则输出 F 为 1。由此得知图 4.4.4 组合逻辑电路实现的是 8421BCD 码验码功能。

利用多个输入使能端的特点可以方便地扩展译码器的功能,如例 4.4.3 实现了 4 变量的逻辑函数。

表 4.4.3　例 4.4.3 真值表

X_8	X_4	X_2	X_1	F
0	0	0	0	0
0	0	0	1	0
0	0	1	0	0
0	0	1	1	0
0	1	0	0	0
0	1	0	1	0
0	1	1	0	0
0	1	1	1	0
1	0	0	0	0

续表

X_8	X_4	X_2	X_1	F
1	0	0	1	0
1	0	1	0	1
1	0	1	1	1
1	1	0	0	1
1	1	0	1	1
1	1	1	0	1
1	1	1	1	1

3．二-十进制译码器

二-十进制译码器的功能是将 8421BCD 码 0000～1001 转换为对应 0～9 十进制代码的输出信号。图 4.4.5 是二-十进制译码器 7442 芯片的逻辑电路图和引脚图，它的功能表如表 4.4.4 所示。由功能表看出，它有 4 个输入端，10 个输出端。输入高电平有效，输出为低电平有效。

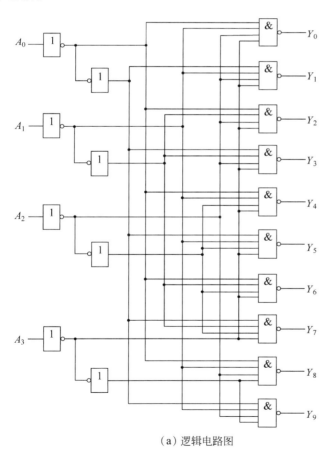
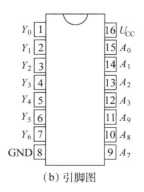

（a）逻辑电路图　　　　　　　（b）引脚图

图 4.4.5　7442 二-十进制译码器

表 4.4.4　7442 二-十进制译码器功能表

输　入				输　　出									
A_3	A_2	A_1	A_0	Y_0	Y_1	Y_2	Y_3	Y_4	Y_5	Y_6	Y_7	Y_8	Y_9
0	0	0	0	0	1	1	1	1	1	1	1	1	1
0	0	0	1	1	0	1	1	1	1	1	1	1	1
0	0	1	0	1	1	0	1	1	1	1	1	1	1
0	0	1	1	1	1	1	0	1	1	1	1	1	1
0	1	0	0	1	1	1	1	0	1	1	1	1	1
0	1	0	1	1	1	1	1	1	0	1	1	1	1
0	1	1	0	1	1	1	1	1	1	0	1	1	1
0	1	1	1	1	1	1	1	1	1	1	0	1	1
1	0	0	0	1	1	1	1	1	1	1	1	0	1
1	0	0	1	1	1	1	1	1	1	1	1	1	0

对于 Y_0 输出，从逻辑电路图和功能表都可以得出 $Y_0 = \overline{\overline{A_3}\,\overline{A_2}\,\overline{A_1}\,\overline{A_0}}$。当 $A_3A_2A_1A_0 =$ 0000 时，输出 $Y_0 = 0$，它对应于十进制数 0；当 $A_3A_2A_1A_0 = 1001$ 时，输出 $Y_9 = \overline{\overline{A_3}\,\overline{A_2}\,\overline{A_1}\,A_0} = 0$，它对应于十进制数 9，其余输出以此类推。

4.4.2　数字显示器

在数字系统中，经常需要将用二进制代码表示的数字、符号和文字等直观地显示出来。数字显示通常由数码显示器和译码器完成。

1. 数码显示器

数码显示器按显示方式分为分段式、点阵式和重叠式，按发光材料分为半导体显示器、荧光数码显示器、液晶显示器和气体放电显示器。目前工程上应用较多的是分段式半导体显示器，通常称为七段发光二极管显示器。

图 4.4.6 为七段发光二极管显示器共阴极 BS201A 和共阳极 BS201B 的符号和电路图。对共阴极显示器，公共端应接地，给 $a \sim g$ 输入端接相应高电平，对应字段的发光二极管导通，显示十进制数字形；如显示 5，则输入端相应电平是 $abcdefg = 1011011$；对共阳极显示器，公共端应接 +5V 电源，给 $a \sim g$ 输入端相应的低电平，对应字段的发光二极管导通，可显示十进制数字形，如显示 3，输入端相应电平则应该是 $abcdefg = 0000110$。

2. 中规模集成数码显示译码器（代码转换器）

驱动共阴极显示器需要输出为高电平有效的显示译码器，而共阳极显示器则需要输出为低电平有效的显示译码器。表 4.4.5 给出了常用的 7448 七段发光二极管显示译码器功能表。

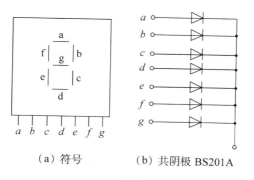
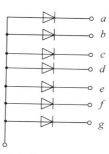

（a）符号　　　　（b）共阴极 BS201A　　　　（c）共阳极 BS201B

图 4.4.6　分段式半导体显示器

表 4.4.5　7448 七段发光二极管显示译码器功能表

功能	输　入					输入/输出	输　出							字形
	LT	RBI	D	C	B	A	BI/RBO	a	b	c	d	e	f	g	
灭灯	×	×	×	×	×	×	0	0	0	0	0	0	0	0	
试灯	0	×	×	×	×	×	1	1	1	1	1	1	1	1	8
灭零	1	0	0	0	0	0	0	0	0	0	0	0	0	0	
对输入代码译码	1	1	0	0	0	0	1	1	1	1	1	1	1	0	0
	1	×	0	0	0	1	1	0	1	1	0	0	0	0	1
	1	×	0	0	1	0	1	1	1	0	1	1	0	1	2
	1	×	0	0	1	1	1	1	1	1	1	0	0	1	3
	1	×	0	1	0	0	1	0	1	1	0	0	1	1	4
	1	×	0	1	0	1	1	1	0	1	1	0	1	1	5
	1	×	0	1	1	0	1	1	0	1	1	1	1	1	6
	1	×	0	1	1	1	1	1	1	1	0	0	0	0	7
	1	×	1	0	0	0	1	1	1	1	1	1	1	1	8
	1	×	1	0	0	1	1	1	1	1	1	0	1	1	9

　　从功能表可看出,7448 七段显示译码器数据输出信号 $abcdefg$ 高电平有效,用以驱动共阴极显示器;数据输入信号 $DCBA$ 为 8421BCD 码;除此之外,译码器还设有 4 个控制信号端 BI、LT、RBI、RBO,用以增强器件的功能。7448 七段显示译码器功能如下。

　　1）灭灯

　　BI/RBO 是特殊控制端,有时作为输入端 BI,有时作为输出端 RBO。当 BI/RBO 作为输入使用时,只要 BI=0,无论其他输入端是什么电平,所有数据输出 $a\sim g$ 均为 0,字形熄灭。所以 BI 称为灭灯输入,低电平有效。

　　2）试灯

　　当 LT=0,BI/RBO 作为输出端使用时,无论其他输入端是什么状态,所有数据输出 $a\sim g$ 均为 1,显示字形 8。故 LT 称为试灯输入,低电平有效。灭灯和试灯功能常用于检查 7448 本身及显示器的好坏。

　　3）灭零

　　当 LT=1,BI/RBO 作为输出端使用,RBI=0,且输入代码 $DCBA$ =0000 时,数据输出

$a \sim g$ 均为低电平,与输入代码相应的字形"0"熄灭,同时输出端 RBO＝0(其他状态下均为 1)。因而,RBI 称为灭零输入,RBO 称为灭零输出,均为低电平有效。利用灭零功能可以实现某一位 0 的消隐。

4）对输入代码译码

当 LT＝1,BI/RBO 作为输出端时,芯片处于显示译码状态。若 RBI＝1,根据 $DCBA$ 输入的 8421BCD 码,数据输出端 $a \sim g$ 产生相应的译码信号,用于驱动显示器显示十进制数;若 RBI＝0,只对输入代码 0000 禁止译码,而对其余输入代码仍正常译码。

灭零功能主要用于显示多位十进制数字时,多个译码器之间的连接,会消去高位的零。例如图 4.4.7 所示的情况。

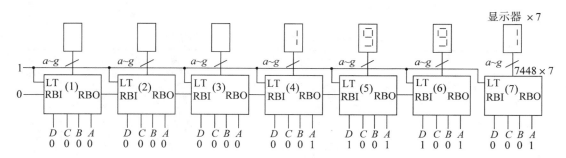

图 4.4.7 用 7448 实现多位数字译码显示

图中 7 位显示器由 7 个译码器 7448 驱动。第一、第二、第三片 7448 的输入信号 $DCBA＝$ 0000,第四、第五、第六、第七片 7448 的输入信号 $DCBA \neq 0000$,各 LT 均接高电平。由于第一片的 RBI＝0 且 $DCBA＝0000$,所以第一片满足灭零条件,无字形显示,同时输出端 RBO＝0;第一片的 RBO 与第二片的 RBI 相连,使第二片也满足灭零条件,无字形显示,其输出端 RBO＝0;同理,第三片的零也熄灭。由于第四、第五、第六、第七片译码器的输入信号 $DCBA \neq 0000$,所以它们都能正常译码,按输入 BCD 码显示数字。若第一片 7448 的输入代码不是 0000,而是任何其他 BCD 码,则该片将正常译码并驱动显示,同时使 RBO＝1。这样,第二片、第三片就丧失了灭零条件,所以电路只对最高位灭零,最高位非零的数字仍然正常显示。若第一至第七片 7448 的输入代码全是 0000,由于第六片 7448 的 RBO 与第七片 7448 的 RBI 之间没有连线,则第一至第六片 7448 满足灭零条件,无字形显示,而第七片 7448 不满足灭零条件,有零显示,电路只对最高位灭零。

4.5 数据分配器与数据选择器

4.5.1 数据分配器

在数据传送中,有时需要将某一路数据分配到不同的数据通道上,实现这种功能的电路称为数据分配器,也称多路分配器。图 4.5.1 给出 4 路数据分配器的功能示意图,图中 S 相当于一个由信号 $A_1 A_0$ 控制的单刀多掷输出开关,输入数据 D 在地址输入 $A_1 A_0$ 控制下,传送到输出 $Y_0 \sim Y_3$ 任意一个数据通道上。例如,$A_1 A_0＝01$,S 开关合向 Y_1,输入数据 D

被传送到 Y_1 通道上。目前,市场上没有专用的数据分配器器件,实际使用中,用译码器来实现数据分配的功能。例如,用 74138 译码器实现 8 路数据分配的功能,74138 作为 8 路数据分配器的逻辑电路,如图 4.5.2 所示。

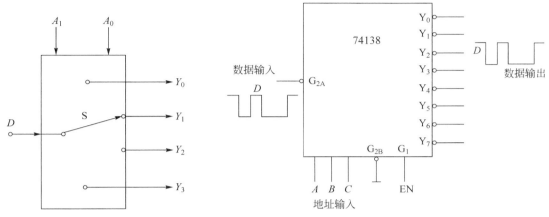

图 4.5.1 4 路数据分配器的功能示意图

图 4.5.2 用 74138 作为数据分配器

由图 4.5.2 可看出,74138 的三个译码输入 C、B、A 用做数据分配器的地址输入,8 个输出 $Y_0 \sim Y_7$ 用做 8 路数据输出,三个输入控制端中的 G_{2A} 用做数据输入端,G_{2B} 接地,G_1 用做使能端。当 $G_1 = 1$,允许数据分配,若需要将输入数据转送至输出端 Y_2,地址输入应为 $CBA = 010$,由功能表 4.5.1 可得

$$Y_2 = \overline{(G_1 \cdot \overline{G_{2A}} \cdot \overline{G_{2B}}) \cdot \overline{C} \cdot B \cdot \overline{A}}$$
$$= G_{2A}$$

而其余输出端均为高电平。因此,当地址 $CBA = 010$ 时,只有输出端 Y_2 得到与输入相同的数据波形。74138 译码器作为数据分配器的功能表如表 4.5.1 所示。

表 4.5.1 74138 编码器作为数据分配器的功能表

输　　　入						输　　　出							
G_1	G_{2B}	G_{2A}	C	B	A	Y_0	Y_1	Y_2	Y_3	Y_4	Y_5	Y_6	Y_7
0	0	$\times$	$\times$	$\times$	$\times$	1	1	1	1	1	1	1	1
1	0	D	0	0	0	D	1	1	1	1	1	1	1
1	0	D	0	0	1	1	D	1	1	1	1	1	1
1	0	D	0	1	0	1	1	D	1	1	1	1	1
1	0	D	0	1	1	1	1	1	D	1	1	1	1
1	0	D	1	0	0	1	1	1	1	D	1	1	1
1	0	D	1	0	1	1	1	1	1	1	D	1	1
1	0	D	1	1	0	1	1	1	1	1	1	D	1
1	0	D	1	1	1	1	1	1	1	1	1	1	D

4.5.2 数据选择器

数据选择器是指经过选择，把多个通道的数据传送到唯一的公共数据通道中去。实现数据选择功能的逻辑电路称为数据选择器。

1. 4选1数据选择器

数据选择器的作用相当于多个输入的单刀多掷开关，4选1数据选择器的功能示意图如图 4.5.3(a)所示。在地址输入变量 A_1、A_0 作用下，选择输入数据 $D_0 \sim D_3$ 中的某一个为输出数据 $Y = D_i$。常用 4选1数据选择器功能表如表 4.5.2 所示，表中 G 为输入使能端，当 $G = 1$ 时，选择器禁止工作。无论数据输入 $D_0 \sim D_3$ 为何值，其输出 $Y = 0$；$G = 0$ 时，选择器正常工作，根据地址输入端 $A_1 A_0$ 的数据，选择输入通道 $D_0 \sim D_3$ 中某一路数据送入选择器输出，此时输出表达式为

$$Y = \overline{A}_1 \overline{A}_0 D_0 + \overline{A}_1 A_0 D_1 + A_1 \overline{A}_0 D_2 + A_1 A_0 D_3$$

$$= \sum_{i=0}^{3} m_i D_i \tag{4.5.1}$$

式中，m_i 为 $A_1 A_0$ 的最小项，例如 $A_1 A_0 = 11$，$Y = D_3$，数据选择器选择输入通道 D_3 数据送入输出。4选1数据选择器的逻辑符号如图 4.5.3(b)所示。

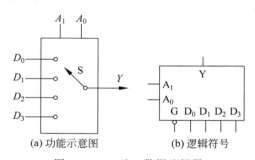

(a) 功能示意图　　　(b) 逻辑符号

图 4.5.3　4选1数据选择器

表 4.5.2　4选1数据选择器功能表

输　　入	地　址　输　入		输　　出
G	A_1	A_0	Y
1	×	×	0
0	0	0	D_0
0	0	1	D_1
0	1	0	D_2
0	1	1	D_3

例 4.5.1　用逻辑门设计一个 4选1数据选择器。

解　(1) 由选择器功能表 4.5.2 写出表达式。

$$Y = (\overline{A}_1 \overline{A}_0 D_0 + \overline{A}_1 A_0 D_1 + A_1 \overline{A}_0 D_2 + A_1 A_0 D_3) \overline{G}$$

（2）根据表达式画出的逻辑图如图 4.5.4 所示。

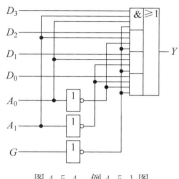

图 4.5.4 例 4.5.1 图

2.8 选 1 数据选择器

74LS151 是常用的中规模集成通用 8 选 1 数据选择器,其逻辑电路图和引脚图分别如图 4.5.5(a)和 4.5.5(b)所示,该逻辑电路的基本结构为与-或-非形式。功能表如表 4.5.3 所示,由表可知,它有一个输入使能端 G,低电平有效;三个地址输入端 $A_2A_1A_0$,每次可选择 $D_0 \sim D_7$ 8 个数据源中的一个;具有两个互补的输出端,同相输出端 Y 和反相输出端 W。

表 4.5.3 74LS151 功能表

输　　入				输　　出	
使　能	地　　址			Y	W
G	A_2	A_1	A_0		
1	$\times$	$\times$	$\times$	0	1
0	0	0	0	D_0	$\overline{D}_0$
0	0	0	1	D_1	$\overline{D}_1$
0	0	1	0	D_2	$\overline{D}_2$
0	0	1	1	D_3	$\overline{D}_3$
0	1	0	0	D_4	$\overline{D}_4$
0	1	0	1	D_5	$\overline{D}_5$
0	1	1	0	D_6	$\overline{D}_6$
0	1	1	1	D_7	$\overline{D}_7$

当使能端 $G=0$ 时,输出 Y 的表达式为

$$Y = \sum_{i=0}^{7} m_i D_i \tag{4.5.2}$$

式中,m_i 为 $A_2A_1A_0$ 的最小项,当 m_i 为地址输入,D_i 为数据输入,可实现数据选择。例如,当 $A_2A_1A_0=011$ 时,根据最小项性质,只有 $m_3=1$,其余都为 0,所以 $Y=D_3$,即 D_3 传送到输出端。74LS151 的逻辑符号如图 4.5.5(c)所示。

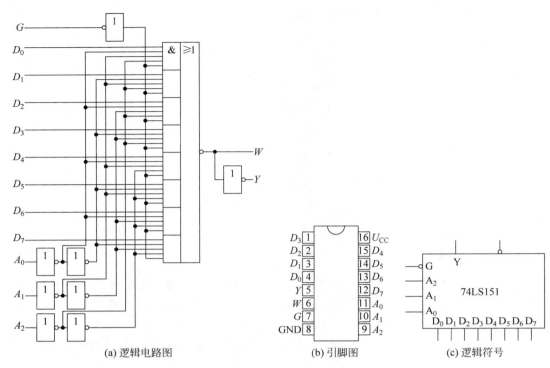

(a) 逻辑电路图   (b) 引脚图   (c) 逻辑符号

图 4.5.5   74LS151 常用集成电路数据选择器

3. 数据选择器的其他应用

1）实现组合逻辑函数

数据选择器除完成数据选择的功能外，若将地址输入作为各输入变量，数据输入端作为控制信号，则可构成组合逻辑函数。

例 4.5.2   试用 8 选 1 数据选择器 74LS151 实现表 4.5.4 所示逻辑函数。

解   （1）根据真值表 4.5.4，其逻辑函数的最小项表达式为

$$L = \overline{A}\,BC + A\overline{B}\,\overline{C} + A\,B\overline{C} + ABC = m_3 + m_4 + m_6 + m_7$$

表 4.5.4   例 4.5.2 真值表

A	B	C	L
0	0	0	0
0	0	1	0
0	1	0	0
0	1	1	1
1	0	0	1
1	0	1	0
1	1	0	1
1	1	1	1

（2）将上式与 74LS151 的输出形式 $Y=\sum\limits_{i=0}^{7} m_i D_i$ 比较，如果选择 $A=A_2$、$B=A_1$、$C=A_0$ 为地址变量，$D_3=D_4=D_6=D_7=1$，$D_0=D_1 D_2=D_5=0$，则

$$Y=\sum_{i=0}^{7} m_i D_i = m_3 + m_4 + m_6 + m_7 = L$$

实现了如表 4.5.4 所示的逻辑函数，逻辑电路如图 4.5.6 所示。

例 4.5.3 试用 8 选 1 数据选择器 74LS151 产生逻辑函数 $L=\overline{X}YZ+X\overline{Y}Z+XY$。

解 （1）把已知函数变换成最小项表达式为

$$L=\overline{X}YZ+X\overline{Y}Z+XY\overline{Z}+XYZ=m_3+m_5+m_6+m_7$$

（2）选择 $X=A_2$，$Y=A_1$，$Z=A_0$ 作为地址变量，显然，数据输入端 D_3、D_5、D_6、D_7 分别接 1，其余数据输入端 D_0、D_1、D_2、D_4 应接 0，可实现逻辑函数 L，由此画出的逻辑图如图 4.5.7 所示。

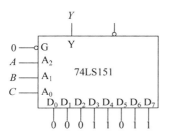 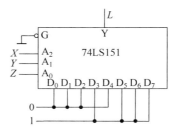

图 4.5.6 例 4.5.2 逻辑电路图   图 4.5.7 例 4.5.3 逻辑电路图

当逻辑函数的变量个数大于数据选择器的地址输入变量个数时，可先设定地址输入变量，将分离出多余的变量组成"剩余函数"，最后接到适当的数据输入端。

例 4.5.4 试用 8 选 1 数据选择器 74LS151 实现逻辑函数

$$F(A,B,C,D)=\sum m(0,1,5,6,7,9,10,14,15)$$

解

$$F(A,B,C,D)=\overline{A}\,\overline{B}\,\overline{C}\,\overline{D}+\overline{A}\,\overline{B}\,\overline{C}D+\overline{A}B\overline{C}D+\overline{A}BC\overline{D}+\overline{A}BCD+$$
$$A\overline{B}\,\overline{C}D+A\overline{B}C\overline{D}+ABC\overline{D}+ABCD$$

设 $A=A_2$、$B=A_1$、$C=A_0$ 为地址输入，m_i 为 A、B、C 三变量对应的最小项，则有

$$F(A,B,C,D)=m_0\overline{D}+m_0 D+m_2 D+m_3\overline{D}+m_3 D+m_4 D+m_5\overline{D}+m_7\overline{D}+m_7 D$$
$$=m_0+m_2 D+m_3+m_4 D+m_5\overline{D}+m_7$$

显然数据输入端 D_0、D_3、D_7 分别接 1，D_2、D_4 分别接 D，D_5 接 $\overline{D}$，其余接 0，由此画出的逻辑电路图如图 4.5.8(a) 所示，若函数输入只允许原变量，逻辑电路图如图 4.5.8(b) 所示。

值得指出，从 4 个变量中选择任意三个变量作为地址输入共有 4 种方案，不同方案的设计结果会有所差异。

例 4.5.5 试用 4 选 1 数据选择器实现逻辑函数 $F=A\overline{B}CD+AB\overline{C}D+ABC\overline{D}+ABCD$。

解 方法一，设 A、B 为地址输入，即 $A=A_1$，$B=A_0$。这时 C、D 成为数据输入。逻辑函数变换为

$$F=A\overline{B}CD+AB\overline{C}D+ABC\overline{D}+ABCD$$
$$=A\overline{B}CD+AB(\overline{C}D+C\overline{D}+CD)$$

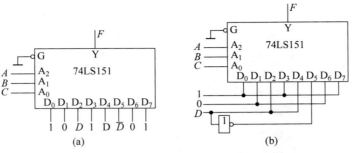

图 4.5.8　例 4.5.4 逻辑电路图

$$= A\overline{B}CD + AB(C + D)$$

将函数 F 与 4 选 1 数据选择器的输出表达式 $Y = \overline{A_1}\,\overline{A_0}\,D_0 + \overline{A_1}A_0\,D_1 + A_1\overline{A_0}\,D_2 + A_1A_0\,D_3$ 比较，得出

$$D_0 = D_1 = 0, \quad D_2 = CD, \quad D_3 = C + D$$

方案二，由于 $A = 0, F = 0$；$A = 1$ 时，函数 F 为

$$F = \overline{B}CD + B\overline{C}D + BC\overline{D} + BCD$$
$$= \overline{B}CD + B\overline{C}D + BC$$

所以，可以利用 A 通过非门作为使能输入 $\overline{A} = G$，B、C 为地址输入 $B = A_1$，$C = A_0$，数据输入为 $D_0 = 0, D_3 = 1, D_1 = D_2 = D$，这样，在 $A = 0, G = 1$ 时，数据选择器禁止工作，输出 $Y = 0$；$A = 1, G = 0$ 时，数据选择器输出为

$$Y = \overline{B}CD + B\overline{C}D + BC = F$$

比较两个方案发现，巧妙使用使能输入端使电路少用了一个门。两种方案的逻辑图如图 4.5.9 所示。

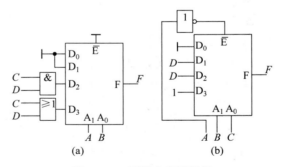

图 4.5.9　两种方案逻辑图

2）数据选择器的通道扩展

当所采用的实际选择器器件的通道数少于所需传输的数据通道时，必须扩展选择器的通道数。常用的扩展方法有如下两种：

（1）用使能端进行扩展。

例 4.5.6　试用二片 8 选 1 数据选择器扩展为 16 选 1 数据选择器。

解　由于 16 选 1 数据选择器，有 16 路数据输入，可由两片 8 选 1 数据选择器的数据输入通道组成；为了使这 16 路输入数据中任何一路数据均能传送到输出端，因此必须要有 4

位地址码才能形成 16 个地址,但 8 选 1 数据选择器只有 A_2、A_1、A_0 三位。所以可利用使能输入端 G 作为扩展的地址码 A_3,其连接方法如图 4.5.10 所示。

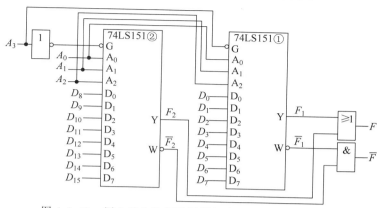

图 4.5.10　用 8 选 1 数据选择器组成 16 选 1 数据选择器

由图 4.5.10 可见,它是将 $A_2 A_1 A_0$ 分别连接到两片 8 选 1 数据选择器的 $A_2 A_1 A_0$ 端;再将低位片①的使能端 G 经过一个与非门反相后与高位片②的使能端 G 相连,作为最高位的地址选择信号 A_3;然后将两片 8 选 1 数据选择器共 16 路数据输入通道接至 $D_0 \sim D_{15}$ 数据输入;最后将两片 8 选 1 数据选择器的输出 Y 经或门输出,便组成了 16 选 1 数据选择器,其电路的工作原理如下。

当 $A_3 = 0$,则①片工作,根据地址选择信号 $A_2 A_1 A_0$,选择数据输入通道 $D_0 \sim D_7$ 中某一路数据经或门输出;当 $A_3 = 1$,则②片工作,根据地址选择信号 $A_2 A_1 A_0$,从 $D_8 \sim D_{15}$ 数据输入通道中选择一路数据经或门输出,从而实现 16 选 1 的功能。

(2) 利用选择器的地址输入端扩展。

例 4.5.7　试用 4 选 1 数据选择器构成 16 选 1 数据选择器。

解　由于 4 选 1 数据选择器只有 4 个数据输入通道,因此需要 4 个 4 选 1 数据选择器的数据输入通道组成 16 路数据输入;而 16 路数据输入需要有 4 位地址码才能形成 16 个地址,但 4 选 1 数据选择器只有 $A_1 A_0$ 二位,所以再增加一个 4 选 1 数据选择器,作为第二级数据选择器,其连接方法如图 4.5.11 所示,图中①~④片的地址输入端 A_1、A_0 对应并接作为低位地址输入端,第⑤片地址输入 $A_1 A_0$ 端接高位地址输入 $A_3 A_2$。

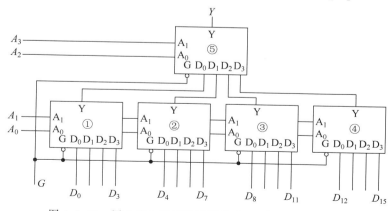

图 4.5.11　用 4 选 1 数据选择器组成 16 选 1 数据选择器

在①～⑤片均处于工作状态下（$G=0$），$A_3A_2=00$ 时，①片将根据地址输入端 A_1A_0 选择数据输入通道 $D_0 \sim D_3$ 中某一路数据经过⑤片的 D_0 端送入选择器输出，其对应的地址 $A_3A_2A_1A_0$ 为 0000～0011；$A_3A_2=01$ 时，②片将根据地址输入端 A_1A_0 选择数据输入通道 $D_4 \sim D_7$ 中某一路数据经过⑤片的 D_1 端送入选择器输出，其对应的地址 $A_3A_2A_1A_0$ 为 0100～0111；$A_3A_2=10$ 时，③片将根据地址输入端 A_1A_0 选择数据输入通道 $D_8 \sim D_{11}$ 中某一路数据经过⑤片的 D_2 端送入选择器输出，其对应的地址 $A_3A_2A_1A_0$ 为 1000～1011；$A_3A_2=11$ 时，④片将根据地址输入端 A_1A_0 选择数据输入通道 $D_{12} \sim D_{15}$ 中某一路数据经过⑤片的 D_3 端送入选择器输出，其对应的地址 $A_3A_2A_1A_0$ 为 1100～1111，从而完成 16 选 1 的功能。

4.6 加法器与算术逻辑单元

计算机完成各种复杂运算的基础是算术加法运算，完成算术加法运算的电路是加法器。

4.6.1 半加器

两个一位二进制数相加，若只考虑了两个加数本身，而没有考虑由低位来的进位，称为半加，实现半加运算的逻辑电路称为半加器。半加器的逻辑关系可用真值表 4.6.1 表示，其中 A 和 B 分别是被加数及加数，S 表示和数，C 表示相加后的进位情况，$C=1$ 有进位产生，$C=0$ 没有进位产生。由真值表 4.6.1 可得出逻辑表达式为

$$S = A\overline{B} + \overline{A}B = A \oplus B$$

$$C = AB$$

由此画出半加器的逻辑电路如图 4.6.1(a)所示，半加器的符号如图 4.6.1(b)所示。

表 4.6.1 半加器真值表

A	B	S	C
0	0	0	0
0	1	1	0
1	0	1	0
1	1	0	1

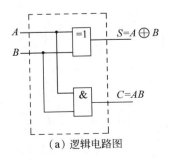

（a）逻辑电路图

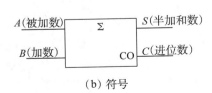

（b）符号

图 4.6.1 半加器

4.6.2 全加器

全加器能进行加数、被加数和低位来的进位信号相加,并根据求和结果给出该位的进位信号。

根据全加器的功能,可列出它的真值表,如表 4.6.2 所示。其中 A_i 和 B_i 分别是被加数及加数,C_i 为相邻低位来的进位数,S_i 为本位和数(称为全加和),C_{i+1} 为相加产生的进位数。由真值表写出表达式并加以转换,可得

$$S_i = \overline{A}_i \overline{B}_i C_i + \overline{A}_i B_i \overline{C}_i + A_i \overline{B}_i \overline{C}_i + A_i B_i C_i$$
$$= C_i(\overline{A}_i \overline{B}_i + A_i B_i) + \overline{C}_i(\overline{A}_i B_i + A_i \overline{B}_i)$$
$$= C_i(\overline{A_i \oplus B_i}) + \overline{C}_i(A_i \oplus B_i)$$
$$= A_i \oplus B_i \oplus C_i$$
$$C_{i+1} = \overline{A}_i B_i C_i + A_i \overline{B}_i C_i + A_i B_i \overline{C}_i + A_i B_i C_i$$
$$= (\overline{A}_i B_i + A_i \overline{B}_i)C_i + A_i B_i(\overline{C}_i + C_i)$$
$$= (A_i \oplus B_i)C_i + A_i B_i$$

用两个半加器和一个或门可实现全加器,逻辑电路图和符号如图 4.6.2 所示。

表 4.6.2 全加器真值表

A_i	B_i	C_i	S_i	C_{i+1}
0	0	0	0	0
0	0	1	1	0
0	1	0	1	0
0	1	1	0	1
1	0	0	1	0
1	0	1	0	1
1	1	0	0	1
1	1	1	1	1

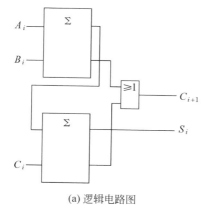

(a) 逻辑电路图

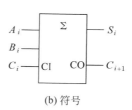

(b) 符号

图 4.6.2 全加器

4.6.3　多位加法器

多位加法器按运算方式可分为串行加法器和并行加法器。

串行加法器是指最低位开始逐位相加，直至最高位，最后得到和数。由于速度慢，所以很少使用。

并行加法器是指两个二进制数的各位并行相加的电路。并行加法器的进位又分为串行和并行两种。串行进位是指每一位的进位信号送给相邻高一位作为输入信号，因此，任一位的加法运算必须在低一位的运算完成之后才能进行。并行进位（超前进位）的加法逻辑电路，使每位的进位只由加数和被加数决定，而与低位的进位无关，这样，多位数相加可同时进行。可见，并行进位加法器比串行进位加法器的速度要快。下面介绍超前进位的概念。

由前面讨论的全加器表达式

$$S_i = A_i \oplus B_i \oplus C_i \tag{4.6.1}$$

$$C_{i+1} = (A_i \oplus B_i)C_i + A_i B_i \tag{4.6.2}$$

定义两个中间变量 G_i 和 P_i，即

$$G_i = A_i B_i \tag{4.6.3}$$

$$P_i = A_i \oplus B_i \tag{4.6.4}$$

当 $A_i = B_i = 1$ 时，$G_i = 1$，由式(4.6.2)得 $C_{i+1} = 1$，即有进位产生，所以 G_i 称为产生变量。若 $P_i = 1$，则 $A_i B_i = 0$，式(4.6.2)得 $C_{i+1} = C_i$，即 $P_i = 1$ 时，低位的进位能传送到高位的进位输出端，故 P_i 称为传输变量。这两个变量都与进位信号无关。

将式(4.6.3)和式(4.6.4)代入式(4.6.1)和式(4.6.2)，得

$$S_i = P_i \oplus C_i \tag{4.6.5}$$

$$C_{i+1} = G_i + P_i C_i \tag{4.6.6}$$

由式(4.6.6)得各位进位信号的逻辑表达式如下：

$$\begin{cases} C_1 = G_0 + P_0 C_0 \\ C_2 = G_1 + P_1 C_1 = G_1 + P_1 G_0 + P_1 P_0 C_0 \\ C_3 = G_2 + P_2 C_2 = G_2 + P_2 G_1 + P_2 P_1 G_0 + P_2 P_1 P_0 C_0 \\ C_4 = G_3 + P_3 C_3 = G_3 + P_3 G_2 + P_3 P_2 G_1 + P_3 P_2 P_1 G_0 + P_3 P_2 P_1 P_0 C_0 \\ \vdots \\ C_i = G_{i-1} + P_{i-1} C_{i-1} = G_{i-1} + P_{i-1} C_{i-2} + \cdots + P_{i-1} \cdots P_2 P_1 G_0 + P_{i-1} \cdots P_3 P_2 P_1 P_0 C_0 \end{cases}$$

$$\tag{4.6.7}$$

由式(4.6.7)可知，因为进位信号只与变量 G_i、P_i 和 C_0 有关，而 C_0 是最低位的进位信号，其值为 0，所以各位的进位信号都只与两个加数有关，它们是可以并行产生的。

根据超前进位概念构成的集成 4 位加法器 74LS283 的引脚图和符号如图 4.6.3 所示。

例 4.6.1　试用两片 74LS283 构成 8 位二进制数加法器。

解　按照加法的规则，低 4 位的进位输出 C_0 应接高 4 位的进位输入 C_i，而低 4 位的进位输入应接 0，逻辑电路图如图 4.6.4 所示。

例 4.6.2　试用 74LS283 实现一位 8421 码 BCD 的加法运算。

解　两个一位 8421BCD 码相加之和，最小数是 0000＋0000＝0000BCD，最大数是 1001＋1001＝11000BCD（十进制数 18）。74LS283 为 4 位二进制加法器，用它进行

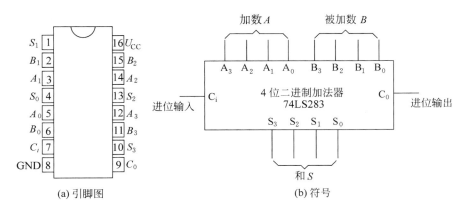

图 4.6.3　集成 4 位加法器 74LS283

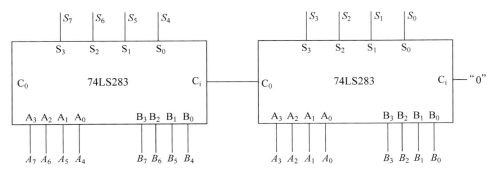

图 4.6.4　例 4.6.1 逻辑电路图

8421BCD 码相加时,二进制数与 8421BCD 码的对应表如表 4.6.3 所示。由表可知,若和数小于等于十进制数 9 时,不需修正(加 0000),即 74LS283 输出为 8421BCD 码相加之和。例如 0000B+1001B=1001B=1001BCD。可是,两个 8421BCD 码之和大于等于十进制数 10 时,则需加以修正。和为 10 时,对于 74LS283,$S_3S_2S_1S_0=1010$,可是,对于 8421BCD 码,应为 10000。要想由 1010 得到 10000,可在 1010 基础上加上修正值 0110 即可。这时十位为 1,个位为 0000。

由表 4.6.3 可看出,$C_0=1$ 或 74LS283 的输出 $F(S_3,S_2,S_1,S_0)=\sum m(10,11,12,13,14,15)$ 时,需对 74LS283 的输出加以修正,即加 0110,其结果作为 8421BCD 码的个位数,此时,8421BCD 码十位数 $C=1$,其表达式为

$$C=C_0+\sum m(10,11,12,13,14,15)$$

用卡诺图化简 $F(S_3,S_2,S_1,S_0)=\sum m(10,11,12,13,14,15)$ 后,结果为

$$C=C_0+S_3S_2+S_3S_1$$

当 $C=0$ 时,无须调整,即对 74LS283 的输出加 0000。因此,要用两个 74LS283 加法器实现一位 8421 码 BCD 的加法运算,逻辑电路如图 4.6.5 所示。图中,第一个加法器完成输入数据相加,第二个加法器完成对第一个加法器结果的修正,即第一个加法器满足 $C=C_0+S_3S_2+S_3S_1B_0=1$ 的条件时,将运算结果 $S_3S_2S_1S_0$ 与 0110 相加;第一个加法器满足 $C=C_0+S_3S_2+S_3S_1B_0=0$ 的条件时,将运算结果 $S_3S_2S_1S_0$ 与 0000 相加。第二个加法器的运算结果 $S_3S_2S_1S_0$ 为最终运算结果的个位数,C 为最终运算结果的十位数。

表 4.6.3　二进制数与 8421BCD 码的对应表

十进制数	十进制数					8421BCD 码					说　明
						十位	个位				
	C_0	S_3	S_2	S_1	S_0	C	S_3	S_2	S_1	S_0	
0	0	0	0	0	0	0	0	0	0	0	
1	0	0	0	0	1	0	0	0	0	1	
2	0	0	0	1	0	0	0	0	1	0	
3	0	0	0	1	1	0	0	0	1	1	
4	0	0	1	0	0	0	0	1	0	0	加 0000
5	0	0	1	0	1	0	0	1	0	1	
6	0	0	1	1	0	0	0	1	1	0	
7	0	0	1	1	1	0	0	1	1	1	
8	0	1	0	0	0	0	1	0	0	0	
9	0	1	0	0	1	0	1	0	0	1	
10	0	1	0	1	0	1	0	0	0	0	
11	0	1	0	1	1	1	0	0	0	1	
12	0	1	1	0	0	1	0	0	1	0	
13	0	1	1	0	1	1	0	0	1	1	
14	0	1	1	1	0	1	0	1	0	0	加 0110
15	0	1	1	1	1	1	0	1	0	1	
16	1	0	0	0	0	1	0	1	1	0	
17	1	0	0	0	1	1	0	1	1	1	
18	1	0	0	1	0	1	1	0	0	0	

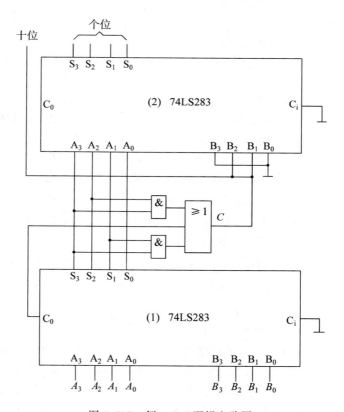

图 4.6.5　例 4.6.2 逻辑电路图

4.7 数值比较器

数字系统中,用来比较两个二进制数大小及是否相等的电路称为数值比较器。

4.7.1 比较器的构成原理

一位数值比较器是多位比较器的基础。当 A 和 B 都是一位二进制数时,它们的取值和比较结果可由一位数值比较器的真值表表示,如表 4.7.1 所示。

表 4.7.1 一位数值比较器的真值表

输 入		输 出		
A	B	$F_{A>B}$	$F_{A<B}$	$F_{A=B}$
0	0	0	0	1
0	1	0	1	0
1	0	1	0	0
1	1	0	0	1

由真值表可得到如下逻辑表达式。

$$\begin{cases} F_{A>B} = A\overline{B} \\ F_{A<B} = \overline{A}B \\ F_{A=B} = \overline{A}\,\overline{B} + AB = \overline{A \oplus B} \end{cases}$$ (4.7.1)

由逻辑表达式可画出如图 4.7.1 所示的逻辑电路图。

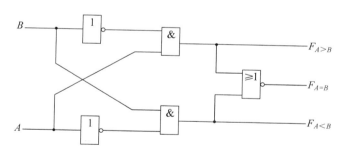

图 4.7.1 一位数值比较器逻辑电路图

4.7.2 集成数值比较器

1. 集成数值比较器 74LS85 功能

集成数值比较器 74LS85 是 4 位数值比较器。两个 4 位数的比较是从 A 的最高位 A_3 和 B 的最高位 B_3 进行比较,如果它们不相等,则该位的比较结果可以作为两数的比较结果。若最高位 $A_3 = B_3$,则再比较次高位 A_2 和 B_2,以此类推。显然,如果两数相等,那么比较步骤必须进行到最低位才能得到结果。74LS85 功能如表 4.7.2 所示。

表 4.7.2　74LS85 功能表

数 码 输 入				级 联 输 入			输 　 　 出		
$A_3\ B_3$	$A_2\ B_2$	$A_1\ B_1$	$A_0\ B_0$	$I_{A>B}$	$I_{A<B}$	$I_{A=B}$	$F_{A>B}$	$F_{A<B}$	$F_{A=B}$
$A_3>B_3$	$\times$	$\times$	$\times$	$\times$	$\times$	$\times$	1	0	0
$A_3<B_3$	$\times$	$\times$	$\times$	$\times$	$\times$	$\times$	0	1	0
$A_3=B_3$	$A_2>B_2$	$\times$	$\times$	$\times$	$\times$	$\times$	1	0	0
$A_3=B_3$	$A_2<B_2$	$\times$	$\times$	$\times$	$\times$	$\times$	0	1	0
$A_3=B_3$	$A_2=B_2$	$A_1>B_1$	$\times$	$\times$	$\times$	$\times$	1	0	0
$A_3=B_3$	$A_2=B_2$	$A_1<B_1$	$\times$	$\times$	$\times$	$\times$	0	1	0
$A_3=B_3$	$A_2=B_2$	$A_1=B_1$	$A_0>B_0$	$\times$	$\times$	$\times$	1	0	0
$A_3=B_3$	$A_2=B_2$	$A_1=B_1$	$A_0<B_0$	$\times$	$\times$	$\times$	0	1	0
$A_3=B_3$	$A_2=B_2$	$A_1=B_1$	$A_0=B_0$	1	0	0	1	0	0
$A_3=B_3$	$A_2=B_2$	$A_1=B_1$	$A_0=B_0$	0	1	0	0	1	0
$A_3=B_3$	$A_2=B_2$	$A_1=B_1$	$A_0=B_0$	0	0	1	0	0	1

功能表中的输入变量包括两个 4 位二进制数 $A_3A_2A_1A_0$ 与 $B_3B_2B_1B_0$,以及 $I_{A>B}$、$I_{A<B}$、$I_{A=B}$,其中 $I_{A>B}$、$I_{A<B}$、$I_{A=B}$ 是低位数的比较结果,由级联低位芯片送来,用于与其他数值比较器连接,以便组成位数更多的数值比较器。由式(4.7.1)可知

$$F_{A>B}=A\overline{B},\quad F_{A<B}=\overline{A}B,\quad F_{A=B}=\overline{A}\,\overline{B}+AB=\overline{A\oplus B}$$

根据表 4.7.2 可以推出输出变量的逻辑表达式为

$$
\begin{cases}
F_{A>B}=A_3\overline{B}_3+\overline{A_3\oplus B_3}A_2\overline{B}_2+\overline{A_3\oplus B_3}\ \overline{A_2\oplus B_2}A_1\overline{B}_1+\\
\qquad\overline{A_3\oplus B_3}\ \overline{A_2\oplus B_2}\ \overline{A_1\oplus B_1}A_0\overline{B}_0+\\
\qquad\overline{A_3\oplus B_3}\ \overline{A_2\oplus B_2}\ \overline{A_1\oplus B_1}\ \overline{A_0\oplus B_0}I_{A>B}\overline{I}_{A<B}\overline{I}_{A=B}\\
F_{A=B}=\overline{A_3\oplus B_3}\ \overline{A_2\oplus B_2}\ \overline{A_1\oplus B_1}\ \overline{A_0\oplus B_0}\ \overline{I}_{A>B}\overline{I}_{A<B}I_{A=B}\\
F_{A<B}=\overline{A}_3B_3+\overline{A_3\oplus B_3}\ \overline{A}_2B_2+\overline{A_3\oplus B_3}\ \overline{A_2\oplus B_2}\ \overline{A}_1B_1+\\
\qquad\overline{A_3\oplus B_3}\ \overline{A_2\oplus B_2}\ \overline{A_1\oplus B_1}\ \overline{A}_0B_0+\\
\qquad\overline{A_3\oplus B_3}\ \overline{A_2\oplus B_2}\ \overline{A_1\oplus B_1}\ \overline{A_0\oplus B_0}\ \overline{I}_{A>B}I_{A<B}\overline{I}_{A=B}
\end{cases}
\tag{4.7.2}
$$

当两个数值比较器级联时,若高位比较器的两数相等,则比较结果由级联输入信号 $I_{A>B}$、$I_{A<B}$、$I_{A=B}$ 而定。为了简化比较过程,可先看级联输入 $I_{A=B}$ 是否为 1。若 $I_{A=B}=1$,即低位比较器的两数相等,则比较结果为 $F_{A=B}$。若 $I_{A=B}=0$,则再看级联输入 $I_{A>B}$ 和 $I_{A<B}$,如果 $I_{A>B}=1$,即低位比较器的 $A>B$,则比较结果为 $F_{A>B}=1$;如果 $I_{A<B}=1$,即低位比较器的 $A<B$,则比较结果为 $F_{A<B}=1$。正因如此,式(4.7.2)可简化为

$$
\begin{cases}
F_{A>B}=A_3\overline{B}_3+\overline{A_3\oplus B_3}A_2\overline{B}_2+\overline{A_3\oplus B_3}\ \overline{A_2\oplus B_2}A_1\overline{B}_1+\\
\qquad\overline{A_3\oplus B_3}\ \overline{A_2\oplus B_2}\ \overline{A_1\oplus B_1}A_0\overline{B}_0+\\
\qquad\overline{A_3\oplus B_3}\ \overline{A_2\oplus B_2}\ \overline{A_1\oplus B_1}\ \overline{A_0\oplus B_0}I_{A>B}\overline{I}_{A=B}\\
F_{A=B}=\overline{A_3\oplus B_3}\ \overline{A_2\oplus B_2}\ \overline{A_1\oplus B_1}\ \overline{A_0\oplus B_0}I_{A=B}\\
F_{A<B}=\overline{A}_3B_3+\overline{A_3\oplus B_3}\ \overline{A}_2B_2+\overline{A_3\oplus B_3}\ \overline{A_2\oplus B_2}\ \overline{A}_1B_1+\\
\qquad\overline{A_3\oplus B_3}\ \overline{A_2\oplus B_2}\ \overline{A_1\oplus B_1}\ \overline{A}_0B_0+\\
\qquad\overline{A_3\oplus B_3}\ \overline{A_2\oplus B_2}\ \overline{A_1\oplus B_1}\ \overline{A_0\oplus B_0}I_{A<B}\overline{I}_{A=B}
\end{cases}
\tag{4.7.3}
$$

74LS85 的逻辑电路图、引脚图和符号如图 4.7.2 所示,其逻辑电路图与式(4.7.3)完全一致。由式(4.7.3)可以看出,仅对 4 位数进行比较时,需对 $I_{A>B}$、$I_{A<B}$、$I_{A=B}$ 进行处理,即 $I_{A>B}=I_{A<B}=0$,$I_{A=B}=1$。

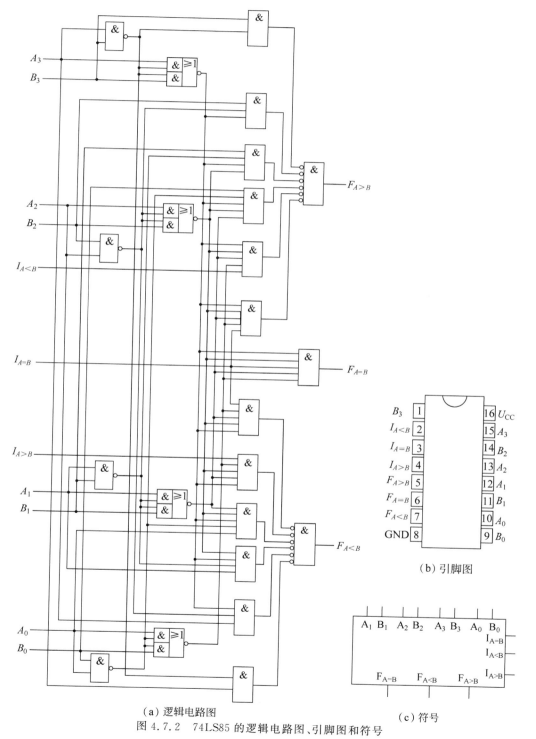

(a) 逻辑电路图

(b) 引脚图

(c) 符号

图 4.7.2　74LS85 的逻辑电路图、引脚图和符号

2．数值比较器的应用

例 4.7.1　试用两片 74LS85 构成 8 位数值比较器，画出逻辑电路图。

解　根据题意，用两片 74LS85 构成 8 位数值比较器如图 4.7.3 所示。74LS85(C_0) 为低 4 位数值比较器，级联输入 $I_{A>B}$、$I_{A<B}$、$I_{A=B}$ 分别接 $I_{A>B}=I_{A<B}=0$，$I_{A=B}=1$，其输出端 $F_{A>B}$、$F_{A<B}$、$F_{A=B}$ 分别接高 4 位数值比较器 74LS85(C_1) 的级联输入端 $I_{A>B}$、$I_{A<B}$、$I_{A=B}$，74LS85(C_1) 的 $F_{A>B}$、$F_{A<B}$、$F_{A=B}$ 为 8 位数值比较器的输出。对于两个 8 位数，若高 4 位相同，它们的大小则由低 4 位比较器的比较结果确定。因此，低 4 位的比较结果应作为高 4 位的条件，即低 4 位比较器的输出端应分别与高 4 位比较器的级联输入端连接。

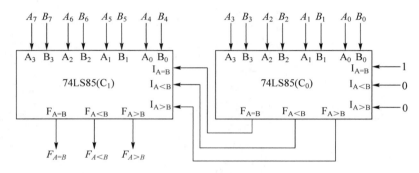

图 4.7.3　例 4.7.1 逻辑电路图

例 4.7.2　试用数值比较器实现表 4.7.3 所示逻辑函数。

解　由表 4.7.3 可看出，当 $A_3A_2A_1A_0>0110$ 时，$F_3=1$；当 $A_3A_2A_1A_0<0110$ 时，$F_2=1$；而 $A_3A_2A_1A_0=0110$ 时，$F_1=1$。因此，可用一片 74LS85 比较器即可实现上述逻辑功能，将输入数据 $A_3A_2A_1A_0$ 与 0110 比较，级联输入 $I_{A>B}$、$I_{A<B}$、$I_{A=B}$ 分别接 $I_{A>B}=I_{A<B}=0$，$I_{A=B}=1$，逻辑电路图如图 4.7.4 所示。

表 4.7.3　例 4.7.2 真值表

A_3	A_2	A_1	A_0	F_1	F_2	F_3
0	0	0	0	0	1	0
0	0	0	1	0	1	0
0	0	1	0	0	1	0
0	0	1	1	0	1	0
0	1	0	0	0	1	0
0	1	0	1	0	1	0
0	1	1	0	1	0	0
0	1	1	1	0	0	1
1	0	0	0	0	0	1
1	0	0	1	0	0	1
1	0	1	0	0	0	1
1	0	1	1	0	0	1
1	1	0	0	0	0	1

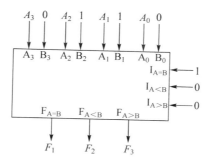

图 4.7.4 例 4.7.2 逻辑电路图

4.8 小结

（1）组合逻辑电路的特点是输出状态只决定于同一时刻的输入状态，简单的组合逻辑电路可由逻辑门电路组成。

（2）分析组合逻辑电路的目的是确定已知电路的逻辑功能，其步骤大致如下：

① 写出已知电路各输出端的逻辑表达式。

② 化简和变换逻辑表达式。

③ 列出真值表，确定功能。

（3）应用逻辑门电路设计组合逻辑电路的步骤大致如下：

① 根据命题列出真值表。

② 写出输出端的逻辑表达式。

③ 化简和变换逻辑表达式。

④ 画出逻辑电路图。

（4）组合逻辑电路的竞争冒险是指由于输入信号经不同通路传输到输出级的时间不同，可能会使逻辑电路产生错误的输出现象，利用逻辑代数和卡诺图可以检查和消除竞争冒险。

（5）常用中规模集成组合逻辑电路器件包括编码器、译码器、数据选择器、加法器、数值比较器等。这些组合逻辑器件除了具有其基本功能外，通常还具有输入使能、输出使能、输入扩展、输出扩展功能，使其功能更加灵活，便于构成较复杂的逻辑电路。分析这些逻辑器件的逻辑功能应从器件的功能表入手，而不是从器件的逻辑电路图入手。因为逻辑电路图往往未知，功能表可以从器件手册和厂家说明书中查到。

（6）应用组合逻辑器件进行组合逻辑电路设计时，所应用的原理和步骤与用门电路是基本一致的，但应注意以下几点：

① 对逻辑表达式的变换与化简的目的是使其尽可能与组合逻辑器件的形式一致，而不是尽量简化。

② 设计时应考虑合理充分应用组合器件的功能。同种类的组合器件有不同的型号，应尽量选用较少的器件数和较简单的器件满足设计要求。

③ 可能出现只需一个组合器件的部分功能就可以满足要求，这时需要对有关输入、输

出信号进行适当的处理。也可能会出现一个组合器件不能满足设计要求的情况，这就需要对组合器件进行扩展，将若干器件组合或适当的逻辑门组合起来。

 习题

4-1　写出如图题 4.1 所示的电路对应的真值表。

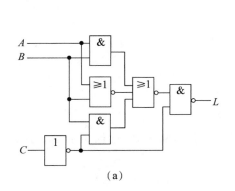

（a）

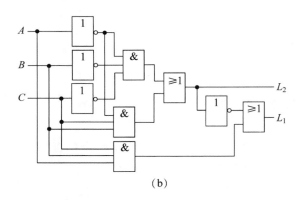

（b）

图题　4.1

4-2　试分析如图题 4.2 所示逻辑电路的功能。

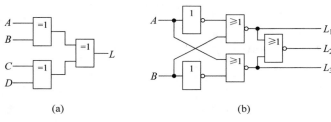

（a）　　　　　　　　　　　　（b）

图题　4.2

4-3　试分析如图题 4.3 所示的逻辑电路，写出各电路输出表达式。若要求图题 4.3(a)、图题 4.3(e)、图题 4.3(f)电路输出高电平，问其输入变量应取何值？

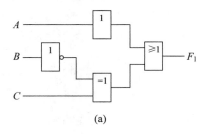

（a）

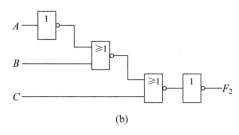

（b）

图题　4.3

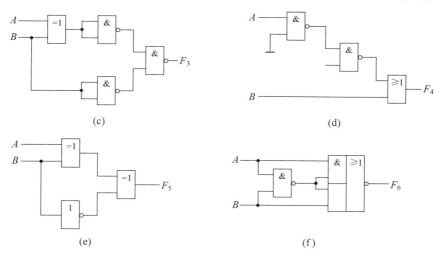

(c)   (d)

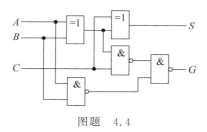

(e)   (f)

图题 4.3 （续）

4-4 试分析如图题 4.4 所示的逻辑电路的功能。

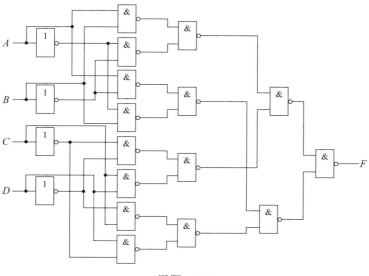

图题 4.4

4-5 试分析如图题 4.5 所示的逻辑电路的功能。

图题 4.5

4-6   试分析如图题 4.6 所示的逻辑电路的功能。

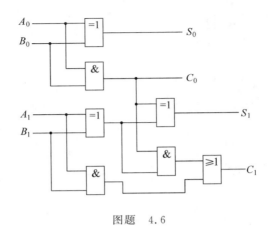

图题   4.6

4-7   试设计组合逻辑电路,有 4 个输入和一个输出,当输入全为 1,或输入全为 0,或输入为奇数个 1 时,输出为 1。请列出真值表,写出最简与或表达式并画出逻辑电路图。

4-8   试设计组合电路,把 4 位二进制码转换为 8421BCD 码,写出表达式,画出逻辑电路图。

4-9   试分别用(1)最少的二输入与非门;(2)非门和异或门,设计一个 4 位的奇偶校验器,即当 4 位数中有奇数个 1 输出为 0,否则输出为 1。

4-10   试设计一个 4 输入、4 输出的逻辑电路。当控制信号 $C=0$ 时,输出状态与输入状态相反,$C=1$ 时,输出状态与输入状态相同。

4-11   试设计组合电路,输入为两个二位的二进制数,输出为两数的乘积,画出逻辑电路图。

4-12   举重比赛有三个裁判员 A、B、C,另外有一个主裁判 D。A、B、C 裁判认为合格时为一票,D 裁判认为合格时为二票。多数通过时输出 $F=1$。(1)试用与非门设计多数通过的表决电路;(2)试用 138 译码器和一个与非门设计多数通过的表决电路。

4-13   设某车间有 4 台电动机 A、B、C、D,要求:(1)A 必须开机。(2)其他三台中至少有两台开机。如果不满足上述条件,则指示灯熄灭。试写出指示灯亮的逻辑表达式,并用与非门实现。设指示灯亮为 1,电动机开机为 1。

4-14   设三台电动机 A、B、C,要求:(1)A 开机则 B 也开机。(2)B 开机则 C 也开机。如果不满足上述条件,即发生报警。试写出报警信号逻辑表达式,并用与非门实现。设输出报警为 1,输入开机为 1。

4-15   某选煤厂由煤仓到洗煤楼用三条皮带(A、B、C)运煤,煤流方向为 C→B→A。为了避免在停车时出现煤的堆积现象,要求三台电动机要顺煤流方向依次停车,即 A 停,B 必须停;B 停,C 必须停。如果不满足则应立即发出报警信号,试写出报警信号逻辑表达式,并用与非门实现。设输出报警为 1,输入开机为 1。

4-16   一编码器的真值表如表题 4.16 所示,试用或非门和非门设计出该编码器的逻辑电路。

表题 4.16

I_3	I_2	I_1	I_0	D_7	D_6	D_5	D_4	D_3	D_2	D_1	D_0
1	0	0	0	1	0	1	1	0	0	1	1
0	1	0	0	1	1	0	1	0	1	0	1
0	0	1	0	0	1	1	1	1	0	1	0
0	0	0	1	1	1	0	0	1	1	0	1

4-17 用最少的与非门设计组合逻辑电路,要求当 $C_1 C_0 = 00$ 时,$Y = 0$;当 $C_1 C_0 = 01$ 时,$Y = X$;当 $C_1 C_0 = 10$ 时,$Y = \overline{X}$;当 $C_1 C_0 = 11$ 时,$Y = 1$。

4-18 为了使 74138 译码器的第 10 引脚输出为低电平,请标出各输入端应置的逻辑电平。

4-19 用一片 74138 译码器和与非门实现下列函数。

(1) $F = ABC + \overline{A}(B + C)$

(2) $F = AB + BC$

(3) $F = (\overline{A} + \overline{C})(A + B)$

(4) $F = ABC + A\overline{C}D$

(5) $F(A, B, C, D) = \sum m (1, 3, 7, 9, 15)$

4-20 试用译码器 74138 和与非门实现如下多输出逻辑函数。

(1) $Z_1 = A\overline{B} + C$

$Z_2 = \overline{A}B + \overline{A}C + AB\overline{C}$

(2) $F_1 = AB + \overline{A}\,\overline{B}\,\overline{C}$

$F_2 = A + B + \overline{C}$

$F_3 = \overline{A}\,B + A\overline{B}$

4-21 用 138 译码器构成的脉冲分配器电路如图题 4.21(a)所示,输入波形如图题 4.21(b)所示。

(1) 若 CP 脉冲信号加在 G_{2B} 端,试画出 $Y_0 \sim Y_7$ 的波形;

(2) 若 CP 脉冲信号加在 G_1 端,试画出 $Y_0 \sim Y_7$ 的波形。

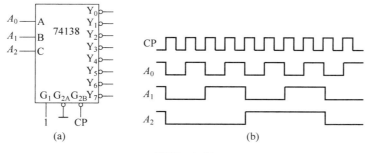

图题 4.21

4-22 由译码器 74138 和逻辑门组成的逻辑电路如图题 4.22 所示。

(1) 试分别写出 F_1、F_2 的最简或与式。

（2）试说明当输入变量 A、B、C、D 为何种取值时，$F_1 = F_2 = 1$。

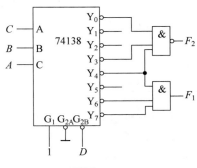

图题 4.22

4-23 某组合电路的输入 X 和输出 Y 均为三位二进制数。当 $X < 2$ 时，$Y = 1$；当 $2 \leqslant X \leqslant 5$ 时，$Y = X + 2$；当 $X > 5$ 时，$Y = 0$。试用一片 74138 译码器和少量逻辑门实现该电路。

4-24 使用七段集成显示译码器 7448 和发光二极管显示器组成一个 7 位数字的译码显示电路，要求将 0099.120 显示成 99.12，各芯片的控制端如何处理？画出外部接线图。（注：不考虑小数点的显示。）

4-25 七段显示译码电路如图题 4.25 所示，对应的输入波形如图题 4.25(b)所示，试确定显示器显示的字符序列是什么？

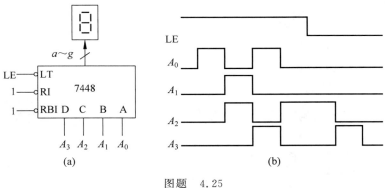

(a)　　　　　　　　　　　　　　(b)

图题 4.25

4-26 试用一片 74151 分别实现下列逻辑函数（允许反变量输入）。

（1）$Z = F(A, B, C) = \sum m(0, 1, 5, 6)$

（2）$Z = F(A, B, C) = \sum m(1, 2, 4, 7)$

（3）$Z = F(A, B, C, D) = \sum m(0, 2, 5, 7, 9, 12, 15)$

（4）$Z = F(A, B, C, D) = \sum m(0, 3, 7, 8, 12, 13, 14)$

（5）$Z = ABC + A\overline{C}D$

（6）$Z = A\overline{C}D + \overline{A}\,\overline{B}\,CD + BC + B\overline{C}\,\overline{D}$

（7）$Z = F(A, B, C, D) = \sum m(0, 4, 5, 8, 12, 13, 14)$

(8) $Z = F(A,B,C,D) = \sum m(0,2,5,7,8,10,13,15)$

(9) $Z = F(A,B,C,D) = \sum m(0,3,5,8,11,14) + \sum d(1,6,12,13)$

4-27　74151 的连接方式和各输入端的输入波形如图题 4.27 所示,画出输出端 Y 的波形。

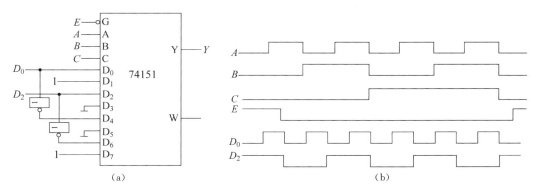

图题　4.27

4-28　试用 8 选 1 数据选择器和 4 选 1 数据选择器分别实现逻辑函数 $Y(A,B,C,D) = A\overline{B}CD + A\overline{B}\,\overline{C}D + \overline{A}\,\overline{B}CD + ABC + \overline{A}\,BC + ABC\overline{D} + \overline{A}\,BC\overline{D}$。

4-29　试画出用三片四位数值比较器 74LS85 组成 10 位数值比较器的接线图。

4-30　数据选择器如图题 4.30 所示。当 $I_3 = 0, I_2 = I_1 = I_0 = 1$ 时,有 $L = \overline{S}_1 + S_1\overline{S}_0$ 的关系,证明该逻辑表达式的正确性。

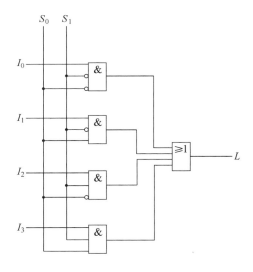

图题　4.30

4-31　应用图题 4.30 的电路产生逻辑函数 $F = S_0 + S_1$。

4-32　试用三个三输入端与门和一个或门实现语句"$A > B$",A 和 B 均为两位二进制数。

4-33 试用 5 个双输入端或门和一个与门实现语句"$A > B$"，A 和 B 均为两位二进制数。

4-34 检查题图 4.34 电路是否存在逻辑冒险？若有，请予以清除。

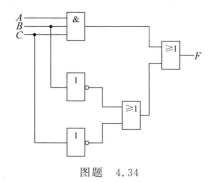

图题 4.34

4-35 检查逻辑函数 $F = \overline{A}CD + AC\overline{D} + A\overline{B}CD$，无关项 $d = \overline{A}CD + ACD$ 是否存在逻辑冒险？若有，请予以清除，并用与非门实现。

4-36 判断下列逻辑函数是否有可能产生竞争冒险，如果可能应如何消除。

(1) $L_1(A,B,C,D) = \sum m(5,7,8,9,10,11,13,15)$

(2) $L_2(A,B,C,D) = \sum m(0,2,4,6,8,10,12,14)$

(3) $L_3(A,B,C,D) = \sum m(0,2,4,6,12,13,14,15)$

(4) $F_1 = AB + \overline{A}C + \overline{B}\,\overline{C}$

(5) $F_2 = A\overline{B} + \overline{A}C + B\overline{C}$

(6) $F_3 = (A + \overline{B} + C)(\overline{A} + \overline{B} + C)(A + B + C)$

4-37 试判断题图 4.37 所示两个组合逻辑电路是否存在着竞争冒险（方法不限）。

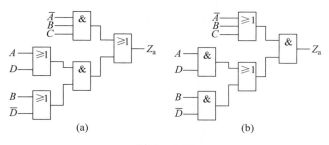

题图 4.37

4-38 用卡诺图化简下列函数，并使得到的函数不产生冒险现象。

(1) $Z_1(A,B,C) = \sum m(0,1,2,6,7)$

(2) $Z_2(A,B,C,D) = \sum m(0,1,5,7,10,11,14,15)$

第5章

触发器

在数字系统中,为了寄存二进制编码信息,广泛地使用触发器作为存储元件。本章讨论的触发器是双稳态触发器,简称触发器。

触发器是能够存储一位二进制码的逻辑电路,它有两个输出 Q 和 $\overline{Q}$ 端,正常情况下它们以互补形式出现,输出状态由 Q 端定义,它不仅与输入有关,而且还与原先的输出状态有关。在控制信号的作用下,它可以被置成 0 状态,也可以被置成 1 状态,在控制信号不起作用时,触发器的状态保持不变,因而具有记忆的功能。

触发器在接收信号前的状态定义为现态,用 Q^n 表示,接收信号后的状态定义为次态,用 Q^{n+1} 表示。允许触发器输出状态改变的输入信号称为触发信号,触发信号的形式称为触发方式,根据触发信号的不同形式可分为电平触发方式、脉冲触发方式和边沿触发方式,触发器输出状态的改变称为翻转。不同的触发器具有不同的逻辑功能,在电路结构和触发方式方面也有不同的种类。根据电路功能,触发器可分为 RS 触发器、JK 触发器、D 触发器和 T 触发器。根据电路结构,触发器可分为基本 RS 触发器、同步触发器、主从触发器和边沿触发器。

本章介绍各种结构不同的触发器的工作原理及特点,重点讨论触发器的逻辑功能、触发方式和触发器的一些实际问题,至于触发器的输入和输出逻辑电平、触发器的传播延迟时间、噪声容限、扇入和扇出系数等概念与以前讨论的各类门电路相同,这里就不再重复了。

5.1　RS 触发器

5.1.1　基本 RS 触发器

基本 RS 触发器是触发器中结构最简单的一种触发器,主要用于产生清零信号或置 1 信号,因而又称为置 0、置 1 触发器。

1. 电路结构和工作原理

它由两个与非门首尾相连构成,如图 5.1.1(a)所示,其逻辑符号如图 5.1.1(b)所示。两个门的输出端分别称之为 Q 和 $\overline{Q}$,有时也称为 1 和 0 端,正常工作时,Q 和 $\overline{Q}$ 是互为取非的关系。通常把 Q 端的状态定义为触发器的状态,即 $Q=1$ 时,称触发器处于 1 状态,简称为 1 态;$Q=0$ 时,称触发器处于 0 状态,简称为 0 态。基本 RS 触发器有两个输入端 S 端和 R 端,S 端称为置 1 端,R 端称为置 0 端。

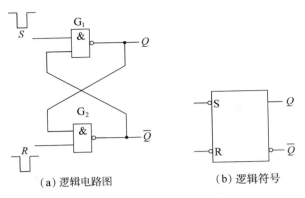

（a）逻辑电路图　　　（b）逻辑符号

图 5.1.1　基本 RS 触发器

　　根据输入信号 R、S 不同状态的组合，触发器的输出与输入之间的关系有 4 种情况，现分析如下。

　　1）$R=1,S=0$

　　因为 G_1 有一个输入端是 0，所以输出端 $Q=1$；G_2 的两个输入端全是 1，则输出 $\overline{Q}=0$。可见，当 $R=1,S=0$ 时，触发器被置于 1 态，称触发器置 1（或称置位）。当置 1 端 S 由 0 返回到 1 时，G_1 的输出 Q 仍然为 1，这是因为 $\overline{Q}=0$，使 G_1 的输入端中仍有一个为 0，可见当 $R=1,S=1$ 时，不改变触发器的状态，即当去掉置 1 输入信号 $S=0$ 后，触发器保持原状态不变，触发器具有记忆功能。

　　2）$R=0,S=1$

　　因为 G_2 有一个输入端是 0，所以输出端 $\overline{Q}=1$。G_1 的两个输入端全是 1，则输出端 $Q=0$。可见，当 $R=0,S=1$ 时，触发器置 0（或称复位）。当置 0 端再返回 1 时，G_2 的输出 $\overline{Q}$ 仍为 1，因为 $Q=0$，使 G_2 的输入端中仍有一个为 0，这时触发器保持原状态不变。

　　3）$R=1,S=1$

　　前面的分析表明，在置 1 信号（$R=1,S=0$）作用之后，S 返回 1 时，$R=1,S=1$，触发器保持 1 态不变；在置 0 信号（$R=0,S=1$）的作用之后，R 返回到 1 时，即 $R=1,S=1$，触发器保持原来的 0 态不变。

　　4）$R=0,S=0$

　　显然，在此条件下，两个与非门的输出端 Q 和 $\overline{Q}$ 全为 1，这违背了 Q 和 $\overline{Q}$ 互补的条件，而在两个输入信号都同时撤去（回到 1）后，触发器的状态将不能确定是 1 还是 0，因此称这种情况为不定状态，这种情况应当避免。

　　综上所述，基本 RS 触发器具有置 0、置 1 和保持的逻辑功能。由于置 1 信号 $S=0$ 和置 0 信号 $R=0$ 都是低电平，即允许触发器状态改变的触发信号是电平信号的形式，这种触发方式称为电平触发方式，分高电平触发和低电平触发两种。逻辑符号图 5.1.1（b）中，S 端和 R 端的小圆圈表示的是低电平触发，若没有小圆圈表示的是高电平触发。如果将图 5.1.1（a）中的与非门换成或非门，输出端 Q 和 $\overline{Q}$ 对换，可构成高电平触发的基本 RS 触发器，其工作原理留给读者分析。

2. 触发器逻辑功能的表示方法

描述触发器逻辑功能的方法有特性表、特性方程、状态图、波形图和驱动表。

1) 特性表

基本 RS 触发器的逻辑功能可以用特性表 5.1.1 描述,特性表反映了触发器次态 Q^{n+1} 与决定次态的输入信号 R、S 及现态 Q^n 之间的关系,特性表左边决定次态的所有信号 R、S 和 Q^n 的不同取值,右边是次态 Q^{n+1} 对应的取值。表中×表示 $S=R=0$ 时,触发器的输出是不确定的状态,可当作无关项处理。

表 5.1.1 基本 RS 触发器特性表

R	S	Q^n	Q^{n+1}	功 能
0	0	0	×	不定
0	0	1	×	
0	1	0	0	置 0
0	1	1	0	
1	0	0	1	置 1
1	0	1	1	
1	1	0	0	保持
1	1	1	1	

2) 特性方程

描述触发器功能的函数表达式称为特性方程。由特性表可得到次态 Q^{n+1} 的卡诺图,如图 5.1.2(a)所示,化简后的表达式为 $Q^{n+1}=\overline{S}+RQ^n$。为了避免触发器的不确定状态,基本 RS 触发器的约束条件是 S、R 不能同时为 0,即 S、R 应满足约束条件 $S+R=1$,所以基本 RS 触发器的特性方程为

$$\begin{cases} Q^{n+1}=\overline{S}+RQ^n \\ S+R=1 \end{cases} \tag{5.1.1}$$

3) 状态图

将触发器各状态转换的规律及相应的输入取值用图形的方式来表示,称为状态转换图,简称状态图。基本 RS 触发器的状态图如图 5.1.2(b)所示。图中两个圆圈内标的 1 和 0 表示触发器的两个状态,带箭头的弧线表示状态转换的方向,箭头指向触发器次态,箭尾为触发器现态,弧线旁边标出了状态转换的条件,即输入信号的对应取值,状态图可直接由特性表导出。

4) 波形图

基本 RS 触发器输入、输出关系也可以用波形图表示,如图 5.1.2(c)所示。图中实线波形只反映输入、输出之间确定的逻辑关系。当触发器置 0 端和置 1 端同时加上宽度相等的负脉冲时(假设正跳和负跳时间均为 0),在两个负脉冲作用期间,G_1 和 G_2 的输出都是 1。当两个负脉冲同时消失时,若 G_1 的传播延迟时间 t_{pd1} 较 G_2 的传播延迟时间 t_{pd2} 小,触发器将建立稳定 0 态;若 $t_{pd2}<t_{pd1}$,触发器将稳定在 1 态;若 $t_{pd2}=t_{pd1}$,触发器的输出将在 1 和 0 之间来回振荡。通常,两个门之间的传播延迟时间 t_{pd1} 和 t_{pd2} 的大小关系是不知道的,

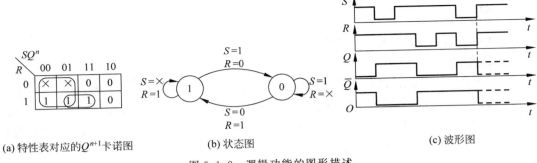

(a) 特性表对应的 Q^{n+1} 卡诺图　　　(b) 状态图　　　(c) 波形图

图 5.1.2　逻辑功能的图形描述

因而,两个宽度相等的负脉冲从 S 和 R 端同时消失后,触发器的状态是不确定的,图 5.1.2 中虚线表示不确定状态。

5) 驱动表

驱动表(又称激励表)用来描述触发器由现态转换到确定的次态时对输入信号的要求,它可由特性表或状态图导出,如表 5.1.2 所示。

表 5.1.2　基本 RS 触发器驱动表

Q^n	Q^{n+1}	R	S
0	0	×	1
0	1	1	0
1	0	0	1
1	1	1	×

3. 基本 RS 触发器的应用举例

在数字系统中,操作人员用机械开关对电路发出命令信号。机械开关包含一个可动的弹簧片和一个或几个固定的触点。当开关改变位置时,弹簧片不能立即与触点稳定接触,存在跳动过程,会使电压或电流波形产生"毛刺",如图 5.1.3(a)和图 5.1.3(b)所示。在电子电路中,一般不允许出现这种现象。如果用开关的输出直接驱动逻辑门,经过逻辑门整形后,输出会有一串脉冲干扰信号导致电路工作出错。

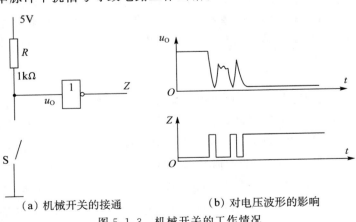

(a) 机械开关的接通　　　(b) 对电压波形的影响

图 5.1.3　机械开关的工作情况

利用基本 RS 触发器的记忆作用可以消除上述开关振动所产生的影响,开关与触发器的连接方法如图 5.1.4(a)所示。设单刀双掷开关原来与 B 点接通,这时触发器的状态为 0。当开关由 B 拨向 A 时,其中有一短暂的浮空时间,这时触发器的 R、S 均为 1,Q 仍为 0。中间触点与 A 接触时,A 点的电平由于振动而产生"毛刺"。但是,首先是 B 点已经为高电平,A 点一旦出现低电平,触发器的状态就翻转为 1,即使 A 点再出现高电平,也不会再改变触发器的状态,所以 Q 端的电压波形不会出现"毛刺"现象,如图 5.1.4(b)所示。

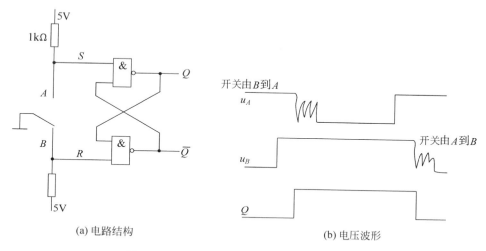

(a) 电路结构　　　　　　　　　　(b) 电压波形

图 5.1.4　用基本 RS 触发器消除开关振动影响

5.1.2　同步 RS 触发器

前面介绍的基本 RS 触发器的触发翻转过程直接由输入信号控制,而在数字系统中,常常要求触发器按各自输入信号所决定的状态,在规定的时刻同步触发翻转,为此,在基本 RS 触发器的输入端增加了时钟脉冲控制端 CP,构成同步 RS 触发器。

1. 电路结构和工作原理

同步 RS 触发器的电路结构和逻辑符号如图 5.1.5 所示。图中,输入信号 S 和 R 要经过 G_3、G_4 两个引导门的传递,这两个门同时受 CP 信号控制。当 CP$=0$ 时,无论输入端 S 和 R 取何值,G_3 和 G_4 的输出端始终为 1,所以,由 G_1 和 G_2 组成的基本 RS 触发器处于保持状态。当时钟脉冲到达时,CP 端变为 1,R 和 S 端的信息通过引导门反相之后,作用到基本 RS 触发器的输入端。在 CP$=1$ 的时间内,当 $S=1$,$R=0$ 时,触发器置 1;当 $S=0$,$R=1$ 时,触发器置 0;若两个输入皆为 0($S=R=0$),触发器输出端保持不变,若两个输入皆为 1($S=R=1$),触发器的两个输出端全为 1,时钟脉冲结束时,触发器的状态是不确定的,两种状态都可能出现,这要看时钟脉冲结束时,基本 RS 触发器的输入端是置 1 信号还是置 0 信号保持的时间更长一些。

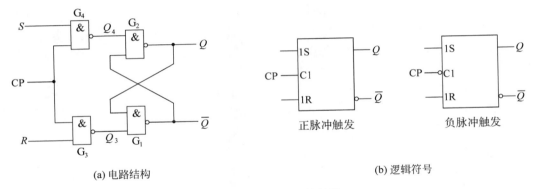

(a) 电路结构   (b) 逻辑符号

图 5.1.5 同步 RS 触发器

2. 同步 RS 触发器的逻辑功能

同步 RS 触发器的逻辑功能是在时钟的控制下，实现置 0、置 1 和保持，其特性表如表 5.1.3 所示。

表 5.1.3 同步 RS 触发器的特性表

S	R	Q^n	Q^{n+1}
0	0	0	0
0	0	1	1
0	1	0	0
0	1	1	0
1	0	0	1
1	0	1	1
1	1	0	$\times$
1	1	1	$\times$

由特性表得到的 Q^{n+1} 卡诺图如图 5.1.6 所示，化简后的表达式为

$$Q^{n+1} = S + \overline{R}Q^n$$

为避免触发器的不确定状态，触发器的约束条件是输入信号 S、R 不能同时为 1。所以，同步 RS 触发器的特性方程为

$$\begin{cases} Q^{n+1} = S + \overline{R}Q^n \\ SR = 0 \end{cases} \tag{5.1.2}$$

同步 RS 触发器的状态转换图如图 5.1.7 所示，驱动表如表 5.1.4 所示。

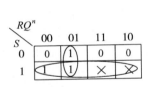

图 5.1.6 Q^{n+1} 的卡诺图

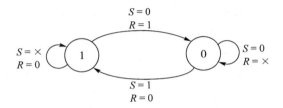

图 5.1.7 同步 RS 触发器的状态转换图

表 5.1.4 同步 RS 触发器的驱动表

Q^n	Q^{n+1}	R	S
0	0	$\times$	0
0	1	0	1
1	0	1	0
1	1	0	$\times$

3．同步 RS 触发器的特点

根据上述分析，同步 RS 触发器的特点有：同步 RS 触发器的翻转是在时钟脉冲的控制下进行的。当 CP＝1 时，接收输入信号，允许触发器翻转；当 CP＝0 时，封锁输入信号，禁止触发器翻转，触发器的触发方式属于脉冲触发方式。

脉冲触发方式有正脉冲触发方式和负脉冲触发方式。本例为正脉冲触发方式，若为负脉冲触发方式，逻辑符号中时钟脉冲输入端 C1 应有小圈，如图 5.1.5(b)所示。

例 5.1.1 图 5.1.5 中 CP、S、R 的波形如图 5.1.8 所示，试画出 Q 和 $\overline{Q}$ 的波形，设初始状态 $Q＝0$，$\overline{Q}＝1$。

解 在第一个 CP＝1 的作用时间内，触发器接收输入信号 $R＝0$、$S＝1$，输出随输入信号由现态 $Q＝0$，$\overline{Q}＝1$ 变为次态 $Q＝1$，$\overline{Q}＝0$；在 CP＝0 时，触发器始终封锁输入信号，输出保持不变。在第二个 CP＝1 的作用时间内，由于 R、S 没有发生变化，输出保持不变即 $Q＝1$，$\overline{Q}＝0$；在第三、第四个 CP＝1 的作用时间内，R、S 都发生了变化，因而输出也随之变化，输出 Q 和 $\overline{Q}$ 的波形如图 5.1.8 所示。

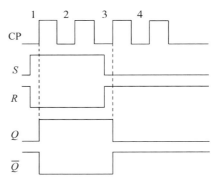

图 5.1.8 例 5.1.1 图

通过例 5.1.1 得知，由于只允许触发器在 CP 为高电平时翻转，在 CP 为 1 的时间间隔内，输入信号 R、S 的状态变化可能引起触发器输出状态的变化。因此，同步 RS 触发器的触发翻转只能控制在一个时间间隔内，而不是控制在某一时刻进行。这种工作方式的触发器抗干扰能力较差，在应用中受到一定限制。下面介绍能控制在某一时刻（时钟脉冲的正跳沿或负跳沿）翻转的触发器。

5.1.3 主从 RS 触发器

由于脉冲触发方式的触发器翻转时刻只能控制在一段时间，不能控制在某一时刻，这种触发方式的触发器在应用中受到一定限制。若需要触发器的翻转能控制在某一时刻，可采用主从结构的 RS 触发器，即主从 RS 触发器。

1．电路结构和工作原理

主从 RS 触发器由两级同步 RS 触发器构成，其中一级接收输入信号，其状态直接由输入信号决定，称为主触发器，还有一级的输入与主触发器的输出连接，其状态由主触发器的状态决定,称为从触发器,主从 RS 触发器的逻辑电路图和逻辑符号如图 5.1.9 所示,两个触发器的逻辑功能和同步 RS 触发器的逻辑功能完全相同,时钟为互补时钟,其工作原理如下:

(1) 当 CP＝1 时,主触发器的输入 G_7 和 G_8 打开,主触发器根据 R、S 的状态触发翻转。而对于从触发器来说,CP 经 G_9 反相后加入到输入门 G_3 和 G_4 的逻辑值为 0,封锁了 G_3 和 G_4,其输出状态不受主触发器输出的影响,或者说这时输出状态保持不变。

(2) CP 由 1 变 0 的一瞬间,情况则相反,G_7 和 G_8 被封锁,输入信号 R、S 不影响主触发器的状态。而这时从触发器的输入门 G_3 和 G_4 则打开,从触发器可以触发翻转,从触发器的输出状态由主触发器在 CP 由 1 变 0 的一瞬间的状态确定,即 $Q=Q'$,$\overline{Q}=\overline{Q'}$。

(3) CP 一旦达到 0 电平后,主触发器被封锁,其状态不受 R、S 的影响,触发器的状态也不可能再改变。

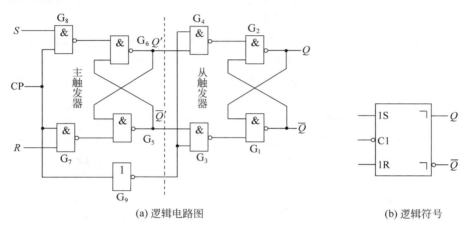

(a) 逻辑电路图　　　　(b) 逻辑符号

图 5.1.9　主从 RS 触发器的逻辑电路图和逻辑符号

2. 主从 RS 触发器的逻辑功能

主从 RS 触发器的逻辑功能与同步 RS 触发器的逻辑功能相同,因此特性表、特性方程、状态图和驱动表也完全相同。

3. 主从 RS 触发器的特点

(1) 由两个同步 RS 触发器即主触发器和从触发器组成,它们受互补时钟脉冲控制。

(2) 触发器在时钟脉冲作用期间(本例为 CP 高电平)接收输入信号,在时钟脉冲的跳变沿(本例为负跳沿,在逻辑符号中,时钟脉冲输入端 CP 带有小圆圈)允许触发翻转,在时钟脉冲跳变后(本例为负跳变)封锁输入信号,因而触发方式属于边沿触发。

(3) 触发器的翻转状态由主触发器的状态,即时钟脉冲作用期间(本例为 CP 高电平)的最后一刻输入信号 R、S 的状态而定。

(4) 对于负跳沿触发的触发器,输入信号应在 CP 正跳沿前加入,并在 CP 正跳沿后的高电平期间保持不变,为主触发器触发翻转做好准备,若输入信号在 CP 高电平期间发生改变,将可能使主触发器发生多次翻转,产生逻辑错误。而 CP 正跳沿后的高电平要有一定的延迟时间,以确保主触发器达到新的稳定状态。由于 CP 负跳沿使触发器发生翻转,CP 的低电平也必须有一定的延迟时间,以确保从触发器达到新的稳定状态。这就是主从触发器对输入信号和时钟脉冲的要求。

例 5.1.2　图 5.1.10 给出了正跳沿主从 RS 触发器 CP、R、S 的信号波形,设触发器的原状态为 0。试画出触发器 Q 端的波形图。

解　画主从 RS 触发器 Q 端输出波形时,应注意抓住的两点。其一,正跳沿主从 RS 触发器在 CP=0 的时间,接收 RS 信号,在 CP 正跳沿(上升沿)允许翻转,此后封锁 RS 信号;其二,翻转后触发器的状态由翻转前一刻的 RS 信号决定。因此,先标出触发器翻转的时刻,如图中的虚线,再分段画出 Q 的输出波形。

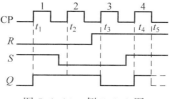

图 5.1.10　例 5.1.2 图

在第一个 CP=0 的时间段,允许翻转的时刻未到,输出保持原状态,$Q=0$;

当 $t=t_1$ 时,CP 由 0 翻转为 1,正跳沿到来,允许输出翻转,此刻 $R=0$,$S=1$,Q 由 0 翻转为 1,并保持到 t_2 时刻,即第二个 CP 正跳沿到来之前;

当 $t=t_2$ 时,CP 正跳沿到来,允许输出翻转,此刻 $R=0$,$S=0$,Q 保持 1,直到 t_3 时刻,即第三个 CP 正跳沿到来之前;

当 $t=t_3$ 时,CP 正跳沿到来,允许输出翻转,此刻 $R=1$,$S=0$,Q 由 1 翻转为 0,并保持到 t_4 时刻,即第四个 CP 正跳沿到来之前;

当 $t=t_4$ 时,CP 正跳沿到来,允许输出翻转,此刻 $R=1$,$S=1$,故在 CP=1 期间,触发器被强制为 $Q=\overline{Q}=1$;

当 $t=t_5$ 时,CP 由 1 翻转为 0,触发器输出状态不定,即 Q 端的输出可能为 0,也可能为 1,事先无法确定,图中用两条虚线表示。

5.1.4　集成 RS 触发器

TTL 集成主从 RS 触发器 74LS71 的逻辑符号和引脚分布如图 5.1.11 所示。该触发器分别有三个 S 端和三个 R 端,分别为与逻辑关系,即 $1R=R_1 \cdot R_2 \cdot R_3$,$1S=S_1 \cdot S_2 \cdot S_3$。使用中如有多余的输入端,要将它们接至高电平。触发器带有清零端(置 0)R_D 和预置端(置 1)S_D,它们的有效电平均为低电平。74LS71 的功能如表 5.1.5 所示。

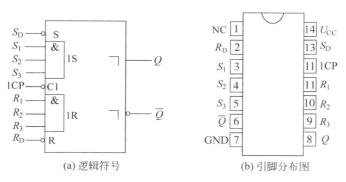

(a) 逻辑符号　　　　(b) 引脚分布图

图 5.1.11　TTL 主从 RS 触发器

表 5.1.5　TTL 主从 RS 触发器功能表

输　入					输　出	
预置 S_D	清零 R_D	时钟 CP	1S	1R	Q^{n+1}	$\overline{Q}^{n+1}$
0	1	×	×	×	1	0
1	0	×	×	×	0	1
1	1	⌐	0	0	Q^n	$\overline{Q}^n$
1	1	⌐	1	0	1	0
1	1	⌐	0	1	0	1
1	1	⌐	1	1	不	定

　　由表 5.1.5 可知，预置端 S_D 加低电平，清零端 R_D 加高电平时，触发器置 1；反之，触发器置 0。由于预置和清零与 CP 无关，故称 R_D 为异步清零端，S_D 称为异步置 1 端，此时触发器工作在基本 RS 触发器的状态。当预置端和清零端均处于高电平时，触发器工作在主从 RS 触发器状态，R、S 又称为同步输入端。由此可见集成主从 RS 触发器除具有主从 RS 触发器的功能外，还具有基本 RS 触发器的功能。

5.2　JK 触发器

　　主从 RS 触发器的信号输入端 $S=R=1$ 时，触发器的新状态不确定。由于不能预计在这种情况下触发器的次态是什么，所以要避免出现这种情况。这一因素限制了 RS 触发器的实际应用。JK 触发器解决了这一问题。

5.2.1　主从 JK 触发器

1. 电路结构和工作原理

　　主从 JK 触发器是在主从 RS 触发器的基础上稍加改动而产生的，负跳沿主从 JK 触发器的逻辑电路图和逻辑符号如图 5.2.1 所示。

　　在图 5.2.1 中，主 RS 触发器的 R 端和 S 端分别增加一个二输入的与门 G_{10} 和与门 G_{11}，G_{10} 的两个输入端一个作为信号输入端 J，另一个接触发器输出端 $\overline{Q}$，而 G_{11} 的两个输入端一个作为信号输入端 K，另一个触发器输出端 Q。由图 5.2.1 可得

$$S=J\overline{Q}$$
$$R=KQ$$

　　当 $J=K=1$ 时，$S=\overline{Q}^n$，$R=Q^n$，由主从 RS 的表达式 $Q^{n+1}=S+\overline{R}Q^n$ 得知，$Q^{n+1}=\overline{Q}^n$，每输入一个时钟脉冲后，触发器翻转一次，触发器的这种工作状态称为计数状态，由触发器翻转的次数可以计算输入时钟脉冲的个数。同理，当 $J=K=0$ 时，$S=R=0$，$Q^{n+1}=Q^n$，触发器的状态保持不变。当 $J=1$，$K=0$ 时，$S=\overline{Q}^n$，$R=0$，$Q^{n+1}=1$；当 $J=0$，$K=1$ 时，$S=0$，$R=Q^n$，$Q^{n+1}=0$。显然 JK 触发器消除了输出不定的状态。

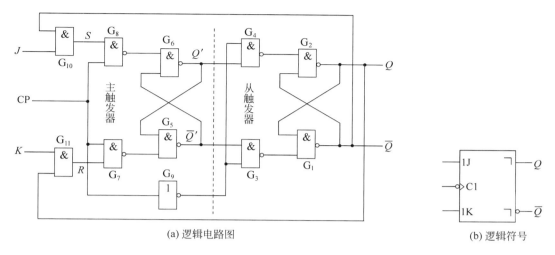

(a) 逻辑电路图   (b) 逻辑符号

图 5.2.1 负跳沿主从 JK 触发器

2. JK 触发器的逻辑功能

根据 JK 触发器的工作原理可知，JK 触发器在时钟脉冲的控制下，具有置 0、置 1、保持和计数的逻辑功能，是功能最全，使用最多的一种触发器。

将 $S=J\overline{Q}, R=KQ$ 代入 $Q^{n+1}=S+\overline{R}Q^n$ 可得到 JK 触发器的特性方程为

$$Q^{n+1}=J\overline{Q^n}+\overline{KQ^n}\,Q^n$$

$$=J\overline{Q^n}+\overline{K}Q^n \tag{5.2.1}$$

JK 触发器的特性表和驱动表如表 5.2.1 和表 5.2.2 所示，状态转换图如图 5.2.2 所示。

表 5.2.1 JK 触发器特性表

J	K	Q^n	Q^{n+1}	功　能
0	0	0	0	保持
0	0	1	1	
0	1	0	0	置 0
0	1	1	0	
1	0	0	1	置 1
1	0	1	1	
1	1	0	1	计数
1	1	1	0	

表 5.2.2 JK 触发器驱动表

Q^n	Q^{n+1}	K	J
0	0	$\times$	0
0	1	$\times$	1
1	0	1	$\times$
1	1	0	$\times$

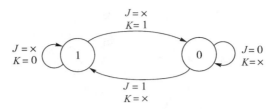

图 5.2.2　JK 触发器状态转换图

例 5.2.1　设负跳沿主从 JK 触发器的时钟脉冲和 J、K 信号的波形如图 5.2.3 所示，画出输出端 Q 的波形。设触发器的初始状态为 0。

解　根据式(5.2.1)、表 5.2.1 可画出 Q 端的波形，如图 5.2.3 所示。

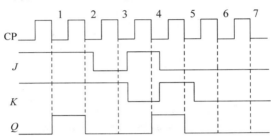

图 5.2.3　例 5.2.1 的波形图

从图 5.2.3 可以看出，触发器的触发翻转发生在时钟脉冲的下跳沿，如在第一、第二、第四、第五个 CP 脉冲下跳沿，由于输入信号在正跳沿前瞬间加入，且在 CP＝1 的时间内保持不变，判断触发器次态的依据是 CP＝1 时输入端的状态。

若输入信号在正跳沿前瞬间加入，且在 CP＝1 的时间内发生变化，电路会出现什么现象？从图 5.2.1 可知，由于输出端和输入端之间存在反馈连接，若触发器处于 0 态，相当于 $K＝0$，当 CP＝1，主触发器只能接收 J 端的置 1 信号；若触发器处于 1 态，$\overline{Q}＝0$，相当于 $J＝0$，当 CP＝1，主触发器只能接收 K 端的置 0 信号。如果在 CP＝1 时，输入信号发生多次改变，主触发器输出状态只可能改变一次，这种现象称为一次变化现象。所以，当输入信号在 CP＝1 的时间内发生变化时，若满足条件 $Q＝0$，J 有 1 信号；或满足条件 $Q＝1$，K 有 1 信号，主触发器均发生一次变化，在 CP 的下跳沿，从触发器的输出状态与主触发器状态取得一致。

例 5.2.2　负跳沿主从 JK 触发器的时钟信号 CP 和输入信号 J、K 的波形如图 5.2.4 所示，在信号 J 的波形图上用虚线标出了有一干扰信号，画出干扰信号影响的 Q 端的输出波形。设触发器的初始状态为 1。

解　(1) 第一个 CP 的正跳沿前 $J＝0$，$K＝1$，且在 CP＝1 的整个作用期间保持不变，因此负跳沿产生后触发器应翻转为 0。

(2) 第二个 CP＝1 的整个作用期间，干扰信号

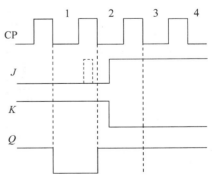

图 5.2.4　例 5.2.2 的波形图

出现前,此时主触发器和从触发器的状态是 $Q'=0,Q=0$。当干扰信号出现时,J 由 0 变为 1,满足一次变化条件,因而主触发器的状态 Q' 由 0 变为 1。

干扰信号消失后,主触发器的状态是否能恢复到原来的状态呢?由于 $Q=0,J=0$,由图 5.2.1 得知 $R=0,S=0$,主触发器 Q' 保持原态,也就是说 J 端干扰信号的消失不会使 Q' 恢复到 0。因此第二个 CP 的负跳沿到来后,触发器的状态为 $Q=Q'=1$。如果 J 端没有正跳变的干扰信号产生,根据 $J=0,K=1$ 的条件,触发器的正常状态应为 $Q=0$。

(3) 对应于第三、第四个 CP=1 的整个作用期间,输入信号都是 $J=1,K=0$,所以 $Q=1$。

3. 主从 JK 触发器的特点

由上分析可知,主从 JK 触发器具有如下特点。

(1) 触发器在时钟脉冲作用期间(本例为 CP 高电平)接收输入信号,只在时钟脉冲的跳变沿(本例为负跳沿,在逻辑符号中,时钟脉冲输入端 CP 带有小圆圈)允许触发翻转,在时钟脉冲跳变后(本例为负跳变)封锁输入信号。主从 JK 触发器的触发方式与主从 RS 触发器相同,属于边沿触发。

(2) 触发器的翻转状态由时钟脉冲作用期间(本例为 CP 高电平)输入信号的状态而定。

(3) 主触发器的状态只能根据输入信号改变一次。

(4) 主从 JK 触发器在使用过程中,为避免主触发器出现一次变化现象,对于负跳沿触发的触发器,输入信号应在 CP 正跳沿前加入,满足建立时间 t_{set},并保证在时钟脉冲的持续期内输入信号保持不变,时钟脉冲作用后,输入信号不需要保持一段时间,因而保持时间为零。

5.2.2 边沿 JK 触发器

负跳沿主从 JK 触发器工作时,必须在正跳沿前加入输入信号。如果在 CP 高电平期间输入端出现干扰信号,那么就有可能使触发器的状态出错。而边沿触发器允许在 CP 触发沿来到前一瞬间加入输入信号。这样,输入端受干扰的时间大大缩短,受干扰的可能性也就降低了。

1. 电路结构和工作原理

边沿 JK 触发器有多种电路结构,利用传输延迟时间构成的负跳沿边沿 JK 触发器的逻辑电路如图 5.2.5(a)所示,其逻辑符号如图 5.2.5(b)所示,下面介绍其工作原理。

(1) CP=0 时,触发器处于一个稳态。

CP 为 0 时,与非门 G_4、G_3 被封锁,不论 J、K 为何状态,Q_3、Q_4 均为 1。另外,与门 G_{12}、G_{22} 也被 CP 封锁,Q_{12}、Q_{22} 均 0,因而反馈信号经与门 G_{13}、G_{23} 和或非门 G_{11}、G_{21} 送往触发器输出,使输出 Q、$\overline{Q}$ 状态不变。

(2) CP 由 0 变 1 时,触发器不翻转,为接收输入信号做准备。

设触发器原状态为 $Q=0,\overline{Q}=1$。当 CP 由 0 变 1 时,有两个信号通道影响触发器的输出状态,一个是 G_{12}、G_{22} 打开,直接影响触发器的输出,另一个是 G_4、G_3 打开,再经 G_{13}、G_{23} 影响触发器的状态。前一个通道只经过一级与门,而后一个通道则要经过一级与非门

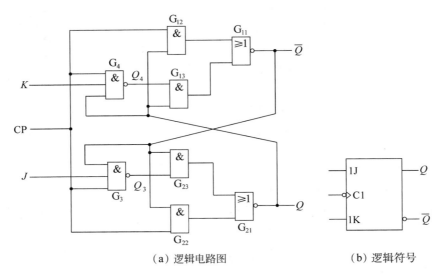

（a）逻辑电路图　　　　　　　　（b）逻辑符号

图 5.2.5　边沿 JK 触发器

和一级与门，显然 CP 的跳变经前者影响输出比经后者要快得多。在 CP 由 0 变 1 时，G_{22} 的输出首先由 0 变 1，这时无论 G_{23} 为何种状态（即无论 J、K 为何状态），都使 Q 仍为 0。由于 Q 同时连接 G_{12}、G_{13} 的输入端，因此它们的输出均为 0，使 G_{11} 的输出 $\overline{Q}=1$，触发器的状态不变。CP 由 0 变 1 后，打开与非门 G_4、G_3 为接收输入信号 J、K 做好准备。

（3）CP 由 1 变 0 时，触发器翻转。

设输入信号 $J=1$、$K=0$，则 $Q_3=0$、$Q_4=1$，G_{13}、G_{23} 的输出均为 0。当 CP 负跳沿到来时，G_{22} 的输出由 1 变 0，则有 $Q=1$，使 G_{13} 输出为 1，$\overline{Q}=0$，与主从 JK 触发器的状态相同，触发器翻转。

虽然 CP 变 0 后，G_4、G_3、G_{12} 和 G_{22} 封锁，$Q_3=Q_4=1$，但由于与非门的延迟时间比与门长（在制造工艺上予以保证），因此 Q_3 和 Q_4 这一新状态的稳定是在触发器翻转之后。由此可知，该触发器在 CP 负跳沿触发翻转，CP 一旦到 0 电平，则将触发器封锁，处于（1）所分析的情况。

若输入信号 J、K 为其他状态，按上面分析过程得到的输出状态也与主从 JK 触发器相同。

2. 边沿 JK 触发器的功能和边沿触发器的特点

由上分析可知，边沿 JK 触发器的功能与主从 JK 触发器相同，边沿 JK 触发器的特点是：触发器是在时钟脉冲跳变前一瞬间接收输入信号，跳变时允许触发翻转（本例为负跳沿，在逻辑符号中，时钟脉冲输入端 C1 带有小圆圈），跳变后输入即被封锁，换句话说，接收输入信号、触发翻转、封锁输入是在同一时刻完成的，显然触发方式属于边沿触发。具有上述特点的触发器除了边沿 JK 触发器外，还有其他功能的触发器，可统称为边沿触发器。

判断边沿触发器次态的依据是允许触发跳变沿前一瞬间输入端的状态。

例 5.2.3　负跳沿边沿 JK 触发器的时钟信号 CP 和输入信号 J、K 的波形如图 5.2.6

所示,画出干扰信号影响的 Q 端的输出波形,并与例 5.2.2 的输出波形比较。设触发器的初始状态为 1。

解 (1) 第一个 CP 的负跳沿前一瞬间 $J=0$,$K=$ 1,因此负跳沿产生后触发器的输出状态应为 0。

(2) 第二个 CP=1 的整个作用期间,虽然出现干扰信号,但在负跳沿前的一瞬间,干扰结束,输入信号 $J=$ 0,$K=1$ 没变,因此负跳沿产生后触发器的输出状态仍然为 0。

(3) 由于第三、第四个 CP 的负跳沿前一瞬间输入信号均为 $J=1$,$K=0$,因此第三、第四个 CP 负跳沿产生后触发器的输出状态应为 1。

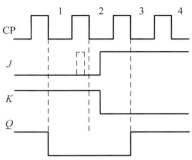

图 5.2.6 例 5.2.3 的波形

(4) 例 5.2.3 的输出波形如图 5.2.6 所示。与例 5.2.2 的输出波形比较,由于例 5.2.2 是主从 JK 触发器,虽然输入信号和翻转时刻相同,但在第三个 CP=1 的作用期间,主从 JK 触发器出现了一次变化现象,使得输出状态与边沿 JK 触发器的输出状态产生差别。而第一、第三、第四个 CP=1 的作用期间,主从 JK 触发器没有出现一次变化现象,因而输出状态与边沿 JK 触发器的输出状态相同。

5.2.3 集成 JK 触发器

集成 JK 触发器的产品较多,以下介绍一种较典型的 TTL 双 JK 触发器 74LS76。该器件内含两个相同的 JK 触发器,它们都带有异步置 1 和清零输入,属于负跳沿触发器,其逻辑符号和引脚分布如图 5.2.7 所示。如果在一片集成器件中有多个触发器,通常在符号前面(或后面)加上数字,以示不同触发器的输入、输出信号,比如 C1 与 1J、1K 同属一个触发器。74LS76 的逻辑功能如表 5.2.3 所示。76 型号的产品种类较多,比如还有主从 TTL 的 7476、74H76、负跳沿触发的高速 CMOS 双 JK 触发器 HC76 等,它们的功能都一样,与表 5.2.3 基本一致,只是主从触发器与边沿触发器接收输入信号的时间不同。HC76 与 74LS76 的引脚分布完全相同。

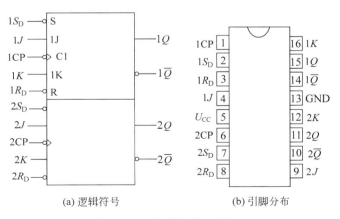

(a) 逻辑符号   (b) 引脚分布

图 5.2.7 JK 触发器 74LS76

表 5.2.3　JK 触发器 74LS76 功能表

输 入					输 出	
预置 S_D	清零 R_D	时钟 CP	J	K	Q^{n+1}	$\overline{Q}^{n+1}$
0	1	$\times$	$\times$	$\times$	1	0
1	0	$\times$	$\times$	$\times$	0	1
1	1	⌐	0	0	Q^n	$\overline{Q}^n$
1	1	⌐	1	0	1	0
1	1	⌐	0	1	0	1
1	1	⌐	1	1	$\overline{Q}^n$	Q^n

例 5.2.4　设负跳沿边沿 JK 触发器的起始状态为 0，各输入端的波形如图 5.2.8 所示，试画出输出波形。

解　本例有异步置 1 信号 S_D 和异步清零信号 R_D，所以要考虑置 1 和清零功能。负跳沿边沿 JK 触发器是在 CP 脉冲负跳沿发生转换的，当 CP 脉冲负跳沿与输入信号的变化发生在同一时刻时，其输出状态应由跳变前一刻的输入端状态决定。

（1）第一个 CP 正跳时，异步清零信号到来（$R_D = 0$），此时，不管 J、K 信号如何，触发器输出端 Q 清零。此后，由于 CP 负跳沿同 R_D 信号跳变（由 0 跳变 1）发生在同一时刻，所以 R_D 应取 0，输出端 Q 仍维持 0 态。

（2）第二个 CP 正跳时，异步置 1 信号到来（$S_D = 0$），此时，不管 J、K 信号如何，触发器输出端 Q 置 1。此后，由于 CP 负跳沿同 S_D 信号跳变（由 0 跳变为 1）发生在同一时刻，所以 S_D 应取 0，输出端 Q 仍维持 1 态。

（3）第三个 CP 负跳时，$R_D = S_D = 1$，$J = K = 1$，所以输出端 Q 由 1 变为 0。

（4）第四个 CP 的情况与第二个 CP 相同，CP 负跳后，输出端 Q 为 1 态。

（5）第五个 CP 负跳与 S_D 跳变（由 1 跳变为 0）发生在同一时刻，输出端 Q 本应由 $S_D = 1$，$J = K = 1$ 决定，但随后 $S_D = 0$，所以输出端 Q 仍维持 1 态不变。

（6）第六个 CP 的情况与第一个 CP 相同，CP 负跳后，输出端 Q 为 0 态。

由上述分析得到的输出波形如图 5.2.8 所示。

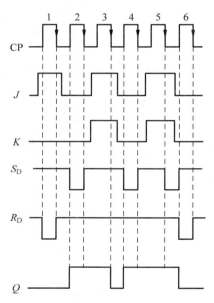

图 5.2.8　例 5.2.4 的波形图

5.3　边沿 D 触发器与 T 触发器

5.3.1　边沿 D 触发器

1. D 触发器的逻辑功能

若只取 JK 触发器输入 $J = \overline{K} = D$，就构成 D 触发器。将 $J = \overline{K} = D$ 代入 JK 触发器的特性方程，得

$$\begin{cases} Q^n = J\overline{Q}^n + \overline{K}^n Q^n = D\overline{Q}^n + D Q^n \\ Q^{n+1} = D \end{cases} \tag{5.3.1}$$

式(5.3.1)就是 D 触发器的特性方程。D 触发器的特性表如表 5.3.1 所示,状态图如图 5.3.1 所示。由特性表可得出:D 触发器的逻辑功能是置 0 或置 1。

表 5.3.1　D 触发器特性表

D	Q^n	Q^{n+1}
0	0	0
0	1	0
1	0	1
1	1	1

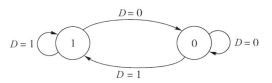

图 5.3.1　D 触发器状态转换图

2. D 触发器的电路结构及工作原理

如图 5.3.2 所示的是边沿 D 触发器的逻辑电路图和逻辑符号。该触发器由 6 个与非门组成,其中 G_1、G_2 已构成基本 RS 触发器,S_D 和 R_D 接至基本 RS 触发器的输入端,它们分别是预置和清零端,低电平有效。当 $S_D = 0$ 且 $R_D = 1$ 时,不论输入端 D 为何种状态,都会使 $Q = 1$,$\overline{Q} = 0$,即触发器置 1;当 $S_D = 1$ 且 $R_D = 0$ 时,触发器的状态为 0,S_D 和 R_D 通常又称为直接置 1 和置 0 端。分析工作原理时,设它们均已加入了高电平,不影响电路的工作。工作过程如下。

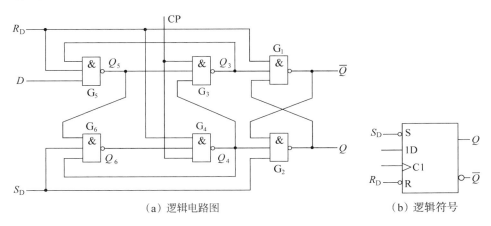

（a）逻辑电路图　　　　（b）逻辑符号

图 5.3.2　边沿 D 触发器的逻辑电路图和逻辑符号

（1）CP=0 时,G_4、G_3 被封锁,其输出 $Q_3 = Q_4 = 1$,触发器的状态不变。同时,由于 Q_3 至 G_5 和 Q_4 至 G_6 的反馈信号将这两个门打开,因此可接收输入信号 D,$Q_5 = \overline{D}$,$Q_6 = D$。

（2）当 CP 由 0 变 1 时触发器翻转。这时 G_4、G_3 已打开，它们的输出 Q_3 和 Q_4 的状态由 G_5、G_6 的输出状态决定。$Q_3 = \overline{Q_5} = D$，$Q_4 = \overline{Q_6} = \overline{D}$。由基本 RS 触发器的逻辑功能可知，$Q = D$。

（3）触发器翻转后，在 CP＝1 时，输入信号被封锁。G_4、G_3 打开后，它们的输出 Q_3 和 Q_4 的状态是互补的，即必定有一个是 0，若 $Q_3 = 0$，则经 G_3 输出至 G_5 输入的反馈线将 G_5 封锁，即封锁了 D 通往基本 RS 触发器的路径，该反馈线起到了使触发器维持在 0 状态和阻止触发器变为 1 状态的作用，故该反馈线称为置 0 维持线，置 1 阻塞线。若 $Q_4 = 0$ 时，将 G_3 和 G_6 封锁，D 端通往基本 RS 触发器的路径也被封锁。Q_4 输出端至 G_6 的反馈线起到使触发器维持在 1 状态的作用，称为置 1 维持线，Q_4 输出至 G_3 输入的反馈线起到阻止触发器置 0 的作用，称为置 0 阻塞线。因此，该触发器常称为维持-阻塞触发器。

总之，该触发器是在 CP 正跳沿前接收输入信号，正跳沿时触发翻转，正跳沿后输入即被封锁，三步都是在正跳沿前后完成的，所以是正跳沿 D 触发器，属边沿触发器。

例 5.3.1 在如图 5.3.2 所示的边沿 D 触发器中，CP、D、S_D、R_D 的波形如图 5.3.3 所示，试画出输出 Q 的波形，设触发器的初始状态为 0。

解 由于如图 5.3.2 所示的边沿 D 触发器是正跳沿 D 触发器，所以触发器在时钟的正跳沿接收输入信号 D，并可触发翻转，正跳沿后输入即被封，输出保持不变；又因为 S_D、R_D 波形中有置 1、置 0 信号，且不受时钟控制，所以一旦出现置 1 或置 0 的信号，触发器即刻被置 1 或置 0。若没有置 1 或置 0 的信号，当时钟的正跳沿到来，触发器的状态即为时钟脉冲正跳沿到来前瞬间 D 的状态。输出 Q 的波形如图 5.3.3 所示。

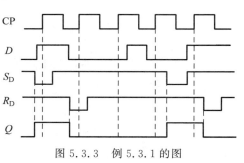

图 5.3.3　例 5.3.1 的图

3. 集成 D 触发器

集成 D 触发器的定型产品种类比较多，这里介绍双 D 触发器 74HC74，由逻辑符号（如图 5.3.4(a)所示）和功能表（如表 5.3.2 所示）都可以看出，74HC74 是带有异步预置、清零输入及正跳沿触发的边沿触发器。

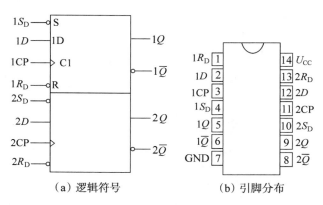

（a）逻辑符号　　　　（b）引脚分布

图 5.3.4　边沿 D 触发器

表 5.3.2　74HC74 功能表

输　入				输　出	
预置 S_D	清零 R_D	时钟 CP	D	Q^{n+1}	$\overline{Q}^{n+1}$
0	1	×	×	1	0
1	0	×	×	0	1
1	1	⌐	0	0	1
1	1	⌐	1	1	0
1	1	0	×	Q^n	$\overline{Q}^n$

5.3.2　边沿 T 触发器

D 触发器取用了 JK 触发器两个输入信号不相等时的状态,若取用 JK 触发器两个输入信号相等时的状态,即 $J=K=T$,则触发器的状态为

$$Q^{n+1} = T\overline{Q}^n + \overline{T}Q^n = T \oplus Q^n \tag{5.3.2}$$

这就是 T 触发器的特性方程。由特性方程可知,$T=1$,$Q^{n+1}=\overline{Q}^n$,触发器为计数状态,$T=0$,$Q^{n+1}=Q^n$,触发器为保持状态。T 触发器特性如表 5.3.3 所示,状态转换图如图 5.3.5 所示。

表 5.3.3　T 触发器特性表

T	Q^n	Q^{n+1}
0	0	0
0	1	1
1	0	1
1	1	0

事实上,只要将 JK 触发器的 J、K 端连接在一起作为 T 端,就构成了 T 触发器,因此 T 触发器没有专门设计的定型产品,T 触发器的逻辑符号如图 5.3.6 所示。

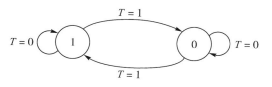

图 5.3.5　T 触发器状态转换图

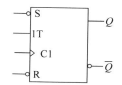

图 5.3.6　正跳沿 T 触发器的逻辑符号

5.4　触发器的建立时间和保持时间

对于边沿触发器,由于接收输入信号、触发翻转、封锁输入是在同一时刻完成的,为使触发器可靠工作,在触发器输入信号与时钟脉冲有效边沿之间应该有个严格的关系。以正跳

沿 D 触发器为例,为使 D 触发器同步置 1,D 端 1 的值应在时钟有效边沿之前就建立起来。要求在时钟有效边沿之前建立 D 值的最小时间称为建立时间 t_{set}。为完成 D 触发器的可靠置 1,在时钟有效边沿之后,D 端的 1 值还应保持一段时间。要求 D 值在时钟有效边沿之后保持的最小时间称为保持时间 t_h。图 5.4.1 是正跳沿 D 触发器时钟有效边沿同建立时间 t_{set} 和保持时间 t_h 关系的示意图。手册上对建立时间和保持时间都有明确的规定。例如 74LS74 同步置 1 时,$t_{set}=25ns$,$t_h=5ns$,同步置 0 时,$t_{set}=20ns$,$t_h=5ns$。

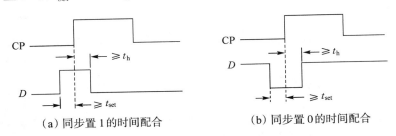

(a) 同步置 1 的时间配合　　　　　　(b) 同步置 0 的时间配合

图 5.4.1　正跳沿 D 触发器的建立时间和保持时间

5.5　触发器的功能转换

前面我们对触发器的各种逻辑功能和结构形式进行了讨论。对于同一逻辑功能可以用不同电路结构的触发器来实现,例如主从 JK 触发器和边沿 JK 触发器,两者逻辑功能相同,电路的结构形式不同。反过来,同一触发器可以进行功能转换。例如通过逻辑功能的函数表达式分析便可直接将 JK 触发器转换成 D 触发器或 T 触发器,这种方法称为代数转换法,它不是通用的方法。通用的方法称为图表转换法,它是利用驱动表和卡诺图求得转换表达式,最后得到的转换电路图。

例 5.5.1　试用图表法将 D 触发器转换为 JK 触发器。

解　(1) 列出 D 触发器和 JK 触发器的驱动表,如表 5.5.1 所示。

表 5.5.1　D 触发器和 JK 触发器的驱动表

Q^n	Q^{n+1}	D	J	K
0	0	0	0	$\times$
0	1	1	1	$\times$
1	0	0	$\times$	1
1	1	1	$\times$	0

(2) 写出转换表达式 $D=f(Q^n,J,K)$。为此由表 5.5.1 画出 D 的卡诺图,如图 5.5.1(a)所示,化简后得到转换表达式,即

$$D=J\overline{Q^n}+\overline{K}Q^n=\overline{\overline{J\overline{Q^n}}\cdot\overline{\overline{K}Q^n}}$$

(3) 画出转换逻辑电路图如图 5.5.1(b)所示。

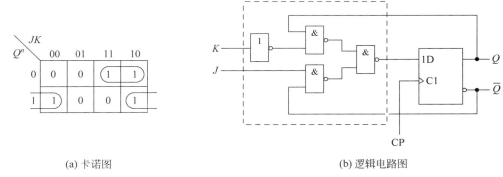

(a) 卡诺图   (b) 逻辑电路图

图 5.5.1 例 5.5.1 的卡诺图和逻辑电路图

例 5.5.2 电路如图 5.5.2 所示,该电路完成何种功能?

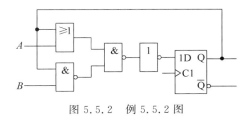

图 5.5.2 例 5.5.2 图

解 由图 5.5.2 可写出 D 触发器的输入端表达式,由于该信号是触发器的驱动信号,故称输入端表达式为驱动方程,即

$$D = \overline{\overline{(A + Q^n)} \cdot \overline{B Q^n}} = (A + Q^n)(\overline{B} + \overline{Q^n}) = A\overline{B} + A\overline{Q^n} + \overline{B} Q^n = A\overline{Q^n} + \overline{B} Q^n$$

整个电路的状态为

$$Q^{n+1} = D = A\overline{Q^n} + \overline{B} Q^n$$

与 JK 触发器特性方程 $Q^{n+1} = J\overline{Q^n} + \overline{K} Q^n$ 比较,得 $J = A$,$K = B$,因此该电路完成 JK 触发器功能。

5.6 小结

(1) 触发器和门电路不同,对于以前所述的各种门电路,若输入为窄脉冲,则输出也为等宽的窄脉冲。对于触发器,若输入为窄脉冲,则输出为直流电平。换言之,门电路是没有惯性的,而触发器是有惯性的,有记忆能力的,它能够长期地保持一个二进制状态(只要不断掉电源),直到输入信号引导它转换到另一个状态为止。

(2) 按电路结构分类有基本 RS 触发器、同步触发器、主从触发器和边沿触发器。它们的触发翻转方式不同,基本 RS 触发器属于电平触发,同步触发器和主从触发器属于脉冲触发,主从触发器和边沿触发器是脉冲边沿触发,可以是正跳沿触发,也可以是负跳沿触发。主从触发器和边沿触发器的翻转虽然都发生在脉冲跳变时,但对加入输入信号的时间有所不同,对于主从触发器,如果是负跳变触发,输入信号必须在正跳变前加入,而边沿触发器可以在触发沿到来前（只要满足建立时间）加入。

（3）按功能分类有 RS 触发器、JK 触发器、T 触发器和 D 触发器。RS 触发器存在约束条件，T 触发器和 D 触发器的功能比较简单，JK 触发器的逻辑功能最为灵活，由它可以作为 RS 触发器使用，也可以方便地转换成 T 触发器和 D 触发器。在分析触发器的功能时，一般可用功能表、特性方程和状态图来描述其逻辑功能。

（4）电路结构和触发方式与功能没有必然的联系。例如 JK 触发器既有主从式的，也有边沿式的。主从式触发器和边沿触发器都有 RS、JK、D 功能触发器。实现触发器功能转换的方法有代数转换法和图表转换法。

（5）本章讨论的触发器有一个共同的特点就是触发器的输出有两个稳定的状态，因此这类触发器统称为双稳态触发器。常用双稳态触发器的逻辑符号及特性方程如图 5.6.1 所示。

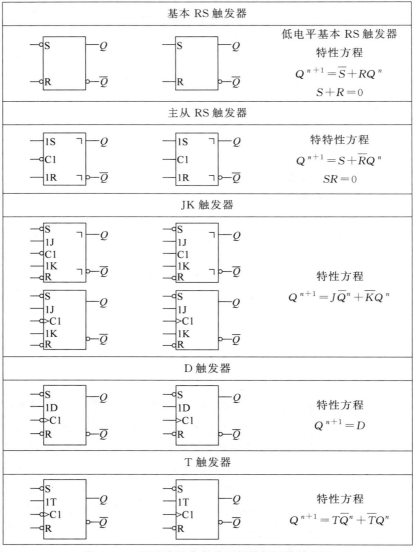

图 5.6.1　双稳态触发器的逻辑符号及特性方程

习题

5-1　试画出由与非门组成的基本 RS 触发器输出端 Q、$\overline{Q}$ 的电压波形,输入端 R、S 的电压波形如图题 5.1 所示。

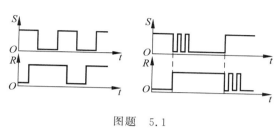

图题　5.1

5-2　将如图题 5.2 所示的波形加在基本 RS 触发器上,试画出 Q 和 $\overline{Q}$ 波形(设初态为 0)。

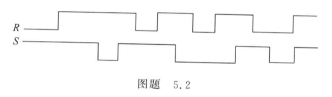

图题　5.2

5-3　试画出正脉冲同步 RS 触发器 Q 和 $\overline{Q}$ 端的电压波形。假定触发器的初始状态为 0,输入波形如图题 5.3 所示。

5-4　试画出负跳沿主从 RS 触发器 Q 和 $\overline{Q}$ 端的电压波形。假定触发器的初始状态为 0,输入波形如图题 5.4 所示。

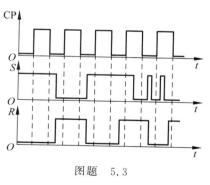

图题　5.3

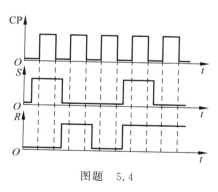

图题　5.4

5-5　将如图题 5.5 所示波形加在以下触发器上,试画出触发器输出 Q 的波形(设初态为 0)。

(1) 正脉冲时钟 RS 触发器。

(2) 负跳沿主从 RS 触发器。

5-6　已知负跳沿主从 JK 触发器输入端 J、K 和 CP 的电压波形如图题 5.6 所示,试画出 Q 和 $\overline{Q}$ 端对应的电压波形。设触发器的初始状态为 $Q=0$。

图题 5.5

5-7 负跳沿主从 JK 触发器的输入波形如图题 5.7 所示,画出触发器输出 Q 的波形(设初态为 0)。

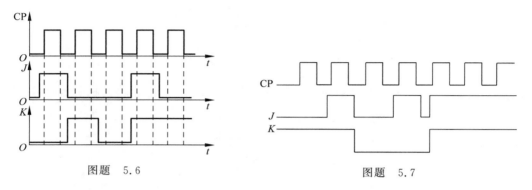

图题 5.6   图题 5.7

5-8 将如图题 5.8 所示的波形加在以下三种触发器上,试画出输出 Q 的波形(设初态 0)。
(1) 正跳沿 JK 触发器;
(2) 负跳沿 JK 触发器;
(3) 负跳沿主从 JK 触发器。

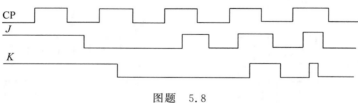

图题 5.8

5-9 将如图题 5.9 所示的波形加在以下触发器上,试画出触发器输出 Q 的波形(设初态为 0)。
(1) 正跳沿 D 触发器;
(2) 负跳沿 D 触发器。

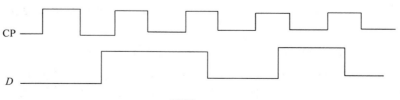

图题 5.9

5-10 将如图题5.10所示的波形加在以下触发器上,试画出输出Q的波形(设初态0)。

(1) 正跳沿 T 触发器;

(2) 负跳沿 T 触发器。

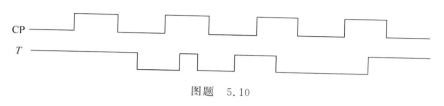

图题 5.10

5-11 根据 CP 波形,画出图题5.11中各触发器输出Q的波形(设初态为0)。

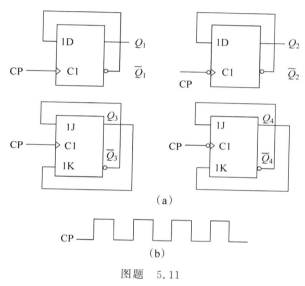

(a)

CP

(b)

图题 5.11

5-12 触发器电路如图题5.12(a)所示,试根据如图题5.12(b)所示的输入波形画出$Q_1 \sim Q_4$的波形。

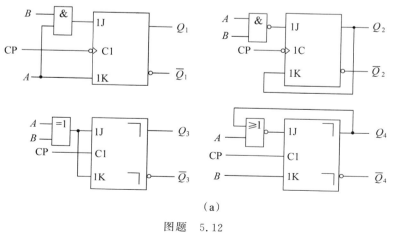

(a)

图题 5.12

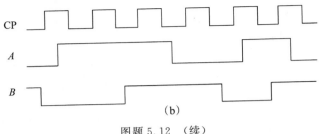

图题 5.12 （续）

5-13 触发器电路如图题 5.13(a)所示,试根据图如题 5.13(b)所示的输入波形画出 Q_1、Q_2 的波形(设初态为 0)。

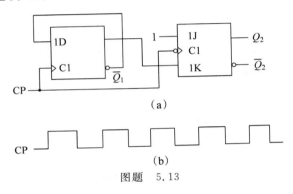

图题 5.13

5-14 触发器组成的电路如图题 5.14 所示,试根据 D 和 CP 波形画出 Q 的波形(设初态为 0)。

5-15 D 触发器逻辑符号如图题 5.15 所示,用适当的逻辑门将 D 触发器转换成 T 触发器、RS 触发器和 JK 触发器。

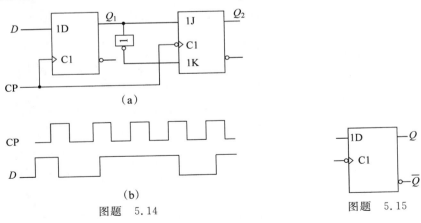

图题 5.14

图题 5.15

5-16 试将主从 RS 触发器转换成 T 触发器。

5-17 逻辑电路和各输入信号波形如图题 5.17 所示,画出各触发器 Q 端的波形。各触发器的初始状态为 0。

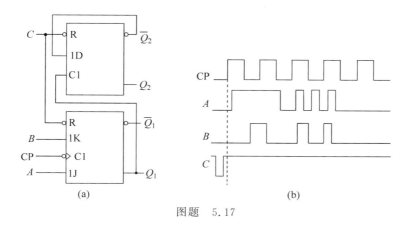

图题 5.17

5-18 电路和输入信号波形如图题 5.18 所示,画出各触发器 Q 端的波形。各触发器的初始状态为 0。

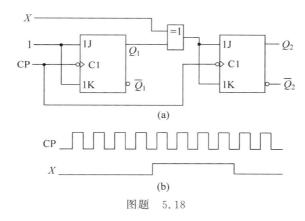

图题 5.18

5-19 逻辑电路如图题 5.19 所示,已知 CP 和 A 的波形,试画出 Q_1 和 Q_2 的波形。触发器的初始状态均为 0。

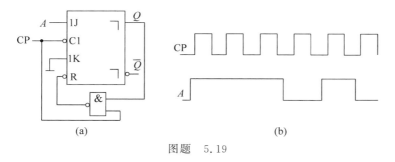

图题 5.19

5-20 逻辑电路如图题 5.20 所示,已知 CP 和 R_D 的波形,画出触发器 Q_1 和 Q_2 端的波形。

5-21 两相脉冲产生电路如图题 5.21 所示,试画出在 CP 作用下 φ_1 和 φ_2 的波形,并说明 φ_1 和 φ_2 的相位差。各触发器的初始状态为 0。

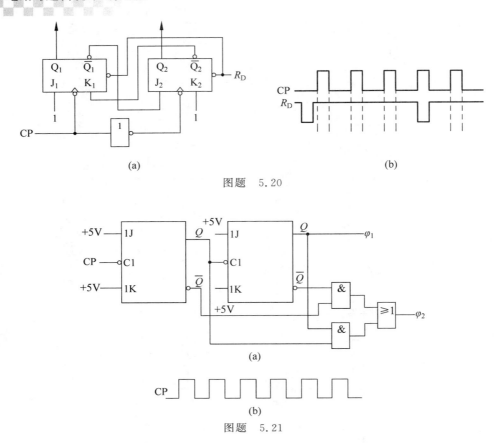

图题　5.20

图题　5.21

5-22　试画出如图题 5.22 所示电路的输出（Q_2、Q_1 和 Z）波形图，设初态 $Q_2 = Q_1$。

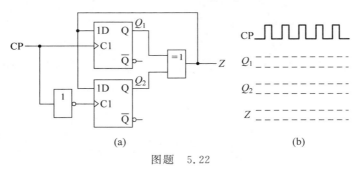

图题　5.22

5-23　逻辑电路如图题 5.23 所示，已知 CP 和 A 的波形，画出触发器 Q_1、Q_2、B 和 C 端的波形。

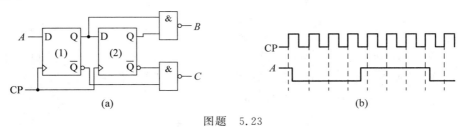

图题　5.23

5-24 逻辑电路如图题 5.24 所示,已知 CP 和 A 的波形,画出触发器 Q_1、Q_2、B 和 C 端的波形。

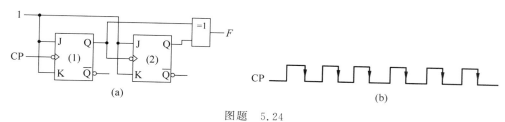

图题 5.24

第6章 时序逻辑电路

逻辑电路可分为组合逻辑电路和时序逻辑电路两大类。从逻辑功能看,前面讨论的组合逻辑电路在任一时刻的输出信号仅与当时的输入信号有关,输出与输入有严格的函数关系,用一组方程式就可以描述组合逻辑函数的特性;而时序逻辑电路在任一时刻的输出信号不仅与当时的输入信号有关,而且还与电路原来的状态有关。从结构上看,组合逻辑电路仅由若干逻辑门组成,没有存储电路,因而无记忆能力;而时序逻辑电路除包含组合电路外,还含有由触发器构成的存储元件,因而有记忆能力。

本章将首先叙述时序逻辑电路的基本概念,然后讨论时序逻辑电路的分析和设计方法,随后介绍在计算机和其他数字系统中广泛应用的两种时序逻辑功能器件——计数器和寄存器,最后介绍设计数字系统的一种常用工具——算法状态机(Algorithmic State Machine, ASM)。

6.1 时序逻辑电路的基本概念

6.1.1 时序逻辑电路的基本结构及特点

时序电路的基本结构框图如图 6.1.1 所示。从总体上看,它一般由输入逻辑组合电路(可没有)、输出逻辑组合电路(可没有)和存储器(必须有)三部分组成,其中 $X(X_1,\cdots,X_i)$ 是时序逻辑电路的输入信号;$Q(Q_1,\cdots,Q_r)$ 是存储器的输出信号,它被反馈到组合电路的输入端,与输入信号共同决定时序逻辑电路的输出状态;$Z(Z_1,\cdots,Z_j)$ 是时序逻辑电路的输出信号;$Y(Y_1,\cdots,Y_r)$ 是存储器的输入信号。这些信号之间的逻辑关系可以表示为

$$Z = F_1(X, Q^n) \tag{6.1.1}$$

$$Y = F_2(X, Q^n) \tag{6.1.2}$$

$$Q^{n+1} = F_3(Y, Q^n) \tag{6.1.3}$$

式(6.1.1)称为时序电路的输出方程,是时序电路输出变量的表达式;式(6.1.2)称为存储器的驱动方程,是存储器输入变量的表达式,又称激励方程。由于本章所用存储器由触发器构成,即 $Q_1,\cdots,Q_r$ 表示的是各个触发器的输出状态,所以式(6.1.3)称为存储器的状态方程,也称为整个时序逻辑电路的状态方程。Q^{n+1} 称为次态,Q^n 称为现态。

由上所述可知,时序逻辑电路的特点如下:

(1) 时序逻辑由组合电路和存储电路组成,有些情况下,可以没有组合电路,但存储

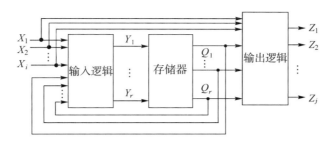

图 6.1.1　时序电路的基本结构框图

路必不可少。

（2）在存储元件的输出和电路输入之间存在反馈连接。因而电路的工作状态与时间因素相关，即时序电路的输出由电路的输入和原来的状态共同决定。

6.1.2　时序逻辑电路的分类

时序电路通常分为两大类：一类是同步时序逻辑电路。在这类电路中，存储器状态的更新是与时钟脉冲同步进行的，在时钟脉冲的特定时刻（正跳沿或负跳沿）更新存储器的状态。另一类是异步时序电路，此类电路无公共的时钟脉冲。

6.1.3　时序逻辑电路功能的描述方法

1. 逻辑方程式

从理论上讲，根据时序电路的结构图，写出的时序电路的输出方程、驱动方程和状态方程就可以描述时序电路的逻辑功能。值得提出的是，对许多时序逻辑电路而言，由 $Z = F_1(X, Q^n)$、$Y = F_2(X, Q^n)$ 和 $Q^{n+1} = F_3(Y, Q^n)$ 这三个逻辑方程式还不能直观地看出时序电路的逻辑功能到底是什么。此外，设计时序逻辑电路时，往往很难根据给出的逻辑要求而直接写出电路的驱动方程、状态方程和输出方程。因此，下面再介绍几种能够反映时序电路状态变化全过程的描述方法。

2. 状态图

反映时序逻辑电路状态转换规律及相应输入、输出取值关系的图形称为状态图，如图 6.1.2 所示。在状态图中，圆圈及圆内的字母或数字表示电路的各个状态，连线及箭头表示状态转换的方向（由现态到次态），当箭头的起点和终点都在同一个圆圈上时，则表示状态不变。标在连线一侧的数字表示状态转换前输入信号的取值和输出值。通常将输入信号的取值写在斜线以上，输出值写在斜线以下。它清楚地表明，在该输入取值的作用下，将产生相应的输出值，同时电路将发生如箭头所指的状态转换。

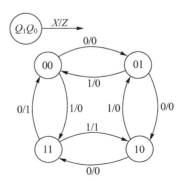

图 6.1.2　时序电路的状态图

3. 状态表

反映时序逻辑电路的输出 Z、次态 Q^{n+1} 与电路的输入 X、现态 Q^n 间对应取值关系的表格称为状态表。状态图（如图 6.1.2 所示）所描述的时序电路特性用状态表表示如表 6.1.1 所示。状态表由三个部分组成，第一部分是现态和输入的组合，第二部分是每一个状态与输入的组合所导致的次态，第三部分是现态的输出。

表 6.1.1　图 6.1.2 状态图的状态表

现　　态		输　　入	次　　态		输　　出
X	Q_1^n	Q_0^n	Q_1^{n+1}	Q_0^{n+1}	Z
0	0	0	0	1	0
0	0	1	1	0	0
0	1	0	1	1	0
0	1	1	0	0	1
1	0	0	1	1	0
1	1	1	1	0	1
1	1	0	0	1	0
1	0	1	0	0	0

4. 时序图

时序图即时序电路的工作波形图。它能直观地描述时序电路的输入信号、时钟信号、输出信号及电路的状态转换等在时间上的对应关系。

上面介绍的描述时序电路逻辑功能的 4 种方法可以互相转换。状态图、状态表和时序图可直接互相转换，电路的逻辑方程则要根据状态表中次态、输出变量与现态和输入变量的逻辑关系，利用卡诺图求出。在介绍时序逻辑电路的分析和设计方法时，将具体讲述以上 4 种描述方法的应用。

6.2　时序逻辑电路的分析

时序电路的分析过程就是选择某一状态，将这个状态的代码与所有的输入条件组合，求出次态和所选择状态的输出，然后继续这个过程，直到考虑了所有可能的状态为止。为完成时序电路的分析，必须了解输入逻辑电路和输出逻辑电路的逻辑功能和存储元件的特性，即分析时序电路是以存储器的驱动方程组、触发器的特性方程组和时序逻辑电路的输出方程组为根据的。因此，时序逻辑电路的分析就是根据给定的时序逻辑电路图，通过分析，求出它的输出 Z 的变化规律，以及电路状态 Q 的转换规律，进而说明该时序电路的逻辑功能和工作特性。

6.2.1　分析时序逻辑电路的一般步骤

1．列出逻辑方程式

根据给定的时序电路图写出下列各逻辑方程式。
（1）各触发器的时钟信号 CP 的逻辑表达式；
（2）时序电路的输出方程；
（3）各触发器的驱动方程。

2．求出次态方程

将驱动方程代入相应触发器的特性方程，求得各触发器的次态方程，也就是时序逻辑电路的状态方程。

3．列出状态表并画出状态图或时序图

根据状态方程和输出方程，列出该时序电路的状态表，画出状态图或时序图。

4．用文字描述给定时序逻辑电路的逻辑功能

需要说明的是，上述步骤不是必须执行的固定程序，实际应用中可根据具体情况加以取舍。

6.2.2　同步时序逻辑电路的分析举例

例 6.2.1　试分析如图 6.2.1 所示的时序电路。

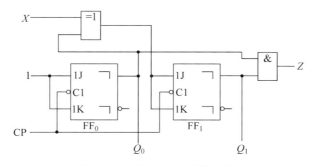

图 6.2.1　例 6.2.1 逻辑电路

解　分析过程如下。

（1）写出各逻辑方程式。分析同步时序电路时，由于各触发器时钟脉冲信号 CP 相同，因而各触发器的 CP 逻辑表达式可以不写。

输出方程

$$Z = Q_1^n Q_0^n$$

驱动方程

$$J_0 = 1 \qquad\qquad\qquad K_0 = 1$$
$$J_1 = X \oplus Q_0^n \qquad\qquad K_1 = X \oplus Q_0^n$$

（2）求出各触发器的次态方程。

将驱动方程代入相应触发器的特性方程得到次态方程，即状态方程

$$Q_0^{n+1} = J_0 \overline{Q_0^n} + \overline{K_0} Q_0^n = \overline{Q_0^n}$$

$$Q_1^{n+1} = J_1 \overline{Q_1^n} + \overline{K_1} Q_1^n$$

$$= (X \oplus Q_0^n)\overline{Q_1^n} + \overline{X \oplus Q_0^n} Q_1^n$$

$$= X \oplus Q_0^n \oplus Q_1^n$$

（3）列状态表，画状态图和时序图。列状态表是分析时序逻辑电路的关键性的一步，其具体做法是：先填入输入和现态（本例中为 X、Q_1^n、Q_0^n）的所有组态，然后根据输出方程及状态方程，逐行填入当前输出 Z 的相应值，以及次态 Q^{n+1}（Q_1^{n+1}、Q_0^{n+1}）的相应值。照此做法，可列出例 6.2.1 的状态表，如表 6.2.1 所示。

表 6.2.1　例 6.2.1 状态表

输　入	现　　态		次　　态		输　出
X	Q_1^n	Q_0^n	Q_1^{n+1}	Q_0^{n+1}	Z
0	0	0	0	1	0
0	0	1	1	0	0
0	1	0	1	1	0
0	1	1	0	0	1
1	0	0	1	1	0
1	0	1	0	0	0
1	1	0	0	1	0
1	1	1	1	0	1

根据状态表可以画出对应的状态图，如图 6.2.2 所示，它展示的电路状态变化规律如下。

若输入信号 $X = 0$，当现态 $Q_1^n Q_0^n = 00$ 时，则当前输出 $Z = 0$，在一个 CP 脉冲作用后，电路转向次态 $Q_1^{n+1} Q_0^{n+1} = 01$；当现态为 $Q_1^n Q_0^n = 01$ 时，则当前输出 $Z = 0$，在一个 CP 脉冲作用后，次态为 $Q_1^{n+1} Q_0^{n+1} = 10$；当现态为 $Q_1^n Q_0^n = 10$ 时，则当前输出 $Z = 0$，在一个 CP 脉冲作用后，次态为 $Q_1^{n+1} Q_0^{n+1} = 11$；当现态为 $Q_1^n Q_0^n = 11$ 时，则当前输出 $Z = 1$，在一个 CP 脉冲作用后，次态为 $Q_1^{n+1} Q_0^{n+1} = 00$。

若输入信号 $X = 1$，电路状态转换的方向则与上述方向相反。

若设电路的初始状态为 $Q_1^n Q_0^n = 00$，根据状态表和状态图，可画出在一系列脉冲 CP 和输入信号 X 作用下的时序图，如图 6.2.3 所示。

（4）逻辑功能分析。由状态图可看出，此电路是一个可控计数器。当 $X = 0$ 进行加法计数，在时钟脉冲作用下，$Q_1^n Q_0^n$ 的数值从 00 到 11 递增，每经过 4 个时钟脉冲作用后，电路的状态循环一次。同时在输出端 Z 输出一个进位脉冲，因此，Z 是进位信号。当 $X = 1$ 时，

电路进行减 1 计数，Z 是借位信号。有关计数器的详细内容将在 6.4 节加以介绍。

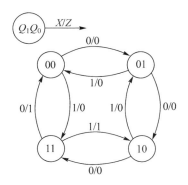

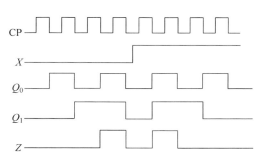

图 6.2.2 例 6.2.1 电路的状态图

图 6.2.3 例 6.2.1 电路的时序图

例 6.2.2 试分析如图 6.2.4 所示的时序电路。

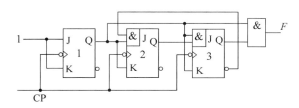

图 6.2.4 例 6.2.2 的电路图

解 （1）根据图 6.2.4 写出各逻辑方程式。
输出方程

$$F = Q_3^n Q_1^n$$

驱动方程

$$J_1 = 1 \qquad\qquad K_1 = 1$$
$$J_2 = Q_1^n \overline{Q_3^n} \qquad\qquad K_2 = Q_1^n$$
$$J_3 = Q_1^n Q_2^n \qquad\qquad K_3 = Q_1^n$$

（2）将驱动方程代入相应触发器的特性方程 $Q^{n+1} = J\overline{Q}^n + \overline{K}Q^n$，求出各触发器的次态方程。

$$Q_1^{n+1} = \overline{Q_1^n}$$
$$Q_2^{n+1} = \overline{Q_3^n}\,\overline{Q_2^n}Q_1^n + Q_2^n\overline{Q_1^n}$$
$$Q_3^{n+1} = \overline{Q_3^n}Q_2^nQ_1^n + Q_3^n\overline{Q_1^n}$$

（3）列状态表，画状态图和波形图。由于电路没有输入变量，状态表中没有此项，电路的状态表如表 6.2.2 所示。根据状态表可画出这个电路的状态图，如图 6.2.5 所示。由状态图可见，000、001、010、011、100、101 这 6 个状态形成了闭合回路，在电路正常工作时，电路状态总是按照回路中的箭头方向循环变化，因此这 6 个状态构成了有效循环，称它们为有效状态，其余的两个状态称为无效状态。

表 6.2.2　例 6.2.2 状态表

现　　态			次　　态			输　　出
Q_3^n	Q_2^n	Q_1^n	Q_3^{n+1}	Q_2^{n+1}	Q_1^{n+1}	F
0	0	0	0	0	1	0
0	0	1	0	1	0	0
0	1	0	0	1	1	0
0	1	1	1	0	0	0
1	0	0	1	0	1	0
1	0	1	0	0	0	1
1	1	0	1	1	1	0
1	1	1	0	0	0	1

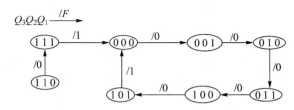

图 6.2.5　例 6.2.2 电路的状态图

若设电路的初始状态为 $Q_3^n Q_2^n Q_1^n = 000$，根据状态表和状态图，可画出在一系列 CP 脉冲作用下的时序图，如图 6.2.6 所示。

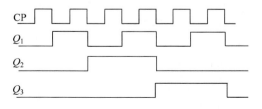

图 6.2.6　例 6.2.2 电路的波形图

（4）逻辑功能分析。由状态图可看出，此电路在正常工作时，是一个六进制加法计数器，在时钟脉冲作用下，$Q_3^n Q_2^n Q_1^n$ 的数值从 000 到 101 递增，每经过 6 个时钟脉冲作用后，电路的状态循环一次，当三个触发器的输出状态为 101 时，电路输出 $F=1$，否则，$F=0$。此外，由状态图还可看出，电路在正常工作时是无法达到无效状态的，若此电路由于某种原因，如噪声信号或接通电源迫使电路进入无效状态时，在 CP 脉冲作用后，电路能自动回到有效循环，电路的这种能力称为自启动能力。

对时序电路而言，并不是所有的电路都具有自启动能力，实际应用中，通常，希望时序电路具有自启动能力。

例 6.2.3　试分析如图 6.2.7 所示的时序电路。

解　（1）根据图 6.2.7 写出各逻辑方程式，由于电路没有输入输出变量，只写驱动方程。

$$D_A = \overline{Q_C^n} \qquad D_B = Q_A^n \qquad D_C = Q_B^n$$

（2）将驱动方程代入相应触发器的特性方程 $Q_1^{n+1} = D$，求出各触发器的次态方程。

$$Q_A^{n+1} = \overline{Q_C^n} \qquad Q_B^{n+1} = Q_A^n \qquad Q_C^{n+1} = Q_B^n$$

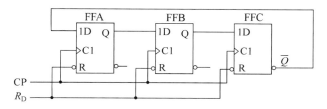

图 6.2.7 例 6.2.3 电路图

（3）列状态表和画状态图。由于电路没有输入输出变量，状态表中没有这两项，电路的状态表如表 6.2.3 所示。根据状态表可画出这个电路的状态图，如图 6.2.8 所示。

表 6.2.3 例 6.2.3 状态表

现　　态			次　　态		
Q_A^n	Q_B^n	Q_C^n	Q_A^{n+1}	Q_B^{n+1}	Q_C^{n+1}
0	0	0	1	0	0
0	0	1	0	0	0
0	1	0	1	0	1
0	1	1	0	0	1
1	0	0	1	1	0
1	0	1	0	1	0
1	1	0	1	1	0
1	1	1	0	1	1

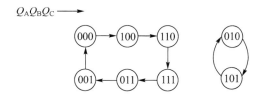

图 6.2.8 例 6.2.3 电路的状态图

（4）逻辑功能分析。由状态图看出，000、100、110、111、011、001 这 6 个状态形成了有效循环，010 和 101 为无效状态。此电路正常工作时，每经过 6 个时钟脉冲作用后，电路的状态循环一次，因此也称为六进制计数器。电路中的两个无效状态构成无效循环，它们不能自动地回到有效循环，所以电路没有自启动能力。

例 6.2.4 试分析如图 6.2.9 所示的时序电路。

解 （1）写出各逻辑方程式。

输出方程

$$F = XQ_2^n Q_1^n$$

驱动方程

$$J_1 = X, \qquad K_1 = \overline{XQ_2^n}$$

$$J_2 = XQ_1^n, \qquad K_2 = \overline{X}$$

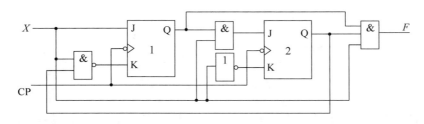

图 6.2.9　例 6.2.4 电路图

（2）将驱动方程代入相应触发器的特性方程 $Q^{n+1} = J\overline{Q^n} + \overline{K}Q^n$，求出各触发器的次态方程。

$$Q_1^{n+1} = X\overline{Q_1^n} + XQ_2^n Q_1^n$$

$$Q_2^{n+1} = X\overline{Q_2^n}Q_1^n + XQ_2^n$$

（3）列状态表，画状态图和波形图。电路的状态表如表 6.2.4 所示，根据状态表可画出电路的状态图如图 6.2.10 所示。若设电路的初始状态为 $Q_2^n Q_1^n = 00$，根据状态表和状态图，可画出在一系列 CP 脉冲和 X 输入信号作用下的时序图，如图 6.2.11 所示。

表 6.2.4　例 6.2.4 状态表

输　入	现　态		次　态		输　出
X	Q_2^n	Q_1^n	Q_2^{n+1}	Q_1^{n+1}	F
0	0	0	0	0	0
0	0	1	0	0	0
0	1	0	0	0	0
0	1	1	0	0	0
1	0	0	0	1	0
1	0	1	1	0	0
1	1	0	1	1	0
1	1	1	1	1	1

（4）逻辑功能分析。由状态图看出，只要 $X=0$，无论电路处于何种状态都回到 00 状态，且 $F=0$；以后，只有连续输入 4 个或 4 个以上的 1 时，才使 $F=1$。该电路的逻辑功能是对输入信号 X 进行检测，当连续输入 4 个或 4 个以上的 1 时，输出 $F=1$，否则 $F=0$。故该电路称为 1111 序列检测器。

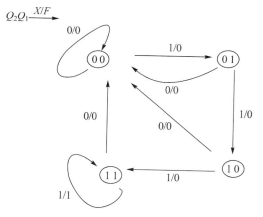

图 6.2.10 例 6.2.4 电路的状态图

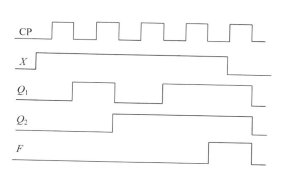

图 6.2.11 例 6.2.4 电路的波形图

6.2.3 异步时序逻辑电路的分析举例

在异步时序逻辑电路中,由于没有公共的时钟脉冲,分析各触发器的状态转换时,除考虑驱动信号的情况外,还必须考虑其 CP 端的情况,触发器只有在加到其 CP 端上的信号有效时,才有可能改变状态,否则,触发器将保持原有状态不变。因此,分析异步时序逻辑电路,应首先确定各 CP 端的逻辑表达式及触发方式,在考虑各触发器的次态方程时,对于由正跳沿触发的触发器而言,当其 CP 端的信号由 0 变 1 时,则有触发信号作用;对于由负跳沿触发的触发器而言,当其 CP 端的信号由 1 变 0 时,则有触发信号作用。有触发信号作用的触发器能改变状态,无触发信号作用的触发器则保持原有的状态不变。下面举例说明分析过程。

例 6.2.5 试分析如图 6.2.12 所示的异步时序电路。

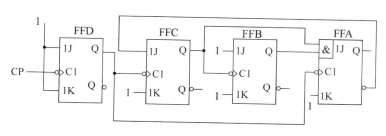

图 6.2.12 例 6.2.5 电路图

解 (1)根据图 6.2.12 写出各逻辑方程式,由于电路没有输入、输出变量,只需写出时钟脉冲信号的逻辑方程和驱动方程。

时钟脉冲信号的逻辑方程。

$CP_D = CP$,负跳沿触发。

$CP_C = CP_A = Q_D$,仅当 Q_D 1→0 时,Q_C 和 Q_A 才可能改变状态,否则,Q_C 和 Q_A 的状态保持不变。

$CP_B = Q_C$,仅当 Q_C 1→0 时,Q_B 才可能改变状态,否则,Q_B 的状态保持不变。

驱动方程

$$J_D = K_D = 1$$

$$J_C = \overline{Q}_A^n \qquad K_C = 1$$

$$J_B = K_B = 1$$

$$J_A = Q_B^n Q_C^n \qquad K_A = 1$$

（2）将驱动方程代入相应触发器的特性方程中，求出各触发器的次态方程。

$$Q_A^{n+1} = \overline{Q}_A^n Q_B^n Q_C^n \quad （Q_D 负跳时此式有效）$$

$$Q_B^{n+1} = \overline{Q}_B^n \quad （Q_C 负跳时此式有效）$$

$$Q_C^{n+1} = \overline{Q}_A^n \overline{Q}_C^n \quad （Q_D 负跳时此式有效）$$

$$Q_D^{n+1} = \overline{Q}_D^n \quad （CP 负跳时此式有效）$$

（3）列状态表，画状态图和时序图。列状态表的方法与同步时序电路基本相似，只是还应注意各触发器 CP 端的状况（是否有负跳沿作用），因此，可在状态表中增加各触发器 CP 端的状况，无负跳沿作用时的 CP 用 0 表示，有负跳沿作用时的 CP 用 1 表示。例 6.2.5 的状态表如表 6.2.5 所示。由状态表可画出如图 6.2.13 所示的状态图。此电路的时序图如图 6.2.14 所示。

表 6.2.5　例 6.2.5 状态表

现 态				时钟信号				次 态			
Q_A^n	Q_B^n	Q_C^n	Q_D^n	CP_A	CP_B	CP_C	CP_D	Q_A^{n+1}	Q_B^{n+1}	Q_C^{n+1}	Q_D^{n+1}
0	0	0	0	0	0	0	1	0	0	0	1
0	0	0	1	1	0	1	1	0	0	1	0
0	0	1	0	0	0	0	1	0	0	1	1
0	0	1	1	1	1	1	1	0	1	0	0
0	1	0	0	0	0	0	1	0	1	0	1
0	1	0	1	1	0	1	1	0	1	1	0
0	1	1	0	0	0	0	1	0	1	1	1
0	1	1	1	1	1	1	1	1	0	0	0
1	0	0	0	0	0	0	1	1	0	0	1
1	0	0	1	1	0	1	1	0	0	0	0
1	0	1	0	0	0	0	1	1	0	1	1
1	0	1	1	1	1	1	1	0	1	0	0
1	1	0	0	0	0	0	1	1	1	0	1
1	1	0	1	1	0	1	1	0	1	0	0
1	1	1	0	0	0	0	1	1	1	1	1
1	1	1	1	1	1	1	1	0	0	0	0

（4）逻辑功能分析。由状态图和状态表看出，主循环共有 10 个不同的状态 0000～1001，其余 6 个状态 1010～1111 为无效状态，所以电路是一个十进制异步加法计数器，并具有自启动能力。

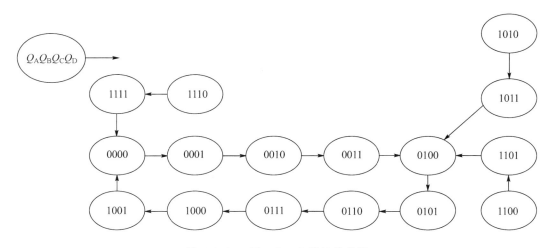

图 6.2.13 例 6.2.5 电路的状态图

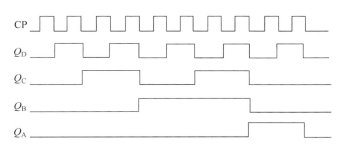

图 6.2.14 例 6.2.5 电路的时序图

6.3 同步时序电路的设计方法

时序电路设计是时序电路分析的逆过程,即根据给定的逻辑功能要求,选择适当的逻辑器件,设计出符合要求的时序逻辑电路。本节虽然仅介绍用触发器及门电路设计同步时序电路的方法,但其基本指导思想可适用于用其他器件设计的同步时序电路,这种设计方法的基本指导思想是用尽可能少的器件来实现符合设计要求的时序电路。

6.3.1 同步时序逻辑电路设计的一般步骤

(1) 根据设计题目绘制原始状态图。

由于时序电路在某一时刻的输出信号,不仅与当时的输入信号有关,而且还与电路原来的状态有关。因此设计时序电路时,首先必须分析给定的逻辑功能,从而求出对应的状态转换图。这种直接由给定的逻辑功能求得的状态转换图称为原始状态图,是设计时序电路的最关键的一步,具体做法如下:

① 分析给定的逻辑功能，确定输入变量、输出变量及该电路应包含的状态，并用字母 S_0、S_1 等表示这些状态。

② 分别以上述状态为现态，考察在每一个可能的输入组合作用下应转入哪个状态及相应的输出，便可求得符合题意的状态图。

（2）状态化简（或状态合并）。

根据给定要求得到的原始状态图不一定是最简的，很可能包含有多余的状态，因此需要进行状态化简或状态合并。状态化简的规则是，若有两个状态等价，可以消去其中一个，并用另一个等价状态代之，而不改变输入输出的关系。所谓状态等价，是指在原始状态图中，如果有两个或两个以上的状态，在输入相同的条件下，不仅有相同的输出，而且向同一个次态转换，则称这些状态是等价的。凡是等价状态都可以合并。如图 6.3.1 所示的状态 S_2 和 S_3，当输入 $X=0$ 时，输出 Z 都是 0，且都向同一个次态 S_0 转换。当 $X=1$ 时，输出 Z 都是 1，次态都是 S_3，所以 S_2 和 S_3 是等价状态，可以合并为 S_2，取消 S_3，即将图 6.3.1 中代表 S_3 的圆圈及由该圆圈出发的所有连线去掉，将原先指向 S_3 的连线改而指向 S_2，得到化简后的状态图如图 6.3.2 所示。

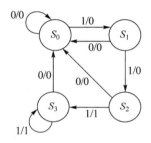

图 6.3.1　原始状态图

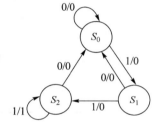

图 6.3.2　图 6.3.1 的简化状态图

显然，状态化简使状态数目减少，从而可以减少电路中所需触发器的个数或门电路的个数。

（3）确定触发器个数，进行状态编码（或状态分配）。

在得到简化的状态图后，根据状态数目 M，确定触发器的个数 n，确定依据为

$$2^{n-1} < M \leqslant 2^n \tag{6.3.1}$$

对于 n 个触发器而言，共有 2^n 个状态，要对每一个状态指定一个二进制代码，这就是状态编码（或称状态分配）。编码的方案不同，设计的电路结构也就不同。编码方案选择得当，设计结果可以很简单。为此，选取的编码方案应该有利于所选触发器的驱动方程及电路输出方程的简化。为便于记忆和识别，一般选用自然二进制码。编码方案确定后，根据简化的状态图，画出编码形式的状态图。

（4）选择触发器类型，确定输出方程和驱动方程。

根据编码后的状态图画出状态表及驱动表，选择合适的触发器，确定电路的输出方程和各触发器的驱动方程。

（5）画逻辑电路图并检查电路的自启动能力。

设计同步时序电路的一般过程如图 6.3.3 所示。

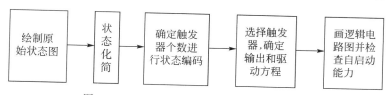

图 6.3.3　设计同步时序电路的一般过程图

6.3.2　同步时序逻辑电路设计举例

例 6.3.1　试设计一序列脉冲检测器,当连续输入信号 110 时,该电路输出为 1,否则输出为 0。

解　由设计要求可知,要设计的电路有一个输入信号 X 和一个输出信号 Z,电路功能是对输入信号进行检测。

(1) 由给定的逻辑功能确定电路应包含的状态,并画出原始状态图。

因为该电路在连续收到信号 110 时,输出为 1,其他情况下输出为 0,因此要求该电路能记忆收到的输入为 0、收到一个 1、连续收到两个 1、连续收到 110 后的状态,由此可见该电路应有 4 个状态,用 S_0 表示输入为 0 时的电路状态(或称初始状态), S_1、S_2、S_3 分别表示收到一个 1、连续收到两个 1 和连续收到 110 时的状态。先假设电路处于状态 S_0,在此状态下,电路可能的输入有 $X=0$ 和 $X=1$ 两种情况。若 $X=0$,则输出 $Z=0$,且电路应保持在状态 S_0 不变;若 $X=1$,则 $Z=0$,但电路应转向状态 S_1,表示电路收到了一个 1。现在以 S_1 为现态,若这时输入 $X=0$,则输出 $Z=0$,且电路应回到 S_0,重新开始检测;若 $X=1$,则输出 $Z=0$,且电路应进入状态 S_2,表示已连续收到了两个 1。又以 S_2 为现态,若输入 $X=0$,则输出 $Z=1$,电路应进入 S_3 状态,表示已连续收到了 110;若 $X=1$,则 $Z=0$,且电路应保持在状态 S_2 不变。再以 S_3 为现态,若输入 $X=0$,则输出 $Z=0$,电路应回到状态 S_0,重新开始检测;若 $X=1$,则 $Z=0$,电路应转向状态 S_1,表示又重新收到了一个 1。根据上述分析,可以画出该例题的原始状态图,如图 6.3.4 所示。

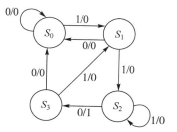

图 6.3.4　例 6.3.1 的原始状态图

(2) 状态化简。观察图 6.3.4 发现,对状态 S_0 和 S_3,当输入 $X=0$ 时,输出 Z 都为 0,而且次态均转向 S_0;当 $X=1$ 时,输出 Z 都为 0,而且次态均转向 S_1,所以 S_0 和 S_3 是等价状态,可以合并。去掉 S_3 的圆圈及由此圆圈出发的连线,将指向 S_3 的连线指向 S_0,便得到简化后的状态图,如图 6.3.5 所示。

(3) 确定触发器个数,进行状态编码。由图 6.3.5 可知,该电路有三个状态,根据式(6.3.1)可知, $M=3$,需用两个触发器, $n=2$,才能满足 $2^{n-1}<M\leqslant 2^n$。设两个触发器的输出状态分别为 Q_1 和 Q_0,由于两个触发器共有 4 个状态,可以用两位二进制代码组合(00,01,10,11)中的任意三个代码表示,这里取 00、01、11 分别表示 S_0、S_1、S_2,即令 $S_0=00$,$S_1=01$,$S_2=11$。图 6.3.6 是该例的编码形式状态图。

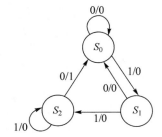

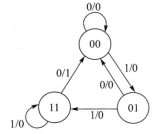

图 6.3.5　例 6.3.1 的简化状态图　　　　图 6.3.6　例 6.3.1 的编码形式状态图

（4）选择触发器，确定各触发器的驱动方程及电路的输出方程。

究竟选用哪一种触发器才能得到满足状态表 6.3.1 的最简单电路，这是触发器选型问题。设计开始时，我们无法肯定哪一种触发器使电路最简单，先暂时选定 JK 触发器。确定各触发器的驱动方程及电路的输出方程有两种方法。

方法一是利用电路状态表确定驱动方程及输出方程。

由编码形式的状态图可画出编码后的状态表如表 6.3.1 所示。由状态表 6.3.1 可画出各触发器次态和电路输出端 Z 的卡诺图如图 6.3.7 所示，利用卡诺图化简得各触发器次态方程和输出方程，即

$$Q_0^{n+1} = X\overline{Q_0^n} + XQ_0^n$$

$$Q_1^{n+1} = XQ_0^n\overline{Q_1^n} + XQ_1^n$$

$$Z = \overline{X}Q_1$$

表 6.3.1　例 6.3.1 状态表

输　入	现　　态		次　　态		输　出
X	Q_1^n	Q_0^n	Q_1^{n+1}	Q_0^{n+1}	Z
0	0	0	0	0	0
0	0	1	0	0	0
0	1	0	×	×	×
0	1	1	0	0	1
1	0	0	0	1	0
1	0	1	1	1	0
1	1	0	×	×	×
1	1	1	1	1	0

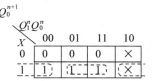

图 6.3.7　卡诺图

因选择 JK 触发器,所以将次态方程与 JK 触发器特性方程 $Q^{n+1}=J\overline{Q}^n+\overline{K}Q^n$ 相比较,得出驱动方程为

$$J_0=X \qquad\qquad K_0=\overline{X}$$
$$J_1=XQ_0^n \qquad\qquad K_1=\overline{X}$$

根据驱动方程和输出方程画出逻辑电路图,如图 6.3.8 所示。

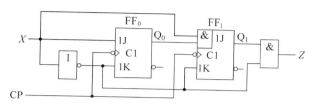

图 6.3.8 例 6.3.1 JK 触发器组成的逻辑电路图

选用 JK 触发器构成如图 6.3.8 所示的逻辑电路图是否最简单,必须与其他触发器构成的电路比较后才能确定。目前,触发器的主要产品是 D 触发器、T 触发器和 JK 触发器,可以重复上述第(4)步将 D 触发器、T 触发器的特性方程与各触发器的次态方程进行对比,从而求得各触发器的驱动方程,以便比较。

确定驱动方程和输出方程的第二种方法是将状态表和触发器驱动表列入同一表中,再利用卡诺图,求出驱动方程和输出方程。下面用方法二求出 D 触发器、T 触发器和 JK 触发器的驱动方程。

表 6.3.2 列出了例 6.3.1 状态表和各触发器的驱动表,由表 6.3.2 可直接画出驱动方程的卡诺图,如图 6.3.9 所示,化简后便得到如下驱动方程:

$$\begin{cases} J_1=XQ_0^n \quad K_1=\overline{X} \\ J_0=X \qquad K_0=\overline{X} \\ D_1=XQ_0^n \quad T_1=XQ_0^n+Q_1^n \\ D_0=X \qquad T_0=X\overline{Q}_0^n+\overline{X}Q_0^n \\ Z=\overline{X}Q_1 \end{cases} \qquad (6.3.2)$$

表 6.3.2 例 6.3.1 状态表和各触发器的驱动表

输 入	现 态		次 态		输 出	触发器输入变量							
X	Q_1^n	Q_0^n	Q_1^{n+1}	Q_0^{n+1}	Z	J_1	K_1	J_0	K_0	D_1	D_0	T_1	T_0
0	0	0	0	0	×	0	×	0	×	0	0	0	0
0	0	1	0	0	×	0	×	×	1	0	0	0	1
0	1	0	×	×	×	×	×	×	×	×	×	×	×
0	1	1	0	0	1	×	1	×	1	0	0	1	1
1	0	0	0	1	×	0	×	1	×	0	1	0	1
1	0	1	1	1	×	1	×	×	0	1	1	1	0
1	1	0	×	×	×	×	×	×	×	×	×	×	×
1	1	1	1	1	0	×	0	×	0	1	1	0	0

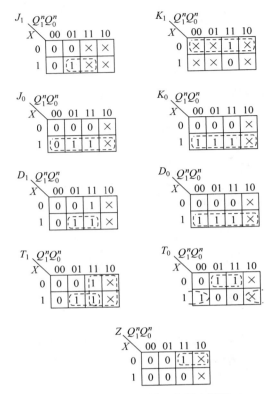

图 6.3.9　触发器输入变量卡诺图

比较式(6.3.2)中的驱动方程可以看到,D 触发器的驱动方程最简单,故选用 D 触发器来设计电路。

从第(4)步的求解过程看,确定驱动方程和输出方程的两种方法各有优势。方法一,不用画出触发器的驱动表,适合于确定一种类型的触发器驱动方程和输出方程的情况;方法二,不需求出触发器的次态方程,适合于确定多种类型的触发器驱动方程和输出方程的情况。

(5)画逻辑电路图,检查电路的自启动能力。

由 D 触发器构成的逻辑电路如图 6.3.10 所示。

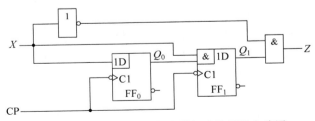

图 6.3.10　例 6.3.1 D 触发器组成的逻辑电路图

当电路进入无效状态 10 后,由各触发器次态方程

$$Q_1^{n+1} = D_1 = XQ_0^n$$

$$Q_0^{n+1} = D_0 = X$$

可知,若 $X=0$,则次态为 00;若 $X=1$,则次态为 01,电路能自动进入有效循环。但从输出来看,若电路在无效状态 10,当 $X=0$ 时,$Z=1$ 这是错误的。为了消除这个错误输出,需要对输出方程进行适当修改,即将图 6.3.7 中输出信号 Z 卡诺图内的无关项 $\overline{X}Q_1\overline{Q}_0$ 不画在包围圈内,则输出方程变为 $Z=\overline{X}Q_1Q_0$,根据此式对图 6.3.10 也进行相应修改即可。

如果发现设计的电路没有自启动能力,则应对设计进行修改。其方法是:在触发器次态卡诺图或触发器输入变量卡诺图的包围圈中,对无效状态×的处理进行适当修改,即原来取 1 画入包围圈的,可试改为取 0 而不画入包围圈,得到新的驱动方程和逻辑电路图,再检查其自启动能力,直到能够自启动为止。

例 6.3.2 从 D 触发器和 JK 触发器中选择一种,设计一个自然二进制码的五进制计数器,当计数器计到最大数 100,输出为 1,否则输出为 0。

解 (1)由题意得知,电路没有输入信号,但有输出信号,用 F 表示。电路有 5 个状态,根据式(6.3.1),需要三个触发器。将电路的 5 个状态按自然二进制编码,得到电路的状态转换图,如图 6.3.11 所示。

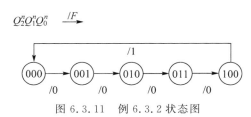

图 6.3.11 例 6.3.2 状态图

(2)选择触发器,确定触发器的驱动方程及电路的输出方程。

用方法一确定触发器的驱动方程及电路的输出方程。由编码形式状态图画出的状态表如表 6.3.3 所示,由此做出三个触发器次态和输出变量 F 的卡诺图如图 6.3.12 所示。

表 6.3.3 例 6.3.2 状态表

现 态			次 态			输 出 F
Q_2^n	Q_1^n	Q_0^n	Q_2^{n+1}	Q_1^{n+1}	Q_0^{n+1}	
0	0	0	0	0	1	0
0	0	1	0	1	0	0
0	1	0	0	1	1	0
0	1	1	1	0	0	0
1	0	0	0	0	0	1
1	0	1	×	×	×	×
1	1	0	×	×	×	×
1	1	1	×	×	×	×

若选择 D 触发器,通过次态卡诺图化简,得出状态方程,即驱动方程为

$$\begin{cases} Q_0^{n+1} = D_0 = \overline{Q}_2^n \overline{Q}_0^n \\ Q_1^{n+1} = D_1 = Q_0^n \overline{Q}_1^n + \overline{Q}_0^n Q_1^n = Q_0^n \oplus Q_1^n \\ Q_2^{n+1} = D_2 = Q_0^n Q_1^n \end{cases} \quad (6.3.3)$$

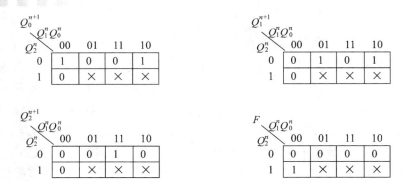

图 6.3.12　例 6.3.2 三个次态和输出变量 F 卡诺图

若选用 JK 触发器，为了便于与触发器特性方程进行对比，重新写出通过次态卡诺图化简后的状态方程，即

$$\begin{cases} Q_0^{n+1} = \overline{Q_2^n}\,\overline{Q_0^n} \\ Q_1^{n+1} = Q_0^n\,\overline{Q_1^n} + \overline{Q_0^n}\,Q_1^n \\ Q_2^{n+1} = Q_0^n\,Q_1^n\,\overline{Q_2^n} \end{cases} \tag{6.3.4}$$

将次态方程与 JK 触发器特性方程相比较，得出驱动方程，即

$$\begin{cases} J_0 = \overline{Q_2^n} & K_0 = 1 \\ J_1 = Q_0^n & K_1 = Q_0^n \\ J_2 = Q_0^n\,Q_1^n & K_1 = 1 \end{cases} \tag{6.3.5}$$

根据图 6.3.12 中输出变量 F 的卡诺图，化简后得到输出方程为

$$F = Q_2^n \tag{6.3.6}$$

比较式(6.3.3)和式(6.3.5)发现，选用 D 触发器，D_1 触发器输入端需要一个异或门；而选用 JK 触发器不需要其他逻辑门，JK 触发器的线路比 D 触发器简单，故本题选用 JK 触发器。

（3）画逻辑电路图，检查电路的自启动能力。

选用 JK 触发器构成自然二进制码五进制计数器的逻辑电路图如图 6.3.13 所示。将无效状态 101、110、111 分别代入式(6.3.4)，其对应的次态为 010、010、000，说明电路能自动进入有效状态。

例 6.3.3　试用正边沿 JK 触发器设计一同步时序电路，其状态转换如图 6.3.14 所示。

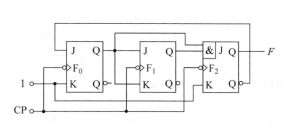

图 6.3.13　自然二进制码五进制计数器的逻辑电路图

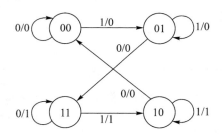

图 6.3.14　例 6.3.3 图

解 (1)由于题目给出状态图,通过状态图可知,该电路有一个输入变量,设为 X;有一个输出变量,设为 Z;共有 4 个状态,所以应选两个触发器,触发器记为 FF_0 和 FF_1。根据状态图列状态表,如表 6.3.4 所示。

表 6.3.4 例 6.3.3 状态表

输 入 X	现 态		次 态		输 出 Z
	Q_1^n	Q_0^n	Q_1^{n+1}	Q_0^{n+1}	
0	0	0	0	0	0
0	0	1	1	1	0
0	1	0	0	0	0
0	1	1	1	1	1
1	0	0	0	1	0
1	0	1	0	1	0
1	1	0	1	0	1
1	1	1	1	0	1

(2)由状态表画出触发器次态和输出变量 Z 卡诺图,如图 6.3.15 所示。

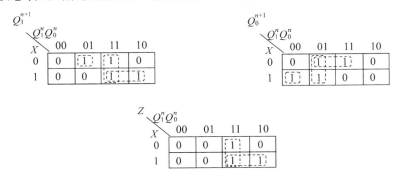

图 6.3.15 例 6.3.3 触发器次态和输出变量 Z 卡诺图

(3)由于选用 JK 触发器,为了便于与触发器特性方程进行对比,通过次态卡诺图化简后的状态方程为

$$\begin{cases} Q_0^{n+1} = X\overline{Q_1^n}\,\overline{Q_0^n} + \overline{Q_1^n}Q_0^n + \overline{X}Q_0^n = X\overline{Q_1^n}\,\overline{Q_0^n} + \overline{XQ_1^n}Q_0^n \\ Q_1^{n+1} = \overline{X}Q_0^n\overline{Q_1^n} + Q_0^nQ_1^n + XQ_1^n = \overline{X}Q_0^n\overline{Q_1^n} + \overline{\overline{X} \cdot \overline{Q_0^n}}Q_1^n \end{cases}$$

卡诺图化简后的输出方程为

$$Z = Q_0^nQ_1^n + XQ_1^n = \overline{\overline{X} \cdot \overline{Q_0^n}}Q_1^n$$

将次态方程与 JK 触发器特性方程相比较,得出驱动方程,即

$$\begin{cases} J_0 = X\overline{Q_1^n} \quad K_0 = XQ_1^n \\ J_1 = \overline{X}Q_0^n \quad K_1 = \overline{X}\ \overline{Q_0^n} \end{cases}$$

(4)画出逻辑电路图,如图 6.3.16 所示。

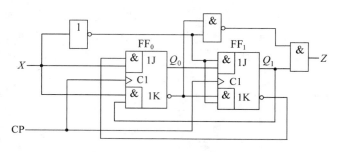

图 6.3.16　例 6.3.3 逻辑电路图

6.4　计数器

计数器的基本功能是统计时钟脉冲的个数，即实现计数操作，也可用于分频、定时、产生节拍脉冲等。例如，计算机中的时序发生器、分频器、指令计数器等部分都要使用计数器，因此，计数器是数字系统中应用最广泛的时序逻辑部件之一。

计数器的主要特点是时钟触发器为主要组成单元，组成的电路是周期性的时序电路，其状态固有一个单闭环，称为有效循环，有效循环中的状态称为有效状态，有效循环一次所需要的时钟脉冲的个数称为计数器的模值 M，由 n 个触发器构成的计数器，其模值 M 一般应满足 $2^{n-1}<M\leqslant 2^{n}$。

计数器的种类很多。按进位体制的不同，可分为二进制计数器、十进制和任意进制计数器；按时钟脉冲输入方式的不同，可分为同步计数器和异步计数器；按计数过程中数字增减趋势的不同，可分为加法计数器、减法计数器和可逆计数器。表 6.4.1 中列出了常用计数器的名称和特点。

表 6.4.1　计数器分类

名　　称	模　　值	状态编码方式	自启动情况	
二进制计数器	$M=2^{n}$	二进制码	没有无效状态，能自启动	
十进制计数器	$M=10$	BCD 码	有 6 个无效状态	检查无效状态
任意进制计数器	$M<2^{n}$	多种方式	有 $2^{n}-M$ 个无效状态	

计数器的构成可以采用触发器和逻辑门根据时序电路的设计方法自行设计，此外，还有中规模集成计数器可供选用。本节首先讨论采用触发器和逻辑门构成的计算器，即小规模集成电路计数器；然后重点介绍两种中规模集成计数器的工作原理和应用。

6.4.1　小规模集成电路计数器

1. 异步二进制计数器

二进制计数器是指当输入计数脉冲到来时，触发器的状态按照二进制数的规律进行计数的电路。如 3 位二进制计数器、4 位二进制计数器等。n 位二进制计数器的计数范围是 $0\sim(2^{n}-1)$。

一个 3 位二进制加法计数序列如表 6.4.2 所示。由表 6.4.2 可见,最低位 Q_0 随着每次时钟脉冲的出现都改变状态,而其他位在相邻低位由 1 变 0 时,发生翻转,即 3 位二进制加法计数规律是,最低位在每来一个 CP 时翻转一次;低位由 $1\rightarrow0$(负跳沿)时,相邻高位状态发生变化。用三个正跳沿 D 触发器 FF$_2$、FF$_1$ 和 FF$_0$ 可组成 3 位二进制加法计数器,各个触发器的 $\overline{Q}$ 输出端与该触发器的 D 输入端相连(即 $D_i=\overline{Q}_i$)。实现每来一个 CP 翻转一次;同时,各 $\overline{Q}$ 端又与相邻高位触发器的时钟脉冲输入端相连,实现低位负跳沿时,相邻高位状态发生变化;计数脉冲 CP 加至触发器 FF$_0$ 的时钟脉冲输入端,如图 6.4.1 所示。所以每当输入一个计数脉冲,最低位触发器 FF$_0$ 就翻转一次。当 Q_0 由 1 变 0,$\overline{Q}_0$ 由 0 变 1(Q_0 的进位信号)时,FF$_1$ 翻转。当 Q_1 由 1 变 0,$\overline{Q}_1$ 由 0 变 1(Q_1 的进位信号)时,FF$_2$ 翻转,这样电路实现了 3 位二进制加法计数功能。由于电路中各触发器的时钟脉冲不同,因而是一个异步时序电路,运用 6.2 节介绍的时序电路分析方法分析其工作过程,不难得到其状态图和时序图,它们分别如图 6.4.2 和图 6.4.3 所示。其中虚线是考虑触发器的传输延迟时间 t_{pd} 后的波形,由于传输延迟时间 t_{pd} 较小,当不影响正常工作时可以不画出来。

表 6.4.2 3 位二进制加法计数序列

CP	Q_2^n	Q_1^n	Q_0^n
0	0	0	0
1	0	0	1
2	0	1	0
3	0	1	1
4	1	0	0
5	1	0	1
6	1	1	0
7	1	1	1
8	0	0	0

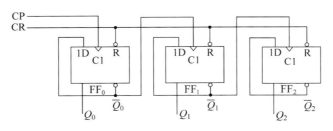

图 6.4.1 3 位二进制异步计数器

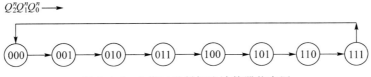

图 6.4.2 3 位二进制加法计数器状态图

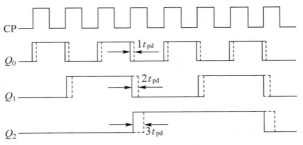

图 6.4.3　3 位二进制计数器波形图

由上述状态图和工作波形图可看出图 6.4.1 电路是一个异步模 8 加法计数器电路。由于 3 位二进制计数器的所有 2^3 个状态都在有效循环中，没有无效状态，所以肯定可以自动启动。

从时序图可以清楚地看到，Q_0、Q_1、Q_2 的周期分别是计数脉冲(CP)周期的 2 倍、4 倍、8 倍，也就是说，Q_0、Q_1、Q_2 分别对 CP 波形进行了二分频、四分频、八分频，因而计数器也可作为分频器。

值得注意的是，在考虑各触发器的传输延迟时间时，由图 6.4.3 中的虚线波形可知，对于一个 n 位的二进制异步计数器来说，从一个计数脉冲(本例为正跳沿起作用)到来，到 n 个触发器都翻转稳定，需要经历的最长时间是 nt_{pd}，为保证计数器的状态能正确反映计数脉冲的个数，下一个计数脉冲(正跳沿)必须在 nt_{pd} 后到来，因此计数脉冲的最小周期 $T = nt_{pd}$。

异步计数器的特点是电路简单，但由于后级触发器的触发脉冲要待前级触发器的状态翻转之后才能产生，因此，其工作速度较低。

2. 同步二进制计数器

为了提高计数速度，可采用同步计数器，其工作特点是，计数脉冲同时接于各位触发器的时钟脉冲输入端，当时钟脉冲到来时，各触发器可同时翻转。

图 6.4.4 是一个用 JK 触发器构成的 3 位二进制同步加法计数器的逻辑电路。根据时序电路的分析方法对该电路分析如下：

（1）写出驱动方程，即

$$J_0 = K_0 = 1$$
$$J_1 = K_1 = Q_0^n$$
$$J_2 = K_2 = Q_0^n Q_1^n$$

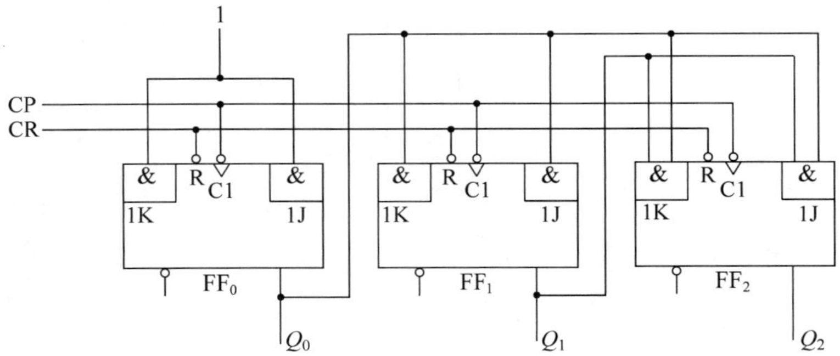

图 6.4.4　3 位二进制同步加法计数器

（2）将驱动方程代入相应触发器的特性方程 $Q^{n+1} = J\overline{Q}^n + \overline{K}Q^n$，求出各触发器的次态方程，即

$$\begin{cases} Q_0^{n+1} = \overline{Q}_0^n \\ Q_1^{n+1} = Q_0^n\,\overline{Q}_1^n + \overline{Q}_0^n Q_1^n = Q_0^n \oplus Q_1^n \\ Q_2^{n+1} = Q_0^n Q_1^n \overline{Q}_2^n + \overline{Q_0^n Q_{10}^n} Q_2^n = (Q_0^n Q_1^n) \oplus Q_2^n \end{cases}$$

（3）画状态图和时序图。图 6.4.5 和图 6.4.6 给出了电路的状态图和时序图。若设电路的初始状态为 $Q_2^n Q_1^n = 00$，根据状态表和状态图，可画出在一系列 CP 脉冲和 X 输入信号作用下的时序图，如图 6.4.6 所示。

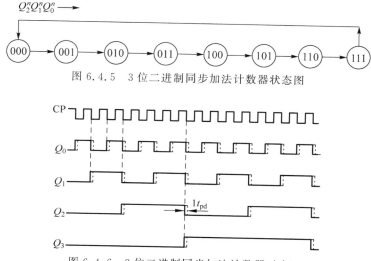

图 6.4.5　3 位二进制同步加法计数器状态图

图 6.4.6　3 位二进制同步加法计数器时序图

（4）根据上述分析得出结论。图 6.4.4 逻辑电路实现的功能是同步摸 8 加法计数器或八进制计数器，电路具有自启动能力。

在时序图中，虚线是考虑触发器的传输延迟时间 t_{pd} 后的波形，在同步计数器中，由于计数脉冲 CP 同时作用于各个触发器，所有触发器的翻转是同时进行的，都比计数脉冲 CP 的作用时间滞后一个 t_{pd}，因此其工作速度一般要比异步计数器高。

同步计数器虽然由于计数脉冲同时加到各触发器的时钟端而工作速率较快，但因计数脉冲需同时带动多个触发器的时钟输入，因此要求产生计数脉冲的电路具有较大的负载能力，而且电路的结构也较异步计数器复杂。

3. 十进制计数器

触发器的状态按照十进制数的规律进行计数的电路称为十进制计数器。

例 6.4.1　用 T 触发器设计一个同步 8421BCD 码十进制计数器。

解　（1）确定触发器个数，画出状态图。

由题意得知，计数器有 10 种状态，$M = 10$，需要 4 个触发器 FF_4、FF_3、FF_2、FF_1，而 4 个触发器可以构成 16 种状态，故有 6 个状态是无效状态，可作无关项处理，当计时器计满时，产生进位信号 $F = 1$，计数器的状态图如图 6.4.7(a) 所示。

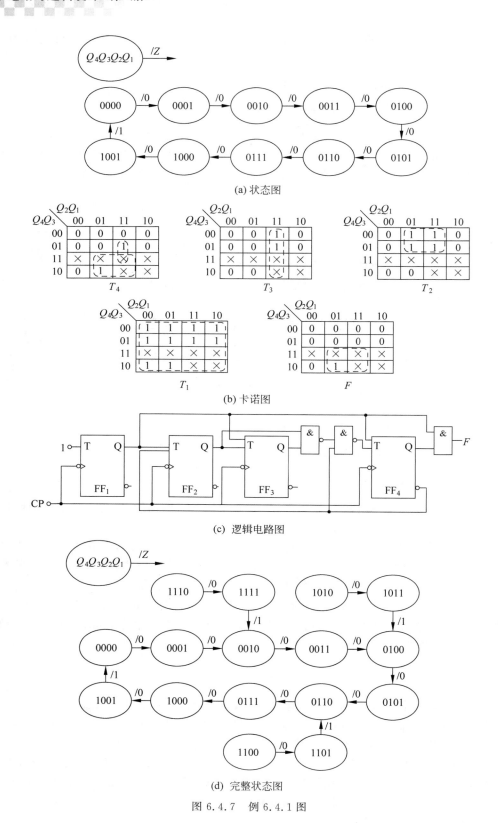

(a) 状态图

(b) 卡诺图

(c) 逻辑电路图

(d) 完整状态图

图 6.4.7　例 6.4.1 图

（2）列状态表和驱动表，求驱动方程和输出方程。

状态表和驱动表如表 6.4.3 所示，由表 6.4.3 画出的卡诺图如图 6.4.7（b）所示，将卡诺图画简后得到如下驱动方程和输出方程。

$$T_4 = Q_4 Q_1 + Q_3 Q_2 Q_1 = Q_1 \overline{\overline{Q_4}\ \overline{Q_3 Q_2}}$$

$$T_3 = Q_2 Q_1$$

$$T_2 = \overline{Q_4} Q_1$$

$$T_1 = 1$$

$$F = Q_4 Q_1$$

表 6.4.3 例 6.4.1 状态表和驱动表

N	Q_4^n	Q_3^n	Q_2^n	Q_1^n	Q_4^{n+1}	Q_3^{n+1}	Q_2^{n+1}	Q_1^{n+1}	F	T_4	T_3	T_2	T_1
0	0	0	0	0	0	0	0	1	0	0	0	0	1
1	0	0	0	1	0	0	1	0	0	0	0	1	1
2	0	0	1	0	0	0	1	1	0	0	0	0	1
3	0	0	1	1	0	1	0	0	0	0	1	1	1
4	0	1	0	0	0	1	0	1	0	0	0	0	1
5	0	1	0	1	0	1	1	0	0	0	0	1	1
6	0	1	1	0	0	1	1	1	0	0	0	0	1
7	0	1	1	1	1	0	0	0	0	1	1	1	1
8	1	0	0	0	1	0	0	1	0	0	0	0	1
9	1	0	0	1	0	0	0	0	1	1	0	0	1
10	1	0	1	0									
11	1	0	1	1									
12	1	1	0	0									
13	1	1	0	1			$\times$		$\times$			$\times$	
14	1	1	1	0									
15	1	1	1	1									

（3）画出逻辑电路图，检查自启动能力。

逻辑电路图如图 6.4.7（c）所示，当电路进入无效状态 $Q_4 Q_3 Q_2 Q_1 = 1010$ 时，$T_4 = 0$，$T_3 = 0$，$T_2 = 0$，$T_1 = 1$，在 CP 的作用下状态由 1010 转到 1011；1011 不是有效状态，再以 1011 为现态，检查下一个状态，此时，$T_4 = 1$，$T_3 = 1$，$T_2 = 0$，$T_1 = 1$，次态为 0110，电路回到有效状态。用同样的方法对其他无效状态逐一检查，便可画出完整的状态图，如图 6.4.7（d）所示，由图 6.4.7（d）可看出，此电路具有自启动能力。

4. 任意进制计数器

除了二进制和十进制计数器之外的其他进制的计数器，统称为任意进制计数器或 N 进制计数器。例如，$N = 12$，称为十二进制计数器，$N = 60$，称为六十进制计数器。

例 6.4.2 用 JK 触发器设计一个同步九进制计数器。

解 （1）确定触发器个数，画出状态图。

由题意得知，计数器有 9 种状态，$M = 9$，需要 4 个触发器 FF_4、FF_3、FF_2、FF_1，计数器的状态图和状态表如图 6.4.8（a）、图 6.4.8（b）所示。

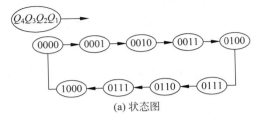

(a) 状态图

Q_4^n	Q_3^n	Q_2^n	Q_1^n	Q_4^{n+1}	Q_3^{n+1}	Q_2^{n+1}	Q_1^{n+1}
0	0	0	0	0	0	0	1
0	0	0	1	0	0	1	0
0	0	1	0	0	0	1	1
0	0	1	1	0	1	0	0
0	1	0	0	0	1	0	1
0	1	0	1	0	1	1	0
0	1	1	0	0	1	1	1
0	1	1	1	1	0	0	0
1	0	0	0	0	0	0	0

(b) 状态表

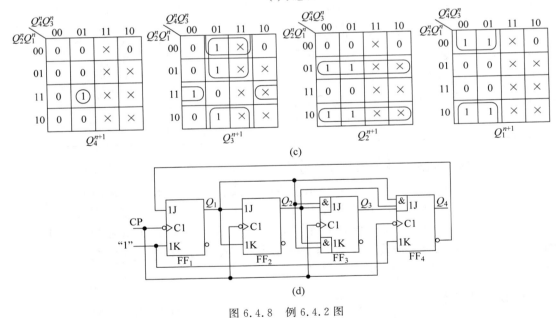

(c)

(d)

图 6.4.8   例 6.4.2 图

（2）确定输出方程和驱动方程。

由状态表可知计数器没有输入、输出变量，所以只需确定驱动方程。根据状态表画出每一级触发器输出端的卡诺图，如图 6.4.8(c) 所示，并按每级触发器的特性方程化简，得到的状态方程和驱动方程为

$$\begin{cases} Q_4^{n+1} = Q_3^n Q_2^n Q_1^n \overline{Q_4^n} & J_4 = Q_3^n Q_2^n Q_1^n \quad K_4 = 1 \\ Q_3^{n+1} = Q_2^n Q_1^n \overline{Q_3^n} (\overline{Q_2^n} + \overline{Q_1^n}) Q_3^n & J_3 = Q_2^n Q_1^n \quad K_3 = Q_2^n Q_1^n \\ Q_2^{n+1} = Q_1^n \overline{Q_2^n} + \overline{Q_1^n} Q_2^n & J_2 = Q_1^n \quad K_2 = Q_1^n \\ Q_1^{n+1} = \overline{Q_4^n} \, \overline{Q_1^n} & J_1 = \overline{Q_4^n} \quad K_1 = 1 \end{cases}$$

（3）根据驱动方程画出电路如图 6.4.8(d)所示，将无关项 1001,1010,1011,1100,1101,1110,1111 分别代入状态方程得到的次态为 0010,0010,0100,0100,0110,0110,0000,全为有效状态,所以图 6.4.8(d)电路是有自启动能力的同步九进制计数器。

6.4.2 中规模集成计数器

在一些简单小型数字系统中,中规模集成计数器因其具有体积小、功耗低、功能灵活等优点被广泛应用,中规模集成计数器的类型很多,本节仅介绍两个较典型产品的工作原理和应用。

1. 74161 集成计数器

74161 是 4 位二进制同步加法计数器。它的逻辑电路图、引脚图和符号如图 6.4.9 所示。其中 R_D 是清零端,LD 是置数控制端,D、C、B、A 是预置数据输入端,EP 和 ET 是计数使能(控制)端；RCO＝(ET $\cdot$ Q_D $\cdot$ Q_C $\cdot$ Q_B $\cdot$ Q_A)是进位输出端。

1）工作原理

74161 的功能表如表 6.4.4 所示,由表可知,74161 具有以下 4 种工作方式。

（1）异步清零。

见功能表 6.4.4 第三行,当 $R_D＝0$ 时,计数器处于异步清零工作方式,这时,不管其他输入端的状态如何(包括时钟信号 CP),计数器输出将被直接置 0。由于清零不受时钟信号控制,因而称为异步清零,且低电平有效。

（2）同步并行置数。

见功能表 6.4.4 第四行,当 $R_D＝1$,LD＝0 时,计数器处于同步并行置数工作方式,这时,在时钟脉冲 CP 正跳沿作用下,D、C、B、A 输入端的数据将分别被 Q_D、Q_C、Q_B、Q_A 所接收。由于置数操作要与 CP 正跳沿同步,且 $D \sim A$ 的数据同时置入计数器,所以称为同步并行置数,且低电平有效。

（3）计数。

见功能表 6.4.4 第七行,当 $R_D＝LD＝ET＝EP＝1$ 时,计数器处于计数工作方式,在时钟脉冲 CP 正跳沿作用下,计数器的状态从 $Q_D Q_C Q_B Q_A＝0000$ 开始加一计数,直到 $Q_D Q_C Q_B Q_A＝1111$ 状态,完成一个循环的计数过程,实现 4 位二进制计数器的计数功能。此后,计数器自动复位到 $Q_D Q_C Q_B Q_A＝0000$ 状态,开始下一个循环的计数。一个循环计数过程共有 16 个状态,计数器的模为 16,当计数状态为 $Q_D Q_C Q_B Q_A＝1111$,进位输出 RCO＝ET $\cdot$ Q_D $\cdot$ Q_C $\cdot$ Q_B $\cdot$ $Q_A＝1$。

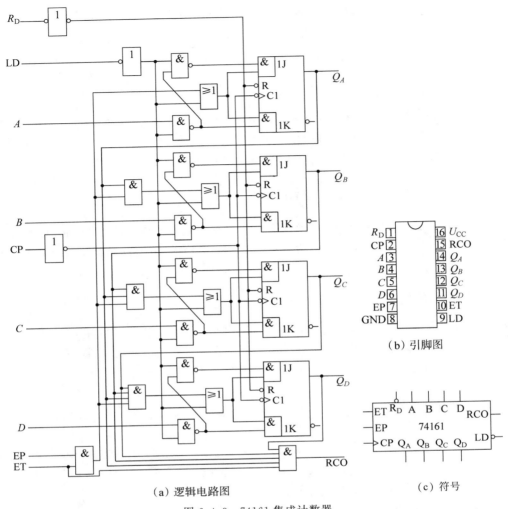

（a）逻辑电路图

（b）引脚图

（c）符号

图 6.4.9   74161 集成计数器

表 6.4.4   74161 的功能表

清零 R_D	置数 LD	使 能		时钟 CP	置数输入				输 出			
		EP	ET		D	C	B	A	Q_D	Q_C	Q_B	Q_A
0	×	×	×	×	×	×	×	×	0	0	0	0
1	0	×	×	↑	D	C	B	A	D	C	B	A
1	1	0	×	×	×	×	×	×		保	持	
1	1	×	0	×	×	×	×	×	保	持	RCO	=0
1	1	1	1	↑	×	×	×	×		计	数	

（4）保持。

保持的功能见表 6.4.4 第五、第六行,当 R_D=LD=1,ET·EP=0(即两个计数使能端中有 0)时,计数器处于保持工作方式,即不管有无 CP 脉冲作用,计数器都将保持原有状态不变(停止计数)。此时,如果 EP=0,ET=1,进位输出 RCO 也保持不变;如果 ET=0,不管 EP 状态如何,进位输出 $RCO=ET\cdot Q_D\cdot Q_C\cdot Q_B\cdot Q_A=0$。

74161 的时序图如图 6.4.10 所示。由时序图可以观察到 74161 的功能和各控制信号间的时序关系。首先加入一清零信号 $R_D=0$,使各触发器的状态为 0,即计数器清零。R_D 变为 1 后,加入一置数控制信号 LD=0,该信号需维持到下一个时钟脉冲的正跳变到来后。在这个置数控制信号和时钟脉冲正跳沿的共同作用下,各触发器的输出状态与预置的输入数据相同(图中为 $DCBA=1100$),置数操作完成。接着是 EP=ET=1,在此期间 74161 处于计数状态。这里是从预置的 $DCBA=1100$ 开始计数,直到 EP=0,ET=1,计数状态结束,转为保持状态,计数器输出保持 EP 负跳变前的状态不变,图中为 $Q_DQ_CQ_BQ_A=0010$,RCO=0。

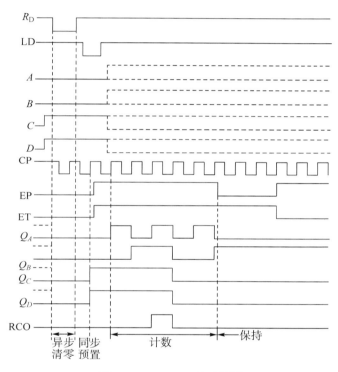

图 6.4.10　74161 的时序图

2）应用 74161 实现 N 进制计数器

由于集成计数器是厂家生产的定型产品,其函数关系已经被固化在芯片中了,状态分配即编码是不可能更改的,而且多为自然二进制代码编码,因此可利用清零端或置数控制端提前复位,让电路跳过某些状态而获得模数小于集成计数器模数 M 的 N 进制计数器。

例 6.4.3　利用清零方式,用 74161 构成九进制计数器。

解　九进制计数器($N=9$)有 9 个状态,而 74161 在计数过程中有 $16(M=16)$ 个状态,因此必须设法跳过 $M-N=16-9=7$ 个状态,即计数器从初态 $Q_DQ_CQ_BQ_A=0000$ 开始计数,当计到 9 个状态 $Q_DQ_CQ_BQ_A=1000$ 后,利用下一个状态 1001,提供清零(或复位)信号,迫使计数器复位到 0000 状态,此后清零信号消失,计数器重新从 0000 状态开始计数。应用 74161 构成的九进制计数器逻辑电路及有效循环状态图如图 6.4.11 所示。逻辑图中,

利用与非门将状态 $Q_DQ_CQ_BQ_A=1001$ 的信号译码,产生清零信号 $R_D=\overline{Q_DQ_A}$,使计数器返回初态 0000 状态。因 74161 计数器是异步清零,电路进入 1001 状态的时间极其短暂,在有效循环状态图中用虚线表示,这样,电路就跳过了 1001~1111 7 个状态,从初态 0000 开始到终态 1000 态为止共 9 个状态循环计数,实现九进制计数。

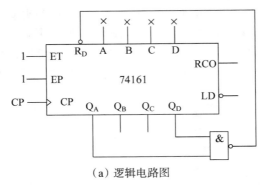

（a）逻辑电路图

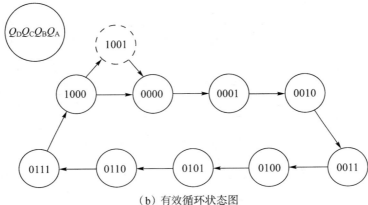

（b）有效循环状态图

图 6.4.11　利用 74161 清零方式构成九进制计数器

　　由本例可知,利用异步清零方式可以使计数器提前复位归零,把计数序列的后几个状态舍掉,构成不足芯片模数 M 的 N 进制计数器(本例为 $M=16,N=9$)。具体方法是:确定初态 S_C 和终态 S_Z,用与非门对终态 S_Z 的下一个计数状态 S_{Z+1}(本例 $S_C=0000$,$S_Z=1000,S_{Z+1}=1001$)译码,产生清零信号。当计数到 S_{Z+1} 态时,$R_D=0$,计数器回零,这样就舍掉了计数序列的最后 $M-N$ 个状态(本例为 $1001,1010,\cdots,1111$),构成 N 进制计数器。

　　例 6.4.4　利用 74161 的置数方式,设计九进制计数器电路。

　　解　方法一,利用置数方式,舍掉计数序列最后几个状态,构成九进制计数器。

　　要构成九进制计数器,应保留计数序列 0000~1000 9 个状态,舍掉 1001~1111 7 个状态。具体步骤是利用与非门对第 9 个输出状态即终态 $S_Z=1000$ 译码,产生置数控制信号 0 并送至 LD 端,LD$=\overline{Q_D}$,置数的输入数据为初态 $S_C=0000$。这样,在下一个时钟脉冲正跳沿到达时,计数器提前复位至初态,使计数器按九进制计数,具体逻辑电路和状态图如图 6.4.12 所示。

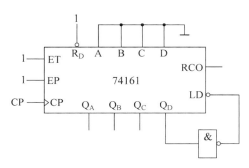

（a）逻辑电路图

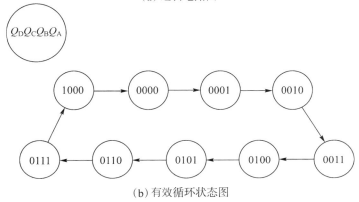

（b）有效循环状态图

图 6.4.12 用方法一构成的九进制计数器

方法二，利用置数方式，舍掉计数序列最前几个状态，保留计数序列 0111～1111 9 个状态，构成九进制计数器。

具体步骤是利用与非门将计数器计到终态 $S_Z = 1111$ 时产生的进位信号译码并送至 LD 端，置数数据输入端置成初态 $S_C = 0111$ 状态。因而，计数器在下一个时钟脉冲正跳沿到达时置入初态，电路从初态 0111 开始加 1 计数，当第八个时钟脉冲 CP 作用后电路到达终态 1111，此时 $RCO = ET \cdot Q_D \cdot Q_C \cdot Q_B \cdot Q_A = 1$，$LD = 0$，在第 9 个 CP 脉冲作用后，$Q_D Q_C Q_B Q_A$ 被置成 0111 状态，计数器复位到初态，电路进入新的一轮计数周期，具体逻辑电路和状态图如图 6.4.13 所示。

由本例题可知，利用同步置数方式也可构成不足芯片模数 M（本例为 16）的 N 进制计数器。对于同一进制计数器，不同的置数输入，决定了不同的计数初态，也就存在不同的终态，产生复位信号（即置数命令）的译码电路也自然有所不同。

集成计数器一般都设置有清零和置数端，而且无论是清零还是置数都有同步和异步之分，有的集成计数器采用同步方式，即当 CP 触发沿到来时才能完成清零或置数任务；有的则采用异步方式，即直接通过时钟触发器异步输入端实现清零或置数，与 CP 信号无关。

通过上面的两个例题我们可以看到，无论是同步或异步，利用清零端或置数端复位均可实现模数小于集成计数器模数 M 的 N 进制计数器，该方法称为清零或置数复位法，其关键因素是初态、终态和清零端或置数控制端信号的逻辑表达式，具体步骤如下：

（1）确定初态 S_C 和终态 S_Z 的二进制代码。

（2）确定复位信号表达式。对于同步清零端或置数控制信号端的计数器，根据终态 S_Z

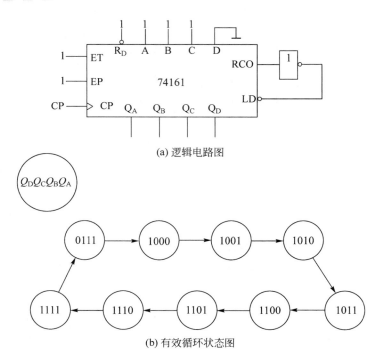

(a) 逻辑电路图

(b) 有效循环状态图

图 6.4.13 用方法二构成的九进制计数器

的二进制代码,写出表达式;对于异步清零端或置数控制信号端的计数器,则根据终态 S_Z 的下一个状态 S_{Z+1} 的二进制代码,写出逻辑表达式。

（3）画出逻辑电路图。若是利用置数端实现 N 进制计数器时,置数数据输入端置成初态 S_C。

当所需计数器的模数大于集成计数器模数 M 时,利用级联方法可扩展集成计数器的模数。集成计数器一般都设置有级联用的输入端和输出端,只要正确地把它们连接起来,便可获得模数大于集成计数器模数整数倍的计数器。对 74161 而言,所谓级联将低位芯片的进位位 RCO 与高位芯片的使能端 ET＝EP 相接。若再运用整体清零或置数复位可获得容量大于集成计数器模数的任意 N 进制计数器,此方法称为整体复位法。有些情况下则是把多个计数器串联起来,即将低位计数器的进位位连接到高位计数器的时钟输入端,从而得到所需大容量的 N 进制计数器。例如,把一个 N_1 进制的计数器与一个 N_2 进制的计数器串接起来,便可以构成 $N＝N_1 \times N_2$ 进制计数器,该方法称为相乘法。

例 6.4.5 用 74161 组成六十五进制计数器,要求初态为 1。

解 六十五进制计数器的模数大于 16,小于 $16^2＝256$,所以要用两片 74161 计数器。

方法一,首先级联成模数为 $16^2＝256$ 或 8 位二进制计数器,计数器输出状态为 $2Q_D 2Q_C 2Q_B 2Q_A 1Q_D 1Q_C 1Q_B 1Q_A$,再运用整体置数复位法,实现六十五进制计数器。

（1）确定初态 S_C 和终态 S_Z 的二进制代码,$S_C＝00000001$,$S_Z＝01000001$。

（2）确定置数控制信号表达式。由于同步置数,根据状态 $S_Z＝01000001$,置数复位信号表达式为 $LD＝\overline{2Q_C 1Q_A}$。

（3）画出的逻辑电路图如图 6.4.14(a)所示。图中每片计数器均接成十六进制,即两个芯片的 CP 和 R_D 分别与计数脉冲和 1 电平相接,然后级联构成 8 位二进制计数器,即低位芯片(片 1)的进位位 RCO 与高位芯片(片 2)的使能端相接,$1RCO = 2ET = 2EP$,低位芯片的使能端 1ET、1EP 接至 1,最后利用与非门组成译码电路,产生的置数复位信号接入置数控制信号端 $LD = \overline{2Q_C 1Q_A}$,置数数据输入端接成初态 $S_C = 00000001$。

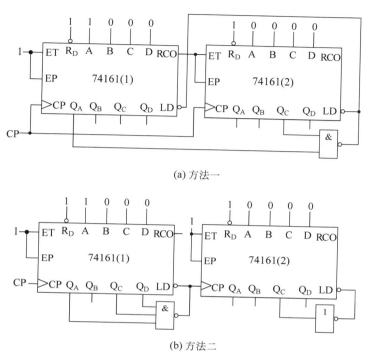

(a) 方法一

(b) 方法二

图 6.4.14　六十五进制计数器

在时钟脉冲的作用下,整个计数器从初态 $S_C = 00000001$ 开始依次计数,此时,低位芯片(片 1)从 0001 开始依次计数,在计数到 1111 之前,由于 $1RCO = 2ET = 2EP = 0$,高位芯片(片 2)处于保持状态,当低位芯片计数到 1111 时,低位芯片产生进位 $1RCO = 2ET = 2EP = 1$,到下一个脉冲上升沿到来,低位芯片自动回零,同时高位芯片计数一次,即低位芯片计数 15 次,高位芯片计数一次;此后低位芯片每计数 16 次,高位芯片计数一次;当整个计数器计数到终态 $S_Z = 01000001$ 时,与非门输出为 $LD = \overline{2Q_C 1Q_A} = 0$,在下一个时钟脉冲的作用下,整个计数状态置数复位为初态 00000001,完成一次有效循环,电路出现 65 个状态,即 $00000001 \sim 01000001$。

方法二,用相乘法实现初态为 1 的六十五进制计数器。由于 $N = N_1 \times N_2 = 13 \times 5 = 65$,因而用置数复位法将片(1)74161 构成十三进制计数器,即 $S_{C1} = 0001$,$S_{Z1} = 1101$,$1LD = \overline{1Q_D 1Q_C 1Q_A}$;用置数复位法将片(2)74161 构成五进制计数器,即 $S_{C2} = 0000$,$S_{Z2} = 0100$,$2LD = \overline{2Q_C}$;最后将片(1)终态产生的进位信号(也就是置数控制信号 1LD)接入片(2)脉冲 CP 端,即 $1LD = 2CP$,时钟脉冲 CP 接 1CP,清零端和输入使能端均接 1,即 $R_D = ET = EP = 1$,六十五进制计数器逻辑电路如图 6.4.14(b)所示。

2. 74LS90 集成计数器

74LS90 是异步计数,逻辑图、引脚图和符号如图 6.4.15 所示,它包括两个基本部分:
一个负跳沿触发的 JK 触发器 FF_A,形成模 2 计数器;另一个由三个负跳沿 JK 触发器 FF_B、
FF_C、FF_D 组成的异步五进制(模 5)计数器。

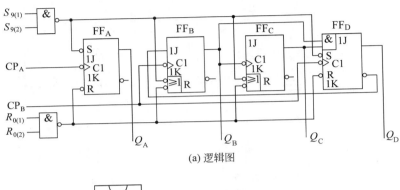

(a) 逻辑图

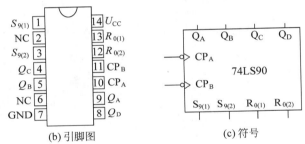

(b) 引脚图　　　　(c) 符号

图 6.4.15　74LS90 集成计数器

74LS90 的功能表如表 6.4.5 所示,从功能表可以看出,74LS90 具有下列功能。

表 6.4.5　74LS90 功能表

时　钟		清零输入		置9输入		输　　出				功能
CP_A	CP_B	$R_{0(1)}$	$R_{0(2)}$	$S_{9(1)}$	$S_{9(2)}$	Q_D	Q_B	Q_C	Q_A	
$\times$	$\times$	1	1	0	$\times$	0	0	0	0	异步清零
$\times$	$\times$	1	1	$\times$	0	0	0	0	0	
$\times$	$\times$	$\times$	0	1	1	1	0	0	1	异步置9
$CP\downarrow$	0	有 0		有 0		二进制计数,Q_A 输出				计数
0	$CP\downarrow$					五进制计数,$Q_DQ_CQ_B$ 输出				
$CP\downarrow$	$Q_A\downarrow$					十进制计数,$Q_DQ_CQ_BQ_A$ 输出				

1) 异步清零

其功能见表 6.4.5 第一、第二行,只要 $R_{0(1)}=R_{0(2)}=1$,$S_{9(1)}\cdot S_{9(2)}=0$,输出 $Q_DQ_CQ_BQ_A=0000$,不受 CP 控制,因而是异步清零,高电平有效。

2）异步置 9

参看功能表 6.4.5 第三行，只要 $S_{9(1)}=S_{9(2)}=1$，输出 $Q_DQ_CQ_BQ_A=1001$，不受 CP 控制，因而是异步置 9，高电平有效。

3）计数

功能表 6.4.5 第四行表明，在 $S_{9(1)} \cdot S_{9(2)}=0$ 和 $R_{0(1)} \cdot R_{0(2)}=0$ 同时满足的前提下，可在计数脉冲负跳沿作用下实现加 1 计数。电路有两个计数脉冲输入端 CP_A 和 CP_B，若在 CP_A 端输入计数脉冲 CP，则输出端 Q_A 实现二进制计数；若在 CP_B 端输入脉冲 CP，则输出端 $Q_DQ_CQ_B$ 实现异步五进制计数；若在 CP_A 端输入计数脉冲 CP，同时将 CP_B 端与 Q_A 相接。

例 6.4.6 用 74LS90 组成六进制计数器。

解 由于题意要求是六进制计数器，因而先将 74LS90 连接成十进制计数器，再用清零复位法，即可实现六进制计数，具体步骤如下：

（1）确定初态 S_C 和终态 S_Z 的二进制代码，$S_C=000$，$S_Z=101$。

（2）确定清零复位信号表达式。由于异步零复，根据状态 $S_{Z+1}=110$，复位信号表达式为 $R_{0(1)}R_{0(2)}=Q_CQ_B$。

（3）画出逻辑电路图如图 6.4.16(a)所示，相应的状态图如图 6.4.16(b)所示。

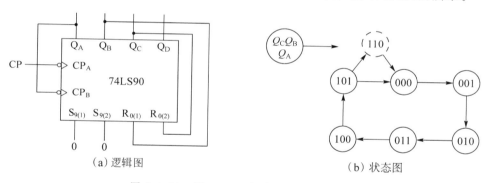

（a）逻辑图 （b）状态图

图 6.4.16 用 74LS90 组成的六进制计数器

根据状态图画出的波形图如图 6.4.17 所示。在波形图中可以看到，第六个计数脉冲作用后，由状态 110 产生清零信号，即刻使计数器复位到 000 状态，因而 110 状态瞬间即逝。本例也可利用异步置 9 复位法，实现六进制计数器，具体步骤留给读者自行分析。

例 6.4.7 用 74LS90 组成六十进制计数器。

解 由于 74LS90 最大的 $M=10$，而实际要求 $N=60>M$，所以要用两片 74LS90。利用相乘法，实现六十进制计数器。

用一片接成十进制计数器（个位），$N_1=10$，输出为 $Q_DQ_CQ_BQ_A$，另一片接成六进制计数器（十位），$N_2=6$，输出为 $Q_CQ_BQ_A$，然后两片串联，即个位计数器的最后一位 Q_D 端可作为十进制计数器的进位位，接入十位计数器的时钟 CP_A，个位计数器 CP_A 端外接计数脉冲 CP。当个位计数器从第一个状态 $Q_DQ_CQ_BQ_A=0000$ 计数到第 10 个状态 $Q_DQ_CQ_BQ_A=$

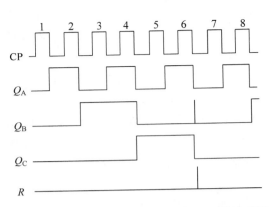

图 6.4.17　用 74LS90 组成六进制计数器的波形图

1001 时，再来一个计数脉冲，个位计数器复位到 0000 态，Q_D 产生负跳沿，使十位计数器计数一次。这样，个位计数器每计数 10 次，十位计数器计数一次。当十位计数器计数到 6 次，状态为 $Q_C Q_B Q_A = 101$，个位计数器计数到状态为 $Q_D Q_C Q_B Q_A = 1001$ 时，下一个计数脉冲一方面使十位计数器 $R_{0(1)} R_{0(2)} = Q_C Q_B = 11$，产生清零信号，十位计数器即刻复位到 0 态；另一方面使个位计数器自动回零。整个计数器共计数 $N_1 \times N_2 = 10 \times 6 = 60$ 次。六十进制计数器逻辑电路如图 6.4.18 所示。

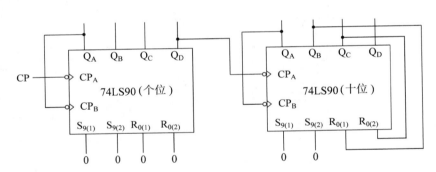

图 6.4.18　用 74LS90 组成六十进制计数器

　　用 n 片 74LS90 级联可以实现模数为 10^n 的计数器，级联时，要注意正确处理两片 74LS90 之间的进位关系。因为 74LS90 无进位输出端，由低位片 Q_D 端引入进位信号至高位片的 CP_A 端，这样可以在低位片输出状态由 1001 变为 000 时，向高位片的 CP_A 端提供一个脉冲负跳沿，使高位计数，从而实现逢 10 进 1。

　　六十进制计数器是数字电子表里必不可少的组成部分，用来累计秒数。将如图 6.4.18 所示电路与 BCD-七段显示译码器 7448 及共阴极七段数码管显示器 BS201A 连接起来，就组成了数字电子表里秒计数、译码及显示电路，如图 6.4.19 所示。

　　例 6.4.8　分析如图 6.4.20 所示的各计数器电路，说明各是几进制计数器。

　　解　图 6.4.20(a) 是用 74161 组成的计数器，有置数复位信号 $LD = \overline{Q_D Q_B Q_A}$，因 74161

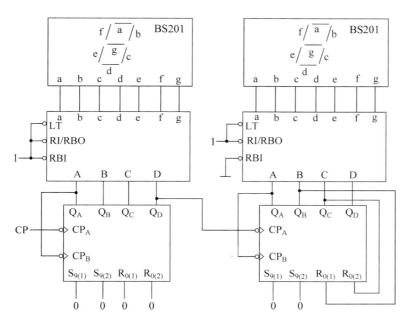

图 6.4.19 用 74LS90 实现 60s 计数、译码及显示电路

是同步置数,故产生置数复位信号的计数状态是 $Q_D Q_C Q_B Q_A = 1011$,置数输入数据为 0011,所以计数器的初态 $S_C = 0011$,终态为 $S_Z = 1011$,有效计数状态的个数为 $N = (1011 - 0011 + 1)_2 = (1001)_2 = 9$。由上述分析可以确定图 6.4.20(a)是九进制计数器。

通过对图 6.4.20(a)的分析,可总结出确定计数器电路是 N 进制计数器的一般方法,具体步骤如下:

(1) 确定初态 S_C 和终态 S_Z。

(2) $N = S_Z - S_C + 1$。

图 6.4.20(b)是用两片 74LS90 组成的计数器,均接成十进制计数器,然后级联成模 100 的计数器,再利用异步清零信号统一复位,产生清零信号的 8421BCD 码是 1000 0010,所以如下:

(1) $S_Z = 1000\ 0001$,$S_C = 0000\ 0000$。

(2) $N = S_Z - S_C + 1 = (1000\ 0001 - 0000\ 0000 + 0001)_{BCD} = (1000\ 0010)_{BCD} = 82$。

由上述分析可以确定图 6.4.20(b)是八十二进制计数器。

图 6.4.20(c)是用两片 74161 组成的计数器,均接成十六进制计数器,然后级联,利用同步置数信号统一复位为 00000001,产生复位信号的状态是 01011100,所以如下:

(1) $S_Z = 01011100$,$S_C = 00000001$。

(2) $N = S_Z - S_C + 1 = (01011100 - 00000001 + 1)_2 = (01011100)_2 = 92$。

由上述分析可以确定图 6.4.20(c)是九十二进制计数器。

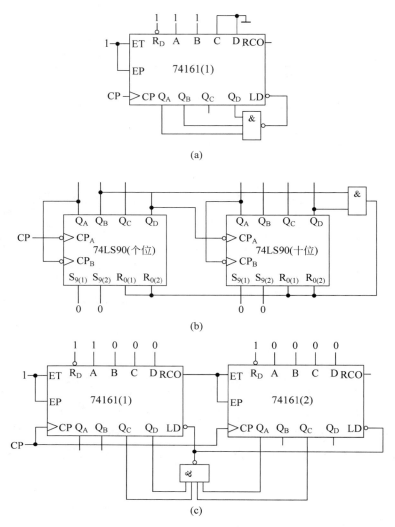

图 6.4.20 例 6.4.8 图

6.5 寄存器

寄存器是另一类特殊的时序电路,广泛地应用于数字计算机和数字系统中,其主要的功能是暂存信息和移位操作,主要组成部分是触发器。一个双稳态触发器能存储一位二进制代码,所以要存储 n 位二进制代码的寄存器就需要用 n 个触发器组成。寄存器的信息传输方式可分为两类,一类称为并行方式,在该方式下,寄存器各位的数据同时输入或输出。另一类称为串行方式,在该方式下,寄存器各位的数据是一位一位地输入或输出的。

从功能上划分,寄存器分为数据寄存器和移位寄存器两类,与前者相比,后者除具有存储数据外,还具有移位功能。

6.5.1 数据寄存器

一个 4 位的集成数据寄存器 74LS175 的逻辑电路图和引脚图如图 6.5.1 所示。图中，R_D 是异步清零控制端。寄存器存数之前，可先将寄存器清零，也可直接将数据 $1D\sim4D$ 送入输入端，在 CP 脉冲正跳沿作用下，$1D\sim4D$ 端的数据被并行地存入寄存器。输出数据可以从 $1Q\sim4Q$ 并行地取出，所以数据寄存器的信息传输方式属于并行输入或输出方式。74LS175 的功能如表 6.5.1 所示。

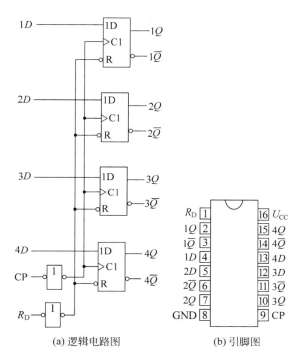

(a) 逻辑电路图　　　　　(b) 引脚图

图 6.5.1　74LS175 集成寄存器

表 6.5.1　74LS175 功能表

清零 R_D	时钟 CP	数 据 输 入				数 据 输 出			
		1D	**2D**	**3D**	**4D**	**1Q**	**2Q**	**3Q**	**4Q**
0	×	×	×	×	×	0	0	0	0
1	↑	A	B	C	D	A	B	C	D
1	1	×	×	×	×	保持			
1	0	×	×	×	×				

6.5.2 移位寄存器

移位寄存器由几个触发器串接而成。输入数据通过一条数据线加入寄存器，送给最左边（或者最右边）一位触发器,左边（或者右边）触发器的输出作为右邻（或者左邻）触发器的数据输入。在时钟脉冲作用下,内部各触发器的信息同步地向右（或向左）移动。n 位输入数据在 n 个时钟脉冲作用下,串行地移入 n 位寄存器中。存入寄存器中的所有信息再伴随着 n 个时钟脉冲的作用,从最右边（或最左边）的触发器开始,串行地全部移出,因此移位寄存器的信息传输方式属于串行输入或输出方式。4 位移位寄存器逻辑电路图如图 6.5.2 所示。其数据存入的过程可用状态表简单描述,如表 6.5.2 所示。

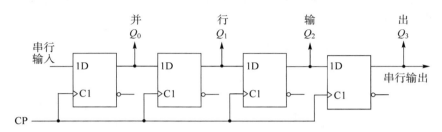

图 6.5.2　4 位串入-串出寄存器逻辑电路图

表 6.5.2　4 位串入-串出寄存器状态表

时钟 CP	数据输出端			
	Q_0	Q_1	Q_2	Q_3
0	0	0	0	0
1	D_3	0	0	0
2	D_2	D_3	0	0
3	D_1	D_2	D_3	0
4	D_0	D_1	D_2	D_3

由表 6.5.2 可知,假设移位寄存器的初始状态为 0000,现将待输入的数据 $D_0D_1D_2D_3$ 依次送到串行输入端,经过第一个时钟脉冲后,$Q_0=D_3$。由于跟随 D_3 后面的数据数是 D_2,则经过第二个时钟脉冲后,$Q_0=D_2$,$Q_1=D_3$,以此类推,经过四个时钟脉冲后,4 个触发器的输出状态 $Q_0Q_1Q_2Q_3$ 与输入数据 $D_0D_1D_2D_3$ 相对应。

由于输入数据在时钟脉冲作用下从左向右一位位地移入寄存器,因而移位寄存器又称为串行寄存器。若输入数据向左移动称为左移寄存器,向右移动称为右移寄存器,两者输入数据移动的方向不同,其工作原理是相同的。若同时从 4 个触发器的输出端 $Q_0Q_1Q_2Q_3$ 取数据,还可实现数据的并行输出。

6.5.3　移位寄存器型计数器

在前面讨论的计数器中,计数器从第 i 个状态到第 $i+1$ 个状态变化时,对应计数器的代码通常会有多位发生变化。例如,从 011 状态到 100 状态,三个触发器的状态都发生了变化。若用计数器的状态作控制信号,通常需要译码电路,此外,由于计数器的状态代码有多位同时向相反方向变化,所以对于后级的组合电路而言,可能存在着竞争冒险。为了克服上述问题,在有些应用场合,需要采用移位寄存器型计数器。如果把移位寄存器的输出,以一定的方式反馈到输入,则可构成具有特殊编码的移位寄存器型计数器,移位寄存器型计数器的电路结构示意图如图 6.5.3 所示。最简单的移位寄存器型计数器有环形计数器和扭环形计数器。

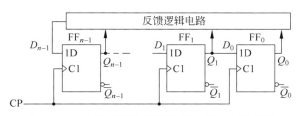

图 6.5.3 移位寄存器型计数器电路结构示意图

1. 环形计数器

1）电路组成

将 n 位移位寄存器最高位的输入端接至最低位的输出端,即将 n 位移位寄存器的首尾相连,$D_{n-1}=Q_0$,就构成 n 位环形计数器。图 6.5.4(a)是 4 位环形计数器的逻辑电路,$D_3=Q_0$。

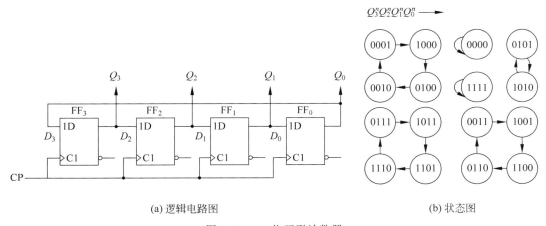

(a) 逻辑电路图　　　　　　　　　　　(b) 状态图

图 6.5.4　4 位环形计数器

2）工作原理

根据时序电路的分析方法,不难画出电路的状态图如图 6.5.4(b)所示。由状态图可知,电路在时钟脉冲 CP 的作用下可以循环位移一个 1,也可循环位移一个 0,若选择循环位移一个 1,则有效循环的状态是 1000、0100、0010、0001,其余状态都构成无效循环状态。工作时,须首先用启动脉冲使电路进入有效状态,然后才能加 CP,使计数器正常工作。

3）主要特点

正常工作时,所有触发器只有一个处于 1(或一个 0)状态,因此,可直接利用触发器的 Q 端当作译码器输出。由于 n 位环形计数器能利用的状态只有 n 个,浪费了 2^n-n 个状态,所以状态利用率低。此外,从状态图得知,这种计数器不具有自启动能力,工作时应先用启动脉冲将计数器置入有效状态,然后加时钟脉冲。

2. 扭环形计数器

1）电路组成

扭环形计数器电路与环形计数器电路很相似，其区别仅在于反馈信号取自不同。将图 6.5.4 环形计数器中取自 Q_0 的反馈信号变为取自 $\overline{Q}_0$，即 $D_3 = \overline{Q}_0$，即可构成 4 位扭环形计数器，逻辑电路图如图 6.5.5(a)所示。

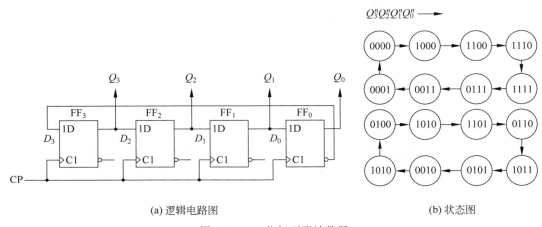

(a) 逻辑电路图　　　　　　　　　　　　　(b) 状态图

图 6.5.5　4 位扭环形计数器

2）工作原理

应用时序电路分析方法画出的状态图如图 6.5.5(b)所示。电路中有 8 个状态构成有效循环状态，8 个状态构成无效循环状态，电路仍然没有自启动能力，一旦进入无效状态是无法自动回到有效循环的。

3）主要特点

正常工作时，每次状态变化仅有一个触发器翻转，因此，输出状态译码时，不存在竞争冒险。与环形计数器类似，对于 n 位扭环形计数器，能利用的状态只有 $2n$ 个，浪费了 $2^n - 2n$ 个状态，所以状态利用率低，同样没有自启动能力，工作时应先用启动脉冲将计数器置入有效状态，然后加时钟脉冲。

3. 自启动电路的设计

环形、扭环形计数器的基本电路都不能自启动。为了保持在原有的有效循环前提下，切断无效循环，并使每个无效循环中的任何状态都能回到有效循环的某一状态，自启动电路的设计也就是反馈电路的修改设计，其原则如下：

（1）自启动电路仅仅改变连接反馈电路输出端的触发器状态，换句话说，设计新的反馈电路，也就是求出连接反馈电路输出端的触发器的驱动方程。

（2）在计数器的多个无效循环中，通常是先切断一个（或两个）最简单的无效循环，设计反馈电路，然后进行状态检查，如果不存在无效循环，自启动电路设计完成。假如还有无效循环存在，则再切断尚存的另一个无效循环，重新设计反馈电路，然后再进行状态检查。一般只需反复 1～2 次便可完成自启动电路的设计。

自启动电路设计的基本步骤如下：①列出修改后的状态表和连接反馈电路输出端的触发器驱动表；②求触发器的驱动方程；③画逻辑电路图；④电路检查，画出完整的状态图。

例 6.5.1 设计如图 6.5.4(a)所示的环形计数器的自启动电路，假定有效循环为 0001→1000→0100→0010→0001。

解 （1）列出修改后的状态表和连接反馈电路输出端的触发器驱动表。

由如图 6.5.4(b)所示的环形计数器的状态图得知，最简单无效循环是 0000→0000 和 1111→1111，可首先切断它们。为了满足自启动电路仅仅改变连接反馈电路输出端的触发器状态，设计的自启动电路应使状态 0000 转到 1000，使 1111 转到 0111。状态 1000 已是有效状态，状态 0111 虽然不是有效状态，但是由于反馈电路的作用，有可能经过几个中间状态的转换之后进入有效循环，具体情况尚待检查。根据上述分析列出修改的状态表如表 6.5.3 所示，表中 1、2、4、8 态序是有效状态，0、15 态序是切断修改的状态，其余是无关项状态。因为修改的反馈电路仅改变触发器 FF_3 的输入，其他触发器输入与原电路相同，故表 6.5.3 只列出了触发器 FF_3 的驱动关系。

表 6.5.3 例 6.5.1 状态表和驱动表

态 序	Q_3^n	Q_2^n	Q_2^n	Q_0^n	Q_3^{n+1}	Q_2^{n+1}	Q_1^{n+1}	Q_0^{n+1}	D_3
1	0	0	0	1	1	0	0	0	1
2	0	0	1	0	0	0	0	1	0
4	0	1	0	0	0	0	1	0	0
8	1	0	0	0	0	1	0	0	0
0	0	0	0	0	1	0	0	0	1
15	1	1	1	1	0	1	1	1	0
3	0	0	1	1					
5	0	1	0	1					
6	0	1	1	0					
7	0	1	1	1					
9	1	0	0	1					
10	1	0	1	0			$\times$		$\times$
11	1	0	1	1					
12	1	1	0	0					
13	1	1	0	1					
14	1	1	1	0					

（2）求 FF_3 触发器的驱动方程。

由表 6.5.3 画出的卡诺图如图 6.5.6(a)所示，化简后得到的驱动方程为

$$D_3 = \overline{Q_3^n}\,\overline{Q_2^n}\,\overline{Q_1^n}$$

（3）画逻辑电路图。

自启动环形计数器的逻辑电路如图 6.5.6(b)所示。

（4）电路检查，画出完整的状态图。

电路完成之后，对电路进行自启动检查。对如图 6.5.6(b)所示的电路检查状态 7，此时电路状态 $Q_3Q_2Q_1Q_0 = 0111$，所以 $D_3 = \overline{Q_3^n}\,\overline{Q_2^n}\,\overline{Q_1^n} = 0$，在下一个 CP 作用后，电路由状态

0111 转换到状态 0011，但是 0011 也不是有效状态，应继续检查，此时电路状态 $Q_3Q_2Q_1Q_0=$ 0011，所以 $D_3=\overline{Q}_3^n\overline{Q}_2^n\overline{Q}_1^n=0$，电路由状态 0011 转换到状态 0001，从而进入有效循环。用同样的方法检查其他无效状态，检查结果不存在无效循环，设计便告结束。最后画出完整的状态图，如图 6.5.6(c)所示。

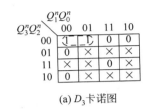

(a) D_3 卡诺图

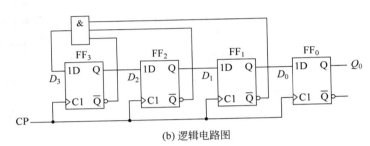

(b) 逻辑电路图

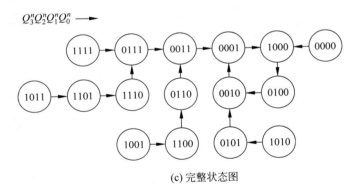

(c) 完整状态图

图 6.5.6　例 6.5.1 图

例 6.5.2　设计一个能自启动的 3 位扭环形计数器。

解　(1) 画出基本扭环形计数器电路及其状态图，如图 6.5.7(a)所示。

(2) 列出修改后的状态表和连接反馈电路输出端的触发器驱动表。

由图 6.5.7(b)状态图得知，只有一个无效循环，可直接切断。为了满足自启动电路仅改变连接反馈电路输出端的触发器状态，设计的自启动电路有两个方案，即方案 1，切断 010→101，使状态 010 转到 001；方案 2，切断 101→010，使 101 转到 110。列出修改后的状态表和触发器 FF_0 的驱动关系如表 6.5.4 所示。表中 0、1、3、4、6、7 态序是有效状态，选择方案 1，2 态序是切断修改的状态，5 态序是无关项状态，选择方案 2，5 态序是切断修改的状态，2 态序是无关项状态。

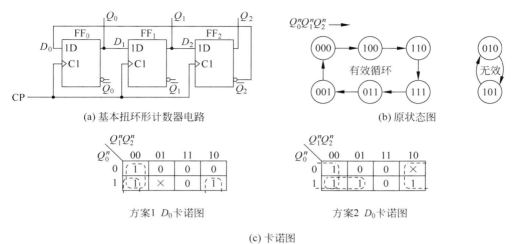

(a) 基本扭环形计数器电路　　　　　　　　　　　(b) 原状态图

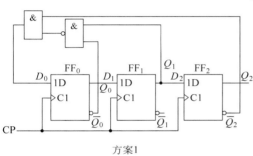

方案1 D_0 卡诺图　　　　　　　　　方案2 D_0 卡诺图

(c) 卡诺图

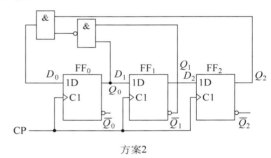

方案1　　　　　　　　　　　　　　　　　方案2

(d) 逻辑电路图

方案1　　　　　　　　　　　　　　　　方案2

(e) 完整状态图

图 6.5.7　基本扭环形计数器电路及其状态图

表 6.5.4　例 6.5.2 状态表和驱动表

态　序	Q_0^n	Q_1^n	Q_2^n	Q_0^{n+1}	Q_1^{n+1}	Q_2^{n+1}	D_0
0	0	0	0	1	0	0	1
1	0	0	1	0	0	0	0
3	0	1	1	0	0	1	0
4	1	0	0	1	1	0	1
6	1	1	0	1	1	1	1
7	1	1	1	0	1	1	0
2	0	1	0	0	0	1	0(方案 1)
5	1	0	1	×			×(方案 1)
5	1	0	1	1	1	0	1(方案 2)
2	0	1	0	×			×(方案 2)

（3）求 FF_0 触发器的驱动方程。

由表 6.5.4 画出方案 1 和方案 2 的 D_0 卡诺图如图 6.5.7(c)所示,化简后得到方案 1 的驱动方程为

$$D_0 = \overline{Q}_1^n \overline{Q}_2^n + Q_0^n \overline{Q}_2^n = \overline{\overline{Q}_0^n Q_1^n} \; \overline{Q}_2^n$$

方案 2 的驱动方程为

$$D_0 = Q_0^n \overline{Q}_1^n + \overline{Q}_2^n = \overline{\overline{Q_0^n \overline{Q}_1^n} Q_2^n}$$

（4）画逻辑电路图。

方案 1 和方案 2 的逻辑电路如图 6.5.7(d)所示。

（5）电路检查,画出完整的状态图。

对如图 6.5.7(d)所示的方案 1 电路,检查状态 5,此时电路状态 $Q_0 Q_1 Q_2 = 101$,所以 $D_0 = \overline{\overline{Q}_0^n Q_1^n} \; \overline{Q}_2^n = 0$,在下一个 CP 作用后,电路由状态 101 转换到状态 010,此时电路进入有效循环,设计便告结束。用同样的方法检查图 6.5.7(d)所示的方案 2 电路,最后画出完整的状态图如图 6.5.7(e)所示。

6.5.4　多功能寄存器

1. 电路结构及工作原理

74194 是个多功能移位寄存器,由 4 个 D 触发器及它们的输入控制电路组成,逻辑图、引脚图和符号如图 6.5.8 所示。

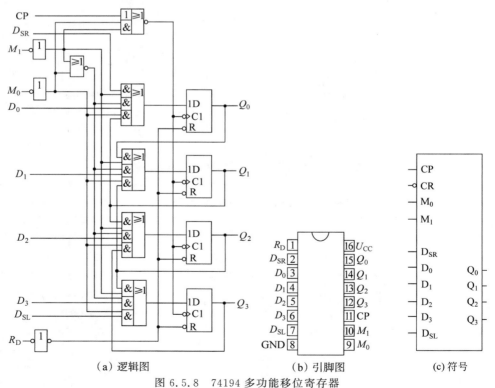

（a）逻辑图　　　　　　　　　（b）引脚图　　　　　（c）符号

图 6.5.8　74194 多功能移位寄存器

在逻辑图中,R_D 为异步清零输入端,有 4 个并行数据输入端 $D_0 \sim D_3$ 和 4 个并行数据输出端 $Q_0 \sim Q_3$,两个串行输入端是左移输入端 D_{SL} 和右移输入端 D_{SR},两个控制信号输入端 M_0 和 M_1 组成 4 种组态,如表 6.5.5 所示,完成左移、右移、并入和保持 4 种功能。表 6.5.6 是 74194 的功能表。其中左移和右移两项是指串行输入,数据分别从左移输入端 D_{SL} 和右移输入端 D_{SR} 送入寄存器。

表 6.5.5 74194 控制信号功能表

控制信号组态		完成的功能
M_1	M_0	
0	0	保　持
0	1	右　移
1	0	左　移
1	1	并行存入

表 6.5.6 74194 功能表

序号	清零 R_D	控制信号		串行输入		时钟 CP	并行输入				输出				功能
		M_1	M_0	左移 D_{SL}	右移 D_{SR}		D_0	D_1	D_2	D_3	Q_0	Q_1	Q_2	Q_3	
1	0	×	×	×	×	×	×	×	×	×	0	0	0	0	清零
2	1	×	×	×	×	1(0)	×	×	×	×	Q_0	Q_1	Q_2	Q_3	保持
3	1	0	0	×	×	↑	×	×	×	×	Q_0	Q_1	Q_2	Q_3	
4	1	0	1	×	1	↑	×	×	×	×	1	Q_0	Q_1	Q_2	右移
5	1	0	1	×	0	↑	×	×	×	×	0	Q_0	Q_1	Q_2	
6	1	1	0	1	×	↑	×	×	×	×	Q_1	Q_2	Q_3	1	左移
7	1	1	0	0	×	↑	×	×	×	×	Q_1	Q_2	Q_3	0	
8	1	1	1	×	×	↑	D_0	D_1	D_2	D_3	D_0	D_1	D_2	Q_3	并入

功能表 6.5.6 序号 1 为异步清零,当 $R_D = 0$,寄存器清零;序号 2、3 为保持工作方式,当 $R_D = 1$,CP$=1$(或 0)或 $M_1 M_0 = 00$ 时,寄存器保持原来状态;序号 4、5 为右移工作方式,当 $R_D = 1$,$M_1 M_0 = 01$,在 CP 正跳沿,寄存器输出右移,且 $Q_0 = D_{SR}$(串行输入);序号 6、7 为左移工作方式,当 $R_D = 1$,$M_1 M_0 = 10$,在 CP 正跳沿,寄存器输出左移,且 $Q_3 = D_{SL}$(串行输入);序号 8 为数据并行存入工作方式,当 $R_D = 1$,$M_1 M_0 = 11$,在 CP 正跳沿,寄存器将并行输入端的数据存入,输出端为 $Q_0 Q_1 Q_2 Q_3 = D_0 D_1 D_2 D_3$。

2. 应用

1) 组成环形计数器

有时要求在移位过程中数据不要丢失,仍然保持在寄存器中。可将移位寄存器的最高位的输出移至最低位的输入端,或将最低位的输出移至最高位的输入端,即将移位寄存器的首尾相连,就能实现上述功能,构成环形计数器。图 6.5.9 给出了用 74194 构成的 4 位基本环形计数器逻辑图、状态图和波形图。

由于基本环形计数器没有自启动能力,因此在 M_1 端加预置脉冲,将寄存器初始状态预置成 $Q_0 Q_1 Q_2 Q_3 = 1000$。预置脉冲结束后,寄存器处于右移工作方式。伴随着时钟脉冲

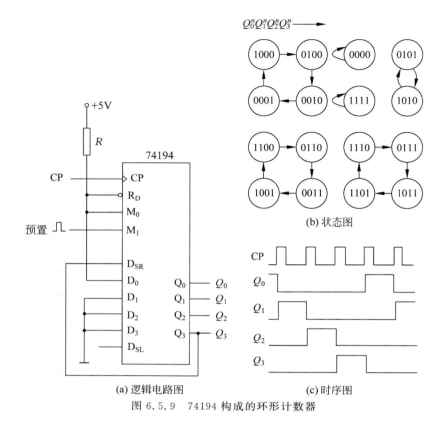

(a) 逻辑电路图　　　(c) 时序图

图 6.5.9　74194 构成的环形计数器

CP 的正跳沿,寄存器的内容从 Q_0 开始顺次右移一位,最右边的一位信息 Q_3 通过 D_{SR} 端移入 Q_0。4 个 CP 一个循环,经历 4 个状态,它们分别是 1000、0100、0010 和 0001,其时序图如图 6.5.9(c)所示。

　　若要求环形计数器具有自启动能力,可按照自启动电路的设计步骤设计出自启动 4 位环形计数器,其设计过程与例 6.5.1 相似。由例 6.5.1 得知反馈电路输出端表达式为

$$F = \overline{Q_0^n}\,\overline{Q_1^n}\,\overline{Q_2^n} = \overline{Q_0^n + Q_1^n + Q_2^n}$$

因而,反馈电路可用一个或非门实现。在图 6.5.9(a)中,D_{SR} 端接收反馈信号,并在时钟脉冲作用下,将反馈信号移入触发器 Q_0 端,所以可将反馈电路的输出接至 D_{SR} 端,即

$$D_{SR} = \overline{Q_0^n + Q_1^n + Q_2^n}$$

完成电路的自启动,74194 带自启动的 4 位环形计数器电路如图 6.5.10 所示。

　　2) 组成串行-并行变换电路

　　由两片 74194 位移寄存器组成的 7 位串行-并行变换电路如图 6.5.11 所示。电路在清零负脉冲作用下,两片寄

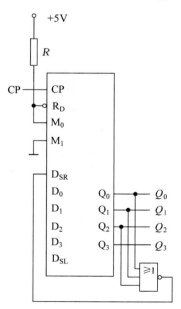

图 6.5.10　74194 构成的自启动环形计数器

存器均被清零。第一个 CP 脉冲到来后,由于 $Q_7=0$ 使 $M_1=1$,寄存器进行并行置数。置入标志数 $Q_0Q_1Q_2Q_3Q_4Q_5Q_6Q_7=01111111$,其中 0 为标志位,置数后 $M_1=0$。从第二个 CP 脉冲输入开始,寄存器进行移位操作,接收串行输入数据 $D_0 \sim D_6$。经过 7 个 CP 脉冲右移 7 次后,标志位 0 移至 Q_7,表明串行数据 $D_0 \sim D_6$ 已全部移入转为并行数据,并从寄存器的 $Q_0Q_1Q_2Q_3Q_4Q_5Q_6$ 输出。第 9 个 CP 脉冲到来时,由于 $Q_7=0$,又使 $M_1=1$,寄存器再次进行并行输入操作,且输入标志数。以后,重复上述过程。电路的状态转换关系如表 6.5.7 所示。

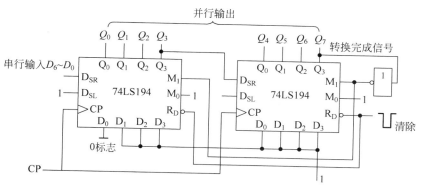

图 6.5.11　7 位串行-并行变换电路

表 6.5.7　电路的状态转换表

CP	R_D	Q_0	Q_1	Q_2	Q_3	Q_4	Q_5	Q_6	Q_7
—	0	0	0	0	0	0	0	0	0
1	1	0	1	1	1	1	1	1	1
2	1	D_0	0	1	1	1	1	1	1
3	1	D_1	D_0	0	1	1	1	1	1
4	1	D_2	D_1	D_0	0	1	1	1	1
5	1	D_3	D_2	D_1	D_0	0	1	1	1
6	1	D_4	D_3	D_2	D_1	D_0	0	1	1
7	1	D_5	D_4	D_3	D_2	D_1	D_0	0	1
8	1	D_6	D_5	D_4	D_3	D_2	D_1	D_0	0
9	1	0	1	1	1	1	1	1	1

从电路的工作过程可知,运用 74194 寄存器在进行串行-并行或并行-串行转换时,必须通过并行输入方式设置一位标志数。若采用右移位,则左边第一位设置为标志位 0,其他各位 1,若采用左移位,则右边第一位设置为标志位 0,其他各位为 1,以便判别转换过程的始末。同时应注意 74194 芯片控制信号 M_0 和 M_1 的作用,分清不同控制信号作用下电路的工作方式。

3) 组成分频器

例 6.5.3　图 6.5.12(a)是一个由 74194 移位寄存器构成的分频器电路,试分析电路是几分频电路。

解　图 6.5.12(a)中控制信号 $M_1M_0=01$,74194 移位寄存器工作在右移方式。在电路工作时,首先会在异步清零端 R_D 输入一个负脉冲,74194 移位寄存器即被清零,4 个输出端 $Q_0Q_1Q_2Q_3=0000$。在这之后,随着时钟脉冲输入端 CP 不断输入频率为 f 的脉冲信号,74194 执行右移操作,串行右移输入端 D_{SR} 接收与非门反馈电路产生的信号,$D_{SR}=\overline{Q_3Q_2}$。该电路的状态转换状态如表 6.5.8 所示,从状态表可知,电路在清零之后输出 $Q_0Q_1Q_2Q_3=0000$,输入第一个 CP 脉冲之后,输出 $Q_0Q_1Q_2Q_3=1000$,输入 7 个脉冲循环一周,循环过程如表 6.5.8 所示中带箭头的连线所示。因此构成一个七进制计数器。由于该电路首先需异步清零,清零之后的状态 $Q_0Q_1Q_2Q_3=0000$ 不包含在循环态序中,相当于是一个启动状态,该电路不具有自启动能力。根据状态图得到的电路波形图如图 6.5.12(b)所示。从图中可以看到 74194 移位寄存器 4 个输出端 $Q_0Q_1Q_2Q_3$ 的脉冲信号是时钟信号 CP 的七分频信号,$Y=Q_3$,所以该电路是一个七分频电路。

若将与非门反馈电路的输入信号取自 74194 移位寄存器的不同输出端,可以得到不同的分频信号。

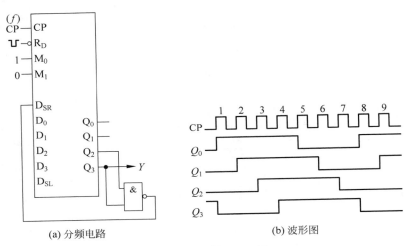

(a) 分频电路　　　　(b) 波形图

图 6.5.12　例 6.5.3 图

表 6.5.8　分频器状态表

CP	$Q_0Q_1Q_2Q_3$	$D_{SR}=\overline{Q_3Q_2}$
0	0000	1
1	1000	1
2	1100	1
3	1110	1
4	1111	0
5	0111	0
6	0011	0
7	0001	1
8	1000	1
9	1100	1

6.6 算法状态机

算法状态机(ASM)是设计数字系统的一种常用工具。本节介绍 ASM 的概念以及怎样根据 ASM 图表实现控制逻辑的方法,以此作为逻辑设计内容的引申和扩展。

数字系统中的二进制信息可分成两类,一类是控制信息,另一类是数据信息。加工和处理数据信息的硬件有加法器、译码器、数据选择器、计数器和寄存器等。控制信息是命令信号,它控制着处理数据信息的硬件,完成各种数据处理的操作任务。因此数字系统的逻辑设计可分成性质不同的两个部分,一部分指的是设计实现数据操作的电路——数据处理器;另一部分是设计控制数据操作和操作顺序的电路——控制器。

数字系统中的控制器和数据处理器之间的关系如图 6.6.1 所示。数据处理器是数字系统的子系统,它按照系统的要求处理寄存器中的数据。控制器则是发出时序的命令信号,激励数据处理器按一定的顺序进行操作。它根据来自数据处理器的状态条件和外输入确定控制信号的序列,控制器也是由时序电路构成的。

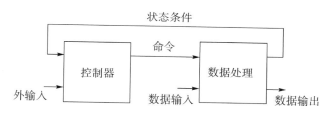

图 6.6.1 控制器与数据处理器的连接

数字系统的操作序列是由硬件算法来决定的,ASM 图是描述数字系统硬件算法的流程图。应用 ASM 图设计数字系统,可以很容易将语言描述的设计问题转变成时序流程图的描述,只要描述逻辑设计问题的时序流程图一旦形成,就能很容易地得到状态函数和输出函数,从而得出相应的硬件电路。

ASM 图与常用的流程图相类似,都表示操作序列。但是,常用的流程图只表示操作序列,不涉及程序步骤的时间关系。而 ASM 图严格地规定操作和操作之间的时间关系。控制器处于一个状态,系统实现一个或几个操作,控制器转换到另一个状态,系统实现另外一些操作,伴随着控制器状态转换,系统的操作相应时序地进行,所以 ASM 图同系统的硬件是紧密相关的。建立 ASM 图之后,就可以用不同的方式实现控制器了。

6.6.1 ASM 图

ASM 图由三种基本符号组成,即状态框、判断框和条件框。

1. 状态框

状态框的形状是一个矩形,如图 6.6.2(a)所示,框内标出在此状态实现的寄存器操作或控制器产生的输出信号名称。状态的符号置于状态框的左上角，分配给状态的二进制代码置于状态框的右上角。图 6.6.2(b) 是一个状态框的具体例子，这个状态框的符号是 T_3，分配给它的二进制代码是 010，框内规定的寄存器操作是 R←0，意思是寄存器 R 清零。当系统处于状态 010 时，产生输出信号 START，可以用它来启动某一操作。

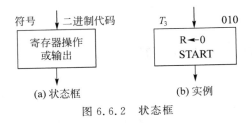

图 6.6.2　状态框

2. 判断框

判断框表示输入变量或状态条件对控制器的影响，其形状为菱形，它有一个入口，两个或多个出口，如图 6.6.3 所示。被检验的输入条件写在框内，如果条件是真（取值 1），选定一个出口，如果条件是假（取值 0），则选定另外一个出口。判断框的入口来自某一个状态框，在该状态框占用的时钟周期内，完成条件判断，因而判断框不占用时间。

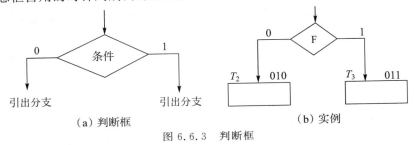

图 6.6.3　判断框

3. 条件框

条件框的形状为椭圆形，如图 6.6.4(a) 所示。条件框的入口通路必定与判断框的出口相接。列入条件框内的寄存器操作或输出是在给定的状态下，输入条件被满足才会发生。在图 6.6.4(b) 中，当系统处于状态 T_1 时，控制器产生输出信号 START，如果此时输入条件 $E=1$，那么 R 被清零，否则 R 保持不变。不管 E 取何值，系统的次态都是 T_2。

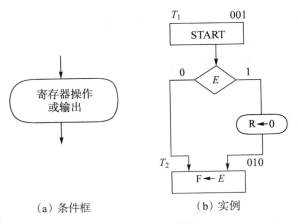

图 6.6.4　条件框

4．各逻辑框之间的时间关系

ASM 图可以细分为若干 ASM 块。每个 ASM 块必定包含一个状态框，可能还有几个同它相连接的判断框和条件框。整个 ASM 块有一个入口和几个由判断框构成的出口，图 6.6.5 中虚线框内就是一个 ASM 块，它由一个状态框和同它相连的两个判断框及一个条件框构成。ASM 图中的每一个 ASM 块表示一个时钟周期内的系统状态。状态框与条件框规定的操作都是在同一个时钟周期内完成的，同时系统控制器从现态转换到次态。

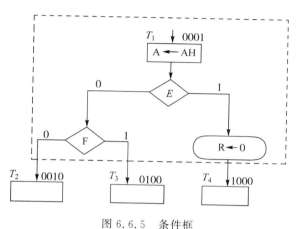

图 6.6.5 条件框

图 6.6.6 给出了 ASM 图中各种操作的时间图。假定系统中所有触发器为正跳沿触发，当第一个时钟脉冲正跳沿到来时，系统转换到 T_1 状态，随后根据条件由判断框输出 1 或 0，以便在下一个时钟脉冲正跳沿到来时，系统状态由 T_1 转换到 T_2、T_3 和 T_4 中的一个状态。

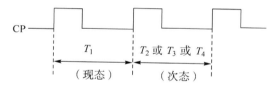

图 6.6.6 ASM 图与状态的时间图

ASM 图中各种操作都是用符号表示的，表 6.6.1 列出了常用操作的表示符号。

表 6.6.1 ASM 图中常用操作的表示符号

符 号	含 义
A←B	寄存器 B 的内容传送至寄存器 A
R←0	寄存器 R 清零
F←1	触发器 F 置 1
A←A+1	寄存器 A 的内容增 1
A←A−1	寄存器 A 的内容减 1
A←A+B	寄存器 A 的内容与寄存器 B 的内容相加，结果存于 A

6.6.2 设计举例

例 6.6.1 设计一个交通灯控制电路，实现对城市十字路口的交通灯控制，技术要求如下：

（1）东西方向绿灯（EWG）亮 70s，南北方向红灯（NSR）亮；

（2）东西方向黄灯（EWY）亮 5s，南北方向红灯（NSR）亮；

（3）南北方向绿灯（NSG）亮 70s，东西方向红灯（EWR）亮；

（4）南北方向黄灯（NSY）亮 5s，东西方向红灯（EWR）亮。

解 （1）根据题目要求确定系统方案，建立 ASM 图。

交通灯控制电路的一个工作循环有 4 个阶段（状态），我们把这些状态定义为 T_0、T_1、T_2 和 T_3。

T_0 状态。东西方向绿灯亮（EWG），南北方向红灯亮（NSR），时间为 $T_L = 70s$，当 T_L 时间到时，控制器发出状态转换信号 S_T，输出从状态 T_0 转换到 T_1 状态。

T_1 状态。东西方向黄灯亮（EWY），南北方向红灯亮（NSR），时间为 $T_S = 5s$，当 T_S 时间到时，控制器发出状态转换信号 S_T，输出从状态 T_1 转换到 T_2 状态。

T_2 状态。南北方向绿灯亮（NSG），东西方向红灯亮（EWR），时间为 $T_L = 70s$，当 T_L 时间到时，控制器发出状态转换信号 S_T，输出从状态 T_2 转换到 T_3 状态。

T_3 状态。南北方向黄灯亮（NSY），东西方向红灯亮（EWR），时间为 $T_S = 5s$，当 T_S 时间到时，控制器发出状态转换信号 S_T，输出从状态 T_3 转换到 T_0 状态。

整个系统由控制器、处理器和交通灯组成，处理器由定时器和译码器组成，定时器接收控制器发出的状态转换信号 S_T，用于清零，并向控制器发出 $T_L = 70s$ 和 $T_S = 5s$ 信号。译码器接收控制器发出的命令，改变交通灯。控制器接收外部时钟信号和定时信号 T_L 和 T_S，发出状态转换信号 S_T 和译码器命令。系统框图如图 6.6.7 所示。

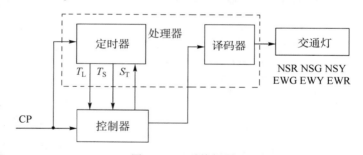

图 6.6.7　系统框图

设系统初始状态在状态 T_0，用状态框 EWG-NSR 表示，时间达到 T_L，满足判断框条件，系统控制器发出状态转换信号 S_T，由条件框表示，系统状态转换至状态 T_1，用状态框 EWY-NSR 表示，否则系统保持在状态 T_0，以此类推，完成一个工作循环。由此得到交通灯控制系统的 ASM 图如图 6.6.8 所示。

（2）控制器设计。

根据 ASM 图列出状态转换表，如表 6.6.2 所示，采用触发器和逻辑门，用时序电路的设计方法就可以设计控制器。也可采用中规模集成电路寄存器和计数器作为时序电路的基本元件。本例选用已介绍过的中规模集成电路 74194 多功能寄存器，状态编码如下：

$$T_0 \text{——} Q_0 Q_1 Q_2 Q_3 = 1000$$
$$T_1 \text{——} Q_0 Q_1 Q_2 Q_3 = 0100$$
$$T_2 \text{——} Q_0 Q_1 Q_2 Q_3 = 0010$$
$$T_3 \text{——} Q_0 Q_1 Q_2 Q_3 = 0001$$

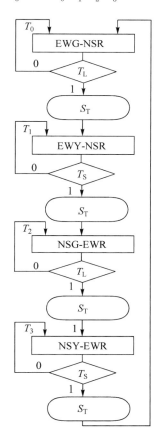

图 6.6.8　交通灯控制器 ASM 图

表 6.6.2　状态转换表

输　　入			输　　出	
现　　态	$T_L = 70s$	$T_S = 5s$	次　　态	S_T
T_0	0	×	T_0	0
T_0	1	×	T_1	1
T_1	×	0	T_1	0
T_1	×	1	T_2	1
T_2	0	×	T_2	0
T_2	1	×	T_3	1
T_3	×	0	T_3	0
T_3	×	1	T_0	1

　　利用寄存器的并行输入,由预置信号使 $M_0 = M_1 = 1$,通过 $D_0 D_1 D_2 D_3$ 端将 1000 并行送入 $Q_0 Q_1 Q_2 Q_3$ 端,寄存器的初始状态 $Q_0 Q_1 Q_2 Q_3 = 1000$。利用寄存器的右移工作方式实现状态转换。根据 74194 功能表(如表 6.5.6 所示),$M_1 = 0$,$M_0 = 0$ 保持,$M_1 = 0$,$M_0 = 1$

右移。对右移和保持两种功能来说，$M_1=0$，而 M_0 的取值则由状态转换信号 S_T 决定。由状态转换表可以得到状态转换信号方程，即

$$S_T = M_0 = T_0 \cdot T_L + T_1 \cdot T_S + T_2 \cdot T_L + T_3 \cdot T_S$$

当 $S_T = M_0 = 1$ 时，寄存器右移，否则保持。用 74194 实现交通灯控制器的电路如图 6.6.9 所示。

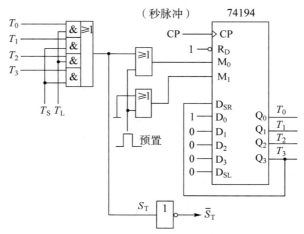

图 6.6.9　交通灯控制器电路

（3）定时器设计。

定时器在系统秒脉冲驱动下，产生 $T_S=5\text{s}$ 和 $T_L=70\text{s}$ 信号，在状态转换信号 $S_T=1$ 时，定时器回零。定时器电路如图 6.6.10 所示。图中选用两片 74161 集成同步计数器，在控制信号 S_T 作用下，计数器从零开始计数，每计到 4（第五个状态）时，即计数器输出为 100，向控制器提供 $T_S=5\text{s}$ 信号，当计到 69（第 70 个状态）时，即计数器输出为 1000101，由与门译码产生 $T_L=70\text{s}$ 信号。

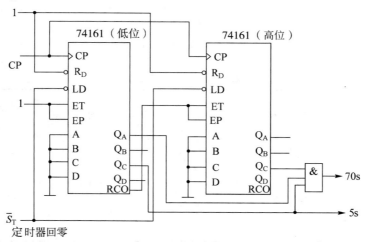

图 6.6.10　交通灯系统定时器

（4）译码器设计。

交通灯系统应在不同的状态下，根据控制器发出命令，使信号灯发出相应的灯光信号。

控制器状态命令与信号灯的关系如表 6.6.3 所示。由此得出灯光信号与控制器状态命令的逻辑表达式,即

$$NSR = T_0 + T_1 \qquad\qquad NSG = T_2 \qquad\qquad NSY = T_3$$
$$EWG = T_0 \qquad\qquad EWY = T_1 \qquad\qquad EWR = T_2 + T_3$$

表 6.6.3 控制器状态命令与信号灯的关系

状态命令	NSR	NSG	NSY	EWG	EWY	EWR
T_0	1	0	0	1	0	0
T_1	1	0	0	0	1	0
T_2	0	1	0	0	0	1
T_3	0	0	1	0	0	1

实现上述表达式的译码电路如图 6.6.11 所示。

例 6.6.2 设计一个彩色球控制器,要求彩色球能发出三种颜色的光,红灯亮 5s、绿灯亮 9s、黄灯亮 16s,不断循环。

解 (1)确定系统方案,建立 ASM 图。

三色球的工作分三个阶段,即控制器有三个状态 T_0、T_1 和 T_2。在状态 T_0 停留 5s,此期间红灯亮,然后转至状态 T_1。在状态 T_1 停留 9s,此期间绿灯亮。9s 到后转至状态 T_2,在状态 T_2 黄灯亮 16s,16s 后返回状态 T_0。彩色球控制系统由控制器、定时器和译码器组成。控制器有三个输入信号,$T_S = 5s$,$T_M = 9s$,$T_L = 16s$;三个状态信号,T_0、T_1 和 T_2,编码分别为 00、01、10。一个输出信号 W 表示状态转换。三个状态信号分别控制红、黄和绿三种颜色的灯。W 是计数器的回零信号。控制器的 ASM 图如图 6.6.12 所示。

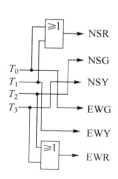

图 6.6.11 译码电路

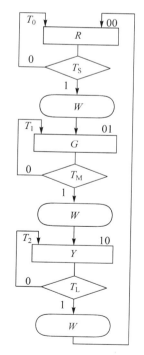

图 6.6.12 控制器的 ASM 图

（2）控制器设计。

根据 ASM 图列出状态转换表如表 6.6.4 所示，由状态转换表可推出状态方程和状态转换信号方程如下：

$$
\begin{cases}
Q_1^{n+1} = \overline{Q}_1^n Q_0^n T_{\mathrm{M}} + Q_1^n \overline{Q}_0^n \overline{T}_{\mathrm{L}} \\
Q_0^{n+1} = \overline{Q}_1^n \overline{Q}_0^n T_{\mathrm{S}} + \overline{Q}_1^n Q_0^n \overline{T}_{\mathrm{M}} \\
W = \overline{Q}_1^n \overline{Q}_0^n T_{\mathrm{S}} + \overline{Q}_1^n Q_0^n T_{\mathrm{M}} + Q_1^n \overline{Q}_0^n T_{\mathrm{L}}
\end{cases}
\tag{6.6.1}
$$

表 6.6.4　彩色球控制器状态转换表

输　　入					输　　出		
现　　态		状态转换条件			次　　态		转换信号
Q_1^n	Q_0^n	$T_{\mathrm{S}}=5\mathrm{s}$	$T_{\mathrm{M}}=9\mathrm{s}$	$T_{\mathrm{L}}=16\mathrm{s}$	Q_1^{n+1}	Q_0^{n+1}	W
0	0	0	×	×	0	0	0
0	0	1	×	×	0	1	1
0	1	×	0	×	0	1	0
0	1	×	1	×	1	0	1
1	0	×	×	0	1	0	0
1	0	×	×	1	0	0	1

利用中规模集成电路实现控制器。控制器有三个状态，选择两个 D 触发器 F_1 和 F_0 组成控制器时序电路的时序逻辑部分，其驱动方程就是控制器的状态方程，选择三个 4 选 1 数据选择器 M_2、M_1 和 M_0 组成控制器时序电路的组合逻辑部分。将触发器的现态作为数据选择器的选择变量，即 $A_1 A_0 = Q_1^n Q_0^n$，状态转换条件信号 T_{S}、T_{M} 和 T_{L} 作为数据选择器的输入信号，彩色球控制器的逻辑电路图如图 6.6.13 所示。对于数据选择器 M_0，由它所选择的数据作为转换信号数据，如果 $A_1 A_0 = Q_1^n Q_0^n = 00$，选择器 M_0 选择的数据是 $W = T_{\mathrm{S}}$；如果 $A_1 A_0 = Q_1^n Q_0^n = 01$，选择器 M_0 选择的数据是 $W = T_{\mathrm{M}}$；如果 $A_1 A_0 = Q_1^n Q_0^n = 10$，选

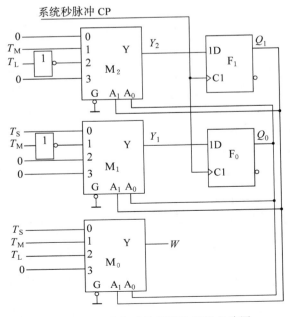

图 6.6.13　彩色球控制器的逻辑电路图

择器 M_0 选择的数据是 $W = T_L$。由此可见，数据选择器 M_0 实现了式(6.6.1)中状态转换信号方程的逻辑关系。对于数据选择器 M_1 和 M_2，设控制器现态 $Q_1^n Q_0^n = A_1 A_0 = 00$，由选择器 M_1 和 M_2 选择的数据分别是 $Y_2 = 0$，$Y_1 = T_S$，根据式(6.6.1)可知，$Y_2 Y_1 = 0 T_S$，正是 00 状态的次态，若 $T_S = 0$，$Y_2 Y_1 = 00$，若 $T_S = 1$，$Y_2 Y_1 = 01$；当现态 $Q_1^n Q_0^n = A_1 A_0 = 01$，选择器 M_1 和 M_2 选择的数据为 $Y_2 Y_1 = T_M \overline{T_M}$，由式(6.6.1)可知，$T_M \overline{T_M}$ 正是 01 状态的次态；同理，当现态 $Q_1^n Q_0^n = A_1 A_0 = 10$，选择器 M_1 和 M_2 选择的数据 $Y_2 Y_1 = \overline{T_L} 0$，是 10 状态的次态。由此可见，数据选择器 M_1 和 M_2 所选择的数据是控制器的次态数据，如图 6.6.13 所示的逻辑电路能够满足式(6.6.1)的逻辑关系。

（3）定时器设计。

定时器选用集成计数器 74LS161，它提供 5s、9s、16s 的定时信号分别作为控制器状态转换条件信号 T_S、T_M、T_L，由控制器输出的状态转换信号 W 使计数器清零。定时器的逻辑电路图如图 6.6.14 所示。

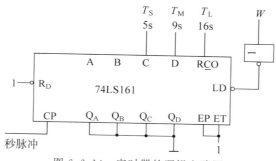

图 6.6.14　定时器的逻辑电路图

（4）译码器设计。

控制器状态与信号灯的关系如表 6.6.5 所示。选用 74LS138 译码器对系统状态变量译码，再经过非门产生高电平有效的三色灯控制信号 R、G 和 Y。译码器逻辑电路图如图 6.6.15 所示。

表 6.6.5　控制器状态命令与信号灯的关系

状态 $Q_1 Q_0$	R	G	Y
00	1	0	0
01	0	1	0
10	0	0	1

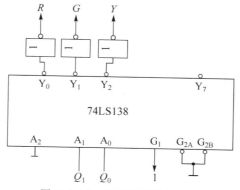

图 6.6.15　译码器逻辑电路图

6.7　小结

（1）时序逻辑电路通常由组合电路及存储电路两大部分组成。时序电路的特点是存储电路能将电路的状态记忆下来，并和当前的输入信号一起决定电路的输出信号。这个特点决定了时序电路的逻辑功能，即时序电路在任一时刻的输出信号不仅和当时的输入信号有关，而且还与电路原来的状态有关。

（2）时序电路可分为同步时序电路和异步时序电路两种工作方式。它们的主要区别是，在同步时序电路的存储电路中，所有触发器的 CP 端均受同一时钟脉冲源控制，而在异步时序电路中，各触发器 CP 端受不同的触发脉冲控制。

（3）描述时序电路逻辑功能的方法有逻辑方程组（含驱动方程、状态方程和输出方程）、状态表、状态图和波形图（时序图），它们各具特色，各有所用，且可以相互转换。逻辑方程组是具体时序电路的直接描述，状态表和状态图能给出时序电路的全部工作过程，时序图能更直观地显示电路的工作过程。为进行时序电路的分析和设计，应该熟练地掌握这几种描述方法。

（4）时序电路的分析和设计是两个相反的过程，时序电路的分析步骤是由给定的时序电路，写出逻辑方程组，列出状态表，画出状态图或时序图，最后指出电路逻辑功能。时序电路的设计步骤是根据要实现的逻辑功能，做出原始状态图或原始状态表，然后进行状态化简（状态合并）和状态编码（状态分配），再求出所选触发器的驱动方程、时序电路的状态方程和输出方程，最后画出设计好的逻辑电路图。其中画出正确的原始状态图或原始状态表是关键的一步，是后面几个设计步骤的基础。

（5）计数器不仅能用于累计输入时钟脉冲的个数，还能用于分频、定时、产生节拍脉冲等。寄存器的功能是存储二进制代码。移位寄存器不但可以存储代码，还可用来实现数据的串行-并行转换、数据处理及数值的运算。

（6）计数器和寄存器是简单而又最常用的时序逻辑器件。它们在计算机和其他数字系统中的作用往往超过了它们自身的功能。时序电路的分析和设计方法都可以用于分析和设计（用触发器和门电路构成的）计数器、寄存器及由它们组成的电路。

（7）中规模集成计数器是最常用的功能性器件，在了解器件的功能表和引出端的基础上正确地使用它们是本章讨论的重点内容之一。用中规模集成计数器器件构成任意进制计数器的方法很多，要根据各种集成器件的特点，合理、正确地使用其复位端、置数端，特别要区别异步和同步在连接方法上的不同之处。

（8）移位寄存器型计数器自启动电路的设计步骤是列出修改状态表和连接反馈电路输出端的触发器驱动表→求触发器的驱动方程→画逻辑电路图→电路检查，画出完整的状态图。

（9）ASM 图是描述数字系统硬件算法的流程图。应用 ASM 图设计数字系统，可以很容易地将语言描述的设计问题转变成时序流程图的描述，只要描述逻辑设计问题的时序流程图形成，就能很容易地得到状态函数和输出函数，从而得出相应的硬件电路。

习题

6-1　组合逻辑电路与时序逻辑电路有何区别？时序逻辑电路有哪几种工作方式？描述时序逻辑电路功能的方法有哪几种？

6-2 已知一时序电路的状态表如表题 6.2 所示,试画出相应的状态图。

表题 6.2

现　态	输　入　X	次　态	输　出　Z
S_0	0	S_3	1
S_0	1	S_1	0
S_1	0	S_3	1
S_1	1	S_2	0
S_2	0	S_3	1
S_2	1	S_0	0
S_3	0	S_1	1
S_3	1	S_2	0

6-3 已知状态图如图题 6.3 所示,试列出它的状态表。

6-4 图题 6.4 是某时序电路的状态转换图,设电路的初始状态为 01,当序列 $X =$ 100110(自左至右输入)时,求该电路输出 Z 的序列。

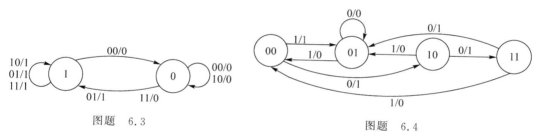

图题 6.3　　　　　　　　　　　　图题 6.4

6-5 已知某时序电路的状态表如表题 6.5 所示,试画出它的状态图。如果电路的初始状态为 S_2,输入信号 X 依次是 0、1、0、1、1、1、1,试求其相应的输出 Z。

表题 6.5

现　态	输　入　X	次　态	输　出　Z
S_1	0	S_1	0
S_2	0	S_1	1
S_3	0	S_2	1
S_4	0	S_4	0
S_5	0	S_2	1
S_1	1	S_2	0
S_2	1	S_4	1
S_3	1	S_5	1
S_4	1	S_3	0
S_5	1	S_1	1

6-6 已知状态表如表题 6.6 所示，若电路的初始状态为 $Q_1Q_0=00$，输入信号波形如图题 6.6 所示，试画出 Q_1、Q_0 的波形（设触发器响应于负跳变）。

表题 6.6

现　态		输入 X	次　态		输出 Z
Q_1^n	Q_0^n		Q_1^{n+1}	Q_0^{n+1}	
0	0	0	0	1	1
0	1	0	1	0	0
1	0	0	1	0	0
1	1	0	0	1	1
0	0	1	1	1	1
0	1	1	1	0	0
1	0	1	1	1	1
1	1	1	0	0	1

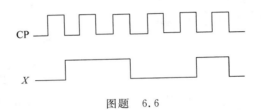

图题　6.6

6-7 试分析如图题 6.7 所示的时序电路，画出其状态表和状态图。设电路的初始状态为 0，画出在如图题 6.7(b) 所示波形作用下，Q 和 Z 的波形图。

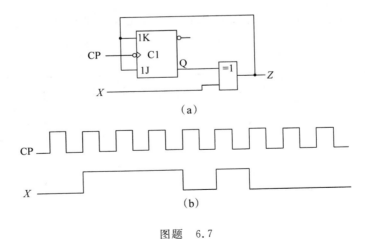

图题　6.7

6-8 试分析如图题 6.8 所示的时序电路，画出状态图。

6-9 试分析如图题 6.9 所示的时序电路，列出状态表，画出状态图。

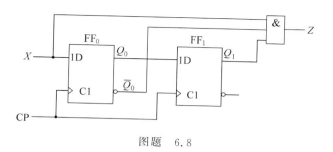

图题 6.8

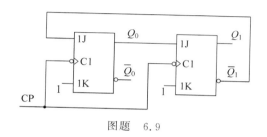

图题 6.9

6-10 分析如图题 6.10 所示的同步时序电路，写出各触发器的驱动方程、电路的状态方程，画出状态表和状态图，并指出电路的功能。

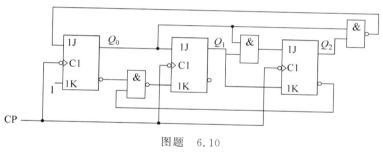

图题 6.10

6-11 试分析如图题 6.11 所示的电路，画出状态表。

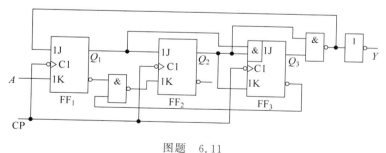

图题 6.11

6-12 试画出如图题 6.12 所示的时序电路的状态转换图，并画出对应于 CP 的 Q_1、Q_0 和输出 Z 的波形。设电路的初始状态为 00。

6-13 试分析如图题 6.13 所示的时序电路，列出状态表，画出状态图。

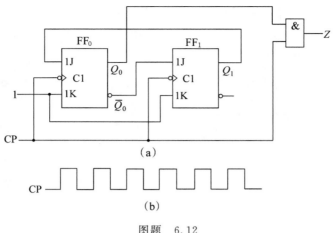

（a）

（b）

图题 6.12

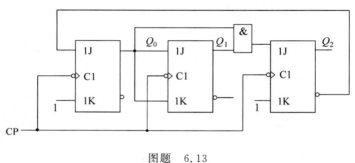

图题 6.13

6-14 试分析如图题 6.14 所示的时序电路，列出状态表，画出状态图并指出电路存在的问题。

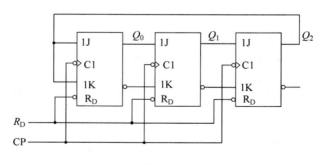

图题 6.14

6-15 试分析如图题 6.15 所示的时序电路，列出状态表，画出状态图。

6-16 试分析如图题 6.16 所示的时序电路，画出对应于 CP 的 Q_2、Q_1、Q_0 波形，说明三个彩灯点亮的顺序。设电路的初始状态为 000，$Q_2=1$，黄灯亮，$Q_1=1$，绿灯亮，$Q_0=1$，红灯亮。

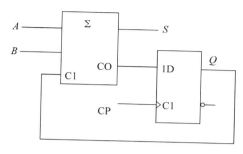

图题 6.15

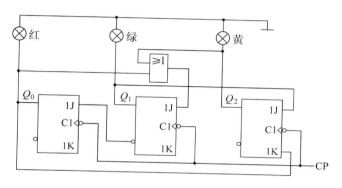

图题 6.16

6-17 分析如图题 6.17 所示的电路,画出状态图和时序图。

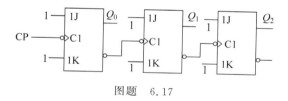

图题 6.17

6-18 分析如图题 6.18 所示的电路,画出状态图,指出电路是否有自启动能力。

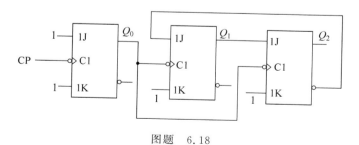

图题 6.18

6-19 分析如图题 6.19 所示的电路,画出状态图,指出是几进制计数器。

6-20 分析如图题 6.20 所示的电路,画出状态图,指出是几进制计数器。

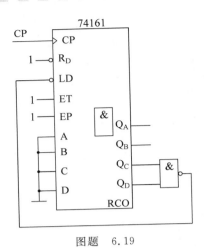

图题　6.19

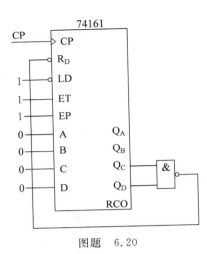

图题　6.20

6-21　分析如图题 6.21 所示各电路,画出状态图,并指出是几进制计数器。

6-22　分析如图题 6.22 所示电路,并指出是几进制计数器、计数器的初态代码 S_C 和终态代码 S_Z。

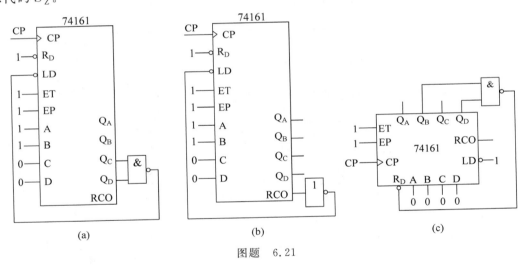

图题　6.21

6-23　分析如图题 6.23 所示电路,并指出是几进制计数器、计数器的初态代码 S_C 和终态代码 S_Z。

6-24　分析如图题 6.24 所示电路,并指出是几进制计数器、计数器的初态代码 S_C 和终态代码 S_Z。

6-25　分析如图题 6.25 所示电路,图中 74160 是十进制计数器,使用方法与 74161 相同。分别指出两片 74160 各组成几进制计数器,整个电路是几进制计数器。

6-26　分析如图题 6.26 各电路,指出是几进制计数器、计数器初态 S_C 和终态 S_Z 的 BCD 码。

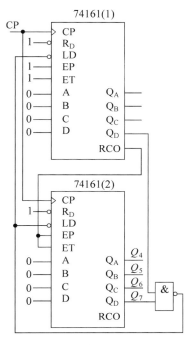

图题 6.22

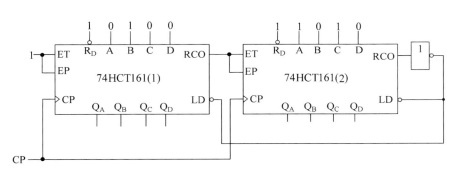

图题 6.23

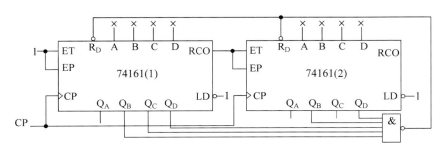

图题 6.24

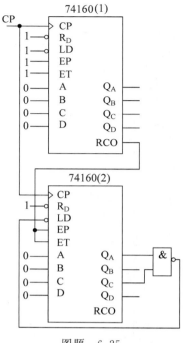

图题　6.25

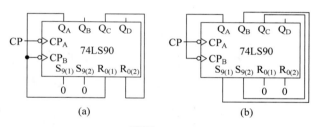

图题　6.26

6-27　试分析如图题 6.27 中由 74LS90 构成的各电路，分别指出各片 74LS90 各组成几进制计数器，整个电路是几进制计数器。

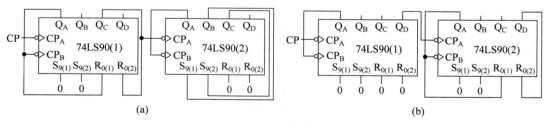

图题　6.27

6-28　按如表题 6.28 所示的最简状态表和状态编码方案，用主从 JK 触发器设计此同步时序电路。

表题 6.28

现 态	输 入 X	次 态	输 出 Z
$S_0 = 00$	0	S_1	0
$S_1 = 01$	0	S_2	0
$S_2 = 10$	0	S_3	0
$S_3 = 11$	0	S_0	1
$S_0 = 00$	1	S_3	0
$S_1 = 01$	1	S_0	0
$S_2 = 10$	1	S_1	0
$S_3 = 11$	1	S_2	1

6-29 某同步时序电路的编码状态图如图题 6.29 所示,试写出用 D 触发器设计此电路时的最简驱动方程。

6-30 步进电机有 4 条输入线,要求的输入波形示于图题 6.30。为驱动步进电机,试设计一个同步时序电路,输出图题 6.30 的波形。要求:(1)写出状态方程。(2)写出驱动方程。(3)画出连线图。

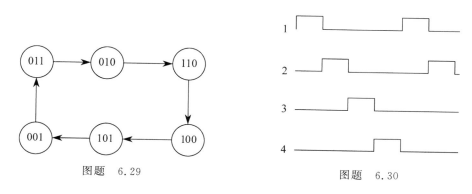

图题 6.29

图题 6.30

6-31 试用下降沿触发的边沿 JK 触发器设计一同步时序电路,其状态转换图如图题 6.31(a)所示,S_0、S_1、S_2 的编码如图题 6.31(b)所示。要求:(1)写出状态方程。(2)写出驱动方程和输出方程。(3)画出连线图。

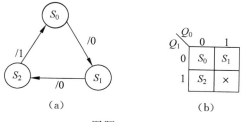

图题 6.31

6-32　根据如图题 6.32 所示的状态图，用 D 触发器和逻辑门设计逻辑电路。

（1）列出状态表和各触发器驱动表；

（2）画出各触发器输入变量和输出变量的卡诺图；

（3）列出驱动方程和输出方程；

（4）画出逻辑电路图。

6-33　试用 D 触发器设计一个能自启动的 3 位环形计数器，电路有效循环如图题 6.33 所示。

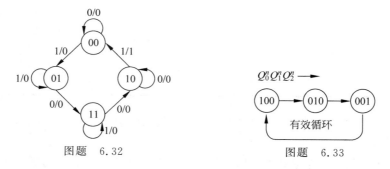

图题　6.32　　　　　　　图题　6.33

6-34　画出如图题 6.34 所示逻辑电路的状态图表，设初始状态 $Q_C Q_B Q_A = 001$，并检查是否有自启动功能，若否，完成自启动电路的设计。

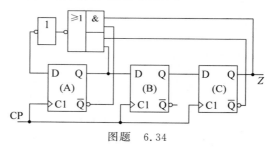

图题　6.34

6-35　用 T 触发器设计一个模 8 同步二进制计数器，计数器满量，输出为 1，否则，输出为 0。

6-36　用两个 JK 触发器和逻辑门组成时序逻辑电路，各触发器的驱动方程和输出方程分别为

$$\begin{cases} J_1 = Q_2 X \\ K_1 = Q_2 X \end{cases} \quad \begin{cases} J_2 = Q_1 X \\ K_2 = Q_1 X \end{cases} \quad Z = \overline{Q}_1 \oplus X$$

6-37　用 JK 触发器设计一个时序逻辑电路，使其满足下列状态方程。

$$\begin{cases} Q_1^{n+1} = X Q_1 Q_2 + Y \overline{Q}_1 Q_3 + X Y \\ Q_2^{n+1} = X Q_1 Q_3 + \overline{Y} Q_2 Q_3 \\ Q_3^{n+1} = \overline{X} Q_2 + Y Q_1 \overline{Q}_2 \end{cases}$$

6-38　试分析如图题 6.38 所示各分频器电路输出端是几分频信号，分别列出电路的状态表和输出端波形图。

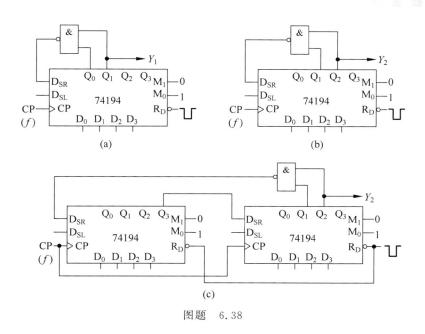

图题 6.38

6-39 试用 74161 和逻辑门运用整体复位法设计一百六十七进制计数器,并给出计数器的初态代码 S_C 和终态代码 S_Z。

6-40 试用 7490 和逻辑门运用整体复位法设计八十四进制计数器,并给出计数器初态 S_C 和终态 S_Z 的 BCD 码。

第7章

半导体存储器和可编程逻辑器件

目前包含一万个以上元器件的大规模集成电路已得到普遍应用。这些器件集成度很高,既是一个独立器件,又能成为一个具有复杂逻辑功能的数字系统。半导体存储器和可编程逻辑器件属于大规模集成电路,是现代数字系统,特别是计算机中的重要组成部分。

本章首先介绍半导体存储器的分类、基本结构、技术指标、存储器存储单元电路和工作原理,然后介绍几种典型的可编程逻辑器件的基本结构和实现逻辑功能的编程原理。

7.1 半导体存储器概述

7.1.1 半导体存储器的分类

根据使用功能的不同,半导体存储器可分为随机存取存储器(Random Access Memory,RAM)和只读存储器(Read Only Memory,ROM)。按照存储原理的不同,RAM又可分为静态 RAM(Static RAM,SRAM)和动态 RAM(Dynamic RAM,DRAM)两种,RAM 使用灵活、方便,可以随时从其中任意指定地址读出(取出)或写入(存入)数据,但是RAM 具有易失性,一旦失电,所存储的数据立即丢失。ROM 是存储固定信息的存储器,预先把信息写入到存储器中,在操作过程中,只能读出信息,不能写入,去掉电源,所存信息不会丢失,是非易失性存储器。

7.1.2 半导体存储器的基本结构

一般而言,存储器由存储矩阵、地址译码器和输入/输出控制电路三部分组成,其结构如图 7.1.1 所示,由此看出进出存储器有三类信号线,即地址线、数据线和控制线。

1. 存储矩阵

一个存储器由许多存储单元组成,每个存储单元存放一位二进制数据。通常存储单元排列成矩阵形式。存储器以字为单位组织内部结构,一个字含有若干存储单元。一个字中所含的存储单元个数称为位数,通常又称为字长。字数与字长的乘积表示存储器的容量,存储器的容量越大,意味着存

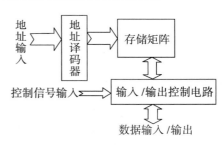

图 7.1.1　存储器的基本结构

储器能存储的数据越多。

　　例如,一个容量为 256×4 的存储器,有 256 个字,每字有 4 位,共有 $256 \times 4 = 1024$ 个存储单元,这些单元可以排成 32×32 列的矩阵形式,如图 7.1.2 所示。图中每行有 32 个存储单元,每 4 列存储单元连接在相同的列地址译码线上,组成一个字列,由此看出,每行可存储 8 个字,每个字列可存储 32 个字,存储器最多可存储 $8 \times 32 = 256$ 个字。每根行地址选择线选中一行,每根列地址选择线选中一个字列,因此,图示阵列有 32 根行地址选择线 $(X_0 \sim X_{31})$ 和 8 根列地址选择线 $(Y_0 \sim Y_7)$。

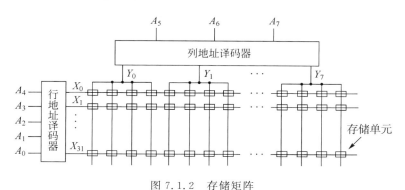

图 7.1.2　存储矩阵

2. 地址译码

　　地址译码电路实现地址的选择。在大容量的存储器中,通常采用双译码结构,即将输入地址分为行地址和列地址两部分,分别由行、列地址译码电路译码。行、列地址译码电路的输出作为存储矩阵的行、列地址选择线,由它们共同确定欲选择的地址单元(即欲选择字的地址)。地址单元的个数 N(即字地址的个数)与二进制地址码的位数 n 满足关系式 $N = 2^n$。对于一个容量为 256×4 的存储器,$N = 256 = 2^8$,$n = 8$,有 8 位二进制地址码 $(A_7 \sim A_0)$,需要 8 根地址线。

3. 输入/输出控制电路

　　在系统中为了便于控制,电路不仅有读/写控制信号 $R/\overline{W}$,还有片选控制信号 CS。当片选信号 CS 有效时,芯片被选中,可以进行读/写操作,否则芯片不工作。片选信号 CS 仅解决芯片是否工作的问题,而芯片的读、写操作则由读/写控制信号 $R/\overline{W}$ 决定。

　　图 7.1.3 给出了一个简单的输入/输出控制电路。当片选信号 CS＝1 时,G_5、G_4 输出为 0,三态门 G_1、G_2、G_3 均处于高阻状态,数据输入/输出(I/O)端与存储器内部完全隔离,存储器禁止读/写操作,即不工作;而当 CS＝0 时,芯片被选中,根据读/写控制信号 $R/\overline{W}$ 的高低,执行读或写操作。当 $R/\overline{W}＝1$ 时,G_5 输出高电平,G_3 被打开,于是被选中的单元所存储的数据 D 出现在 I/O 端,存储器执行读操作;$R/\overline{W}＝0$ 时,G_4 输出高电平,G_1、G_2 被打开,此时加在 I/O 端的数据以互补的形式(D 和 $\overline{D}$)出现在内部数据上,并被存入到所选中的存储单元中,存储器执行写操作。

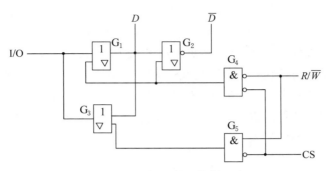

图 7.1.3　输入/输出控制电路

7.1.3　半导体存储器的技术指标

存储器有两个主要技术指标：存储容量及存取周期。

存储容量表示存储器存放二进制信息的多少。存储容量的公式为 N（字数）$\times M$（字长或位数）。存储器的字数通常采用 KB、MB 或 GB 为单位的词头，其中 $1KB=2^{10}B=1024B$，$1MB=2^{20}B=1024KB$，$1GB=2^{30}B=1024MB$。

连续两次读（写）操作间隔的最短时间称为存取周期。存储器的性能基本上取决于从存储器读出信息或把信息写入存储器的速率。存储器的存取速度用存取周期或读写周期来表征。

7.2　随机存取存储器

RAM 通常是指能够在存储器中任意指定的地方随时写入（存入）或者读出（取出）信息的存储器。在计算机中，RAM 用做内存储器和高速缓冲存储器。

7.2.1　RAM 存储单元

在存储器中，存储单元是最基本存储细胞，它可以存放一位二进制数据。

1．静态双极型 RAM 存储单元

图 7.2.1 是射极读写存储单元电路，图中 T_1、T_2 为多发射极晶体管，与电阻 R_1、R_2 构成基本 RS 触发器。T_1、T_2 的一对发射极接字线 Z 信号，它来自地址译码器输出端；而另一对发射极分别接到位线 B 和 $\overline{B}$，它们与数据输入/输出（I/O）线相接。

在保持状态时，字线 Z 为低电平 0.3V，即片选信号无效，该单元未被选中，若 Q 端为 0 态，则 T_1 饱和导通，T_2 截止，无论位线是高电平 1.5V 或低电平 0.7V，电流经 T_1 流入字线，维持触发器的 0 态，因此，触发器保持原状态不变，此时不能写入数据；由于字线电平是最低的，触发器中处于饱和导通的三极管电流只能流向字线，不能流向位线，所以也读不出数据。

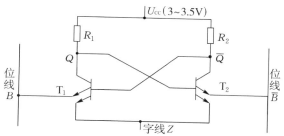

图 7.2.1 静态双极型 RAM 存储单元

当字线为高电平 3V 时,即片选信号有效,该单元被选中,可以进行读写。

在进行读出操作时,通过读写电路使两条位线电平都处于高电平 1.5V。若 Q 端为 1 态,则 T_2 饱和导通,T_1 截止。由于字线电平高于位线电平,所以饱和导通管 T_2 的电流流向位线 $\overline{B}$,经读放大器转换电平,输出 1 信号,否则位线 $\overline{B}$ 无电流,输出 0 信号。

在进行写操作时,若要写入 1,则应通过读写电路在位线 $\overline{B}$ 上加入负向写入脉冲,使其电平从 1.5V 降低到 0.7V,而 B 仍保持 1.5V 不变。这时 $\overline{B}$ 线电平是该单元电平最低的,所以它迫使 T_2 饱和导通,T_1 截止,Q 端为 1 态。若要写入 0,只要 B 降为 0.7V,$\overline{B}$ 线保持 1.5V,使 T_1 饱和导通,T_2 截止,Q 端为 0 态。写入脉冲过后触发器维持写入状态不变,直至下次写入为止。

2. 静态 MOS 型 RAM 存储单元

双极型 RAM 的优点是速度快,但是功耗大,集成度也不高,大容量 RAM 一般都是 MOS 型的,静态 MOS 型 RAM 存储单元的结构如图 7.2.2 所示。虚线框中的存储单元为 6 管 SRAM 存储单元,其中 $T_1 \sim T_4$ 构成一个基本 RS 触发器,用来存储一位二进制数据。T_5、T_6 为单元控制门,由行选择线 X_i 控制。$X_i = 1$,T_5、T_6 导通,触发器与位线接通;$X_i = 0$,T_5、T_6 截止,触发器与位线断开。T_7、T_8 是门控制管,由列地址译码器控制其导通或截止,每一列的位线接若干存储单元,通过门控管 T_7、T_8 和数据线连接。当 $Y_j = 1$ 时,

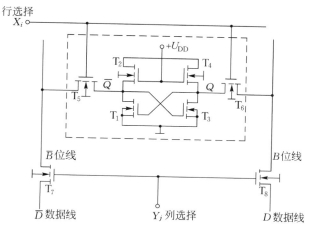

图 7.2.2 静态 MOS 型 RAM 存储单元

T_7、T_8 导通,位线和数据线接通;当 $Y_j = 0$,位线和数据线断开。显然,当行选择线和列选择线均为高电平时,$T_5 \sim T_8$ 都导通,触发器的输出才与数据线接通,该单元才能通过数据线传送数据。因此,存储单元能够进行读/写操作的条件是:与它相连的行、列选择线均须呈高电平。

静态存储单元构成静态 RAM 的特点是,数据由触发器记忆,只要不断电,数据就能永久保存。

3. 动态 RAM 存储单元

静态 RAM 存储单元所用的管子数目多、功耗大、集成度受到限制,为了克服这些缺点,人们研制出了动态 RAM。它与静态 RAM 的区别在于:信息的存储单元是由 MOS 型门控管和电容组成的,用电容上存储电荷与否表示存 1 或 0。为了防止因电荷泄漏而丢失信息,需要周期性对这种存储器的内容进行重写,称为刷新。常见的动态 RAM 存储单元有三管和单管两种。

三管动态 MOS 存储单元如图 7.2.3 所示。T_2 为存储管,T_3 为读门控管,T_1 为写门控管。T_4 为同一列公用的预充电管。二进制数据以电荷的形式存储在 T_2 管的栅极电容 C 中,而 C 上的电压又控制 T_2 管的状态。

进行读数据时,首先输入一个预充电脉冲,使 T_4 导通,将杂散电容 C_D 充电到 U_{DD} 值,预充电脉冲过后,T_4 截止。然后再使读选择线处于高电平,若 C 上原来有电荷存储,是高电平,则 T_2、T_3 都导通,C_D 通过 T_2、T_3 放电,读数据线输出 0,相当反码输出。若 C 上没有电荷是低电平,则 T_2 截止,C_D 无放电回路,读数据线保持在预充电时的高电平。读数据线上的高低电平经读放大器放大并反相后输出即为读出结果。

进行写数据时,应使写选择线为高电平,则 T_1 导通。若需写入 1,使写数据线为高电平 1,通过 T_1 对电容 C 充电,1 信号便存到 C 上。若写数据线为低电平 0,电容 C 放电,0 信号便存到 C 上。

为了提高集成度,目前大容量动态 RAM 的存储单元普遍采用单管结构,其电路由门控管 T 和 C_S 构成,如图 7.2.4 所示。

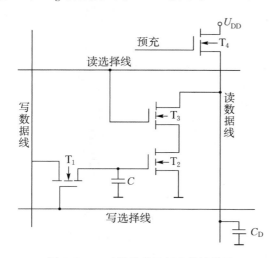

图 7.2.3　三管动态 RAM 存储单元

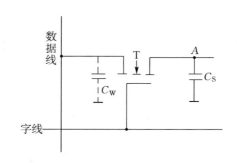

图 7.2.4　单管动态 RAM 存储单元

写信息时,字线为高电平,T 导通,数据线与电容 C_S 接通,0 或 1 数据写入电容 C_S 中。读信息时,字线仍为高电平,通过 T 将 C_S 上 0 或 1 信号送入数据线上。

为了节省芯片面积,存储单元的电容 C_S 不能做得很大,而数据线上连接的元件较多,杂散电容 C_W 远大于 C_S。当读数据时,数据线上的电压 U_W 远小于读操作前 C_S 上的电压 U_S,即

$$U_W = \frac{C_S}{C_S + C_W} U_S$$

因此,需经读出放大器将信号放大。同时,由于 C_S 上的电荷减少,存储的数据被破坏,故每次读出后,必须及时对读出单元刷新。

7.2.2　集成 RAM 简介

目前,市场上的集成 RAM 品种繁多,且没有一个统一的命名标准。不同厂商生产的功能相同的产品,其型号也不尽相同。这里给出了 Motorola 公司生产的 MCM6264 芯片例子。MCM6264 是静态 RAM。该芯片采用 20 引脚塑料双列直插封装,单电源＋5V 供电。图 7.2.5 给出了它的结构框图和引脚排列图。图中采用行、列双向译码方式,256 行×32 列,可选择 $256×32=2^{13}$ 个字,需要 13 根地址线。数据是 8 位结构,由图看出存储容量为 8K×8 位。5 根地址线 A_0、A_1、A_6、A_{10}、A_{12} 经列译码器译码产生 32 根列控制,8 根地址线 $A_2 \sim A_5$、$A_7 \sim A_9$、A_{11} 经行译码器译码产生 256 根行控制。读或写操作在 G/W（读/写信号）和 E_1、E_2（选片信号 CS）的控制下进行。$DQ_0 \sim DQ_7$ 为 8 位数据输入/输出线,NC 为无效引脚。当 $E_1=0$,$E_2=1$(CS=0)时,芯片被选中,可以进行读或写操作,否则 CS=1,芯片禁止读或写操作,$DQ_0 \sim DQ_7$ 为高阻状态。当芯片被选中时,若 $G=0$,且 $W=1$,进行读操作($DQ_0 \sim DQ_7$ 8 位数据输出);若 $W=0$,进行写操作($DQ_0 \sim DQ_7$ 8 位数据输入)。

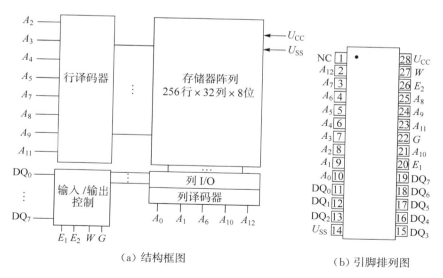

（a）结构框图　　（b）引脚排列图

图 7.2.5　静态 RAM MCM6264 的结构框图和引脚排列图

　　为了保证存储器准确无误地工作,加到存储器的地址、数据和控制信号必须遵守几个时间边界条件。图 7.2.6 给出了读出过程的定时关系,读出过程如下。

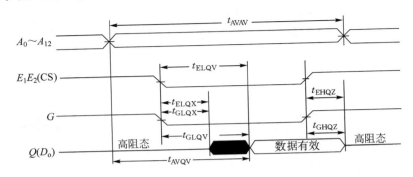

图 7.2.6　读操作时序图

　　(1) 将欲读取单元的地址加到存储器的地址输入端。

　　(2) 加入有效的片选信号 CS。

　　(3) 在 G/W 线上加低电平,经过一段延时后,所选择单元的内容出现在数据输入/输出端。

　　(4) 让片选信号 CS 无效,数据输入/输出端呈高阻态,本次读出结束。

　　由于地址缓冲器、译码器及输入/输出电路存在延时,在地址信号加到存储器上后,必须等待一段时间 t_{AVQV},数据才能稳定地传输到数据输出端,这段时间称为地址存取时间。如果在 RAM 的地址输入端已经有稳定地址的条件下,加入片选信号,从片选信号有效到数据稳定输出,这段时间间隔称为片允许选取时间 t_{ELQV},显然在进行存储器读操作时,只有在地址和片选信号加入,且分别等待 t_{AVQV} 和 t_{ELQV} 以后,被读单元的内容才能稳定地出现在数据输出端,这两个条件必须同时满足。图 7.2.6 中 t_{AVAV} 为读周期,它表示该芯片连续进行两次读操作必需的时间间隔。表 7.2.1 给出了 MCM6264 读周期的定时参数。

表 7.2.1　MCM6264 读周期定时参数

参　数	标准符号	最小/ns	最大/μs
读周期时间	t_{AVAV}	20	—
地址存取时间	t_{AVQV}	—	20
片允许选取时间	t_{ELQV}	—	20
输出允许选取时间	t_{GLQV}	—	10
片允许低电平到输出有效	t_{ELQX}	4	—
输出允许低电平到输出有效	t_{GLQX}	0	9
允许高电平到输出高阻态	t_{EHQZ}	0	—
输出允许高电平到输出高阻态	t_{GHQZ}	0	8

　　写操作的定时波形如图 7.2.7 所示,写操作过程如下:

　　(1) 将欲写入单元的地址加到存储器的地址输入端。

　　(2) 在片选信号 CS 端加上有效逻辑电平,使 RAM 工作。

　　(3) 将待写入的数据加到数据输入端。

（4）在 G/W 线上加入低电平，进入写工作状态。

（5）使片选信号无效，数据输入线回到高阻状态。

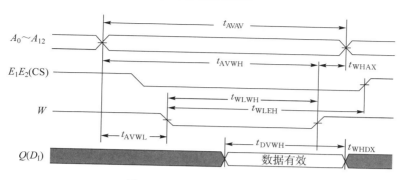

图 7.2.7　写操作的定时波形

由于地址改变时，新地址的稳定要经过一段时间，如果在这段时间内加入写控制信号（即 G/W 变低），可能将数据错误地写入其他单元。为了防止这种情况出现，在写控制信号有效前，地址必须稳定一段时间 t_{AVWL}，这段时间称为地址建立时间。同时，在写信号失效后，地址至少还要维持一段恢复时间 t_{WHAX}。为了保证速度最慢的存储器芯片的写入，写信号有效的时间不得小于写脉冲宽度 t_{WLWH}。此外，对于写入的数据，应在写信号失效前 t_{DVWH} 时间内保持稳定，且在写信号失效后继续保留 t_{WHDX} 时间。在时序图中还给出了写周期 t_{AVAV}，它反映了连续进行两次写操作所需要的最小时间间隔。表 7.2.2 给出了 MCM6264 写周期的定时参数。

表 7.2.2　MCM6264 写周期定时参数

参　数	标准符号	最小/ns
写周期时间	t_{AVAV}	20
地址建立时间	t_{AVWL}	0
地址有效到结束时间	t_{AVWH}	15
写脉冲宽度	t_{WLWH}	15
写脉冲宽度（G 为高电平）	t_{WLEH} t_{WLWH}	12
数据有效到写结束	t_{WLEH} t_{DVWH}	8
数据保持	t_{WHDX}	0
写恢复时间	t_{WHAX}	0

7.2.3　RAM 存储容量的扩展

当一片 RAM 不能满足存储容量及位数要求时，可以将多个芯片适当连接起来，以扩展存储容量。扩展存储容量的方法可以通过增加字长（位数）或字数来实现。

1. 字长（位数）的扩展

字长的扩展又称为位数的扩展，即字数保持不变，而每个字的位数增加。常用 RAM 芯片的字长有 1 位、4 位、8 位、16 位和 32 位等，当实际存储器系统的字长超过 RAM 芯片的字长时，需要对 RAM 实行位扩展，通常按 RAM 芯片字长的整数进行扩展。

位的扩展是通过若干芯片的并联连接方式来实现的，即将 RAM 的地址线、读/写控制线和片选信号对应地并联在一起，而各个芯片的数据输入/输出端保持独立，作为字的各个位线（即数据线）。图 7.2.8 是用 4 片 $4K \times 4$ 位的 RAM 扩展成 $4K \times 16$ 位的 RAM 的接线图。扩展后地址线没变，数据线由 4 根增加到 16 根。

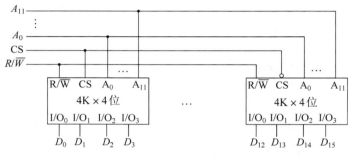

图 7.2.8　RAM 位扩展接线图

2．字数的扩展

如果现有的 RAM 位数够用，而字数不够用时，就需要字扩展，增加字数而保持每个字的位数不变称为字数的扩展，也称为地址的扩展。为了增加字数就需要增加地址码，增加一位地址码可使字数增加 $2^1 = 2$ 倍，增加 2 位地址码可使字数增加 $2^2 = 4$ 倍，以此类推，增加 n 位地址码可使字数增加 2^n 倍。

例 7.2.1　试将 256×8 位的 RAM 芯片扩展成 $1K \times 8$ 位的 RAM。

解　由于 RAM 的字数由 256 增加到 1K，增加了 4 倍，因而，地址码由原来的 8 位（$256 = 2^8$）增加到 10 位（$1K = 2^{10}$），增加了 2 位，而每个字的位数不变。为此，需要一片

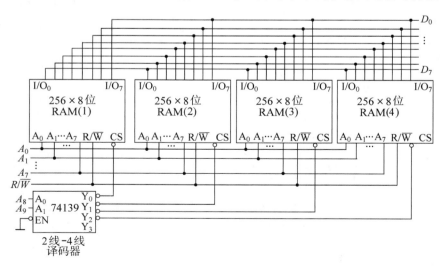

图 7.2.9　RAM 位扩展接线图

2 线-4 线译码器 74139 和 4 片 256×8 的 RAM 芯片,接线方法如图 7.2.9 所示。图中,存储器扩展所要增加的地址线 A_8、A_9 与译码器的 74139 的输入相连,译码器的 $Y_0 \sim Y_3$ 分别接至 4 片 RAM 的片选信号控制端 CS。这样,当输入一个地址码($A_9 \sim A_0$)时,只有一片 RAM 被选中,从而实现了字的扩展。若芯片的首地址为 0000000000B＝000H,则地址分配如表 7.2.3 所示。

表 7.2.3 1K×8 位存储器系统的地址分配表

各 RAM 芯片	译码器有效输出	扩展的地址输入端		1K×8 位 RAM 芯片地址输入端								对应十六进制地址码
		A_9	A_8	A_7	A_6	A_5	A_4	A_3	A_2	A_1	A_0	
1	Y_0	0	0	0	0	0	0	0	0	0	0	000H
				0	0	0	0	0	0	0	1	001H
				0	0	0	0	0	0	1	0	002H
				⋮								⋮
				1	1	1	1	1	1	1	1	0FFH
2	Y_1	0	1	0	0	0	0	0	0	0	0	100H
				0	0	0	0	0	0	0	1	101H
				0	0	0	0	0	0	1	0	102H
				⋮								⋮
				1	1	1	1	1	1	1	1	1FFH
3	Y_2	1	0	0	0	0	0	0	0	0	0	200H
				0	0	0	0	0	0	0	1	201H
				0	0	0	0	0	0	1	0	202H
				⋮								⋮
				1	1	1	1	1	1	1	1	2FFH
4	Y_3	1	1	0	0	0	0	0	0	0	0	300H
				0	0	0	0	0	0	0	1	301H
				0	0	0	0	0	0	1	0	302H
				⋮								⋮
				1	1	1	1	1	1	1	1	3FFH

例 7.2.2 32×8 位 RAM 的逻辑符号如图 7.2.10(a)所示,试用如图 7.2.10(a)所示的组件和逻辑门构成 64×4 位 RAM。

解 题意要求所设计的 RAM 总容量与单片 RAM 的容量相同,但字数增加一倍而输出位数减少一半,所以用一片 32×8 位 RAM 就可构成 64×4 位 RAM。其方法是增加一个地址码 A_5,通过一个非门产生译码信号,当 $A_5＝0$ 时,RAM 的输出 $Y_0Y_1Y_2Y_3＝$

$D_0 D_1 D_2 D_3$；当 $A_5=1$ 时，RAM 的输出 $Y_0 Y_1 Y_2 Y_3 = D_4 D_5 D_6 D_7$，也就是说对应 $A_0 \sim A_5$ 的每一种组合都有一组 4 位码输出，所以 RAM 的容量是 64×4 位，逻辑电路如图 7.2.10(b) 所示。

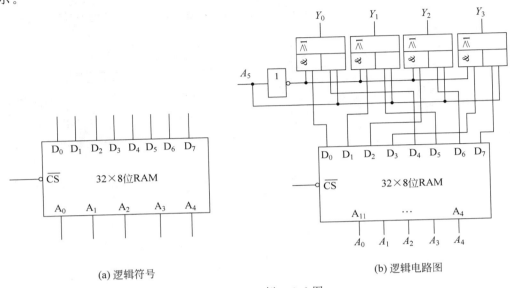

(a) 逻辑符号　　　　　　　　　　　　　　(b) 逻辑电路图

图 7.2.10　例 7.2.2 图

例 7.2.3　试用 $1K \times 4$ 位 RAM 实现 $4K \times 8$ 位存储器。

解　由于现有的 RAM 位数和字数都不够用，因而字和位均需要扩展。

（1）字扩展。

字数由 1K 扩展到 4K，增加 4 倍，由例 7.2.1 得知，需要 4 片 $1K \times 4$ 位的 RAM 和一片 2 线-4 线译码器，增加两根地址线 A_{11}、A_{10} 接入译码器输入端，译码器的输出对应接到 4 片 $1K \times 4$ 位 RAM 的 $\overline{CS}$ 端（低电平有效）。

（2）位扩展。

每一片 4 位要扩展到 8 位，需要两片 $1K \times 4$ 位的 RAM 并联，因而共需要 8 片。连接方式如图 7.2.11 所示。8 片 RAM 的 $R/\overline{W}$（读/写）信号端（图中未表示出）应在一起接读/写控制电路。

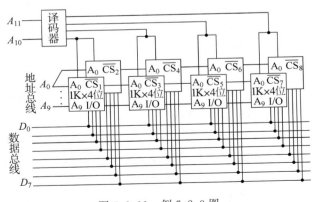

图 7.2.11　例 7.2.3 图

7.3　只读存储器

ROM 是存储固定信息的存储器。预先把信息写入到存储器中,在操作过程中,只能读出信息,不能写入。其优点是结构简单、电路形式和规格也比较统一,经常用它存放固定的数据和程序,如计算机系统的引导程序、监控程序、函数表、字符等。只读存储器是非易失性存储器,去掉电源,所存信息不会丢失。ROM 器件的种类很多,从制造工艺上看,有二极管 ROM、双极型 ROM 和 MOS 型 ROM 三种,按存储内容存入方式的不同又可以分成固定 ROM 和可编程 ROM。可编程 ROM 又可以细分为一次可编程存储器(Programmable Read-Only Memory,PROM)、光可擦除可编程存储器(Erasable Programmable Read-Only Memory,EPROM)和电可擦除可编程存储器(Electrical Erasable Programmable Read-Only Memory,E^2PROM)等。ROM 的结构与 RAM 类似,主要由地址译码器、存储矩阵和输入/输出控制电路组成。本节主要介绍以上几种 ROM 存储数据的基本原理及 ROM 存储器的读数原理。

7.3.1　存储数据的基本原理

固定 ROM 又称为掩模 ROM,生产厂家在制造 ROM 时,利用掩模技术把数据写入存储器中,一旦 ROM 制成,其存储的数据也就固定不变了。

PROM 在出厂时,存储内容全为 1(或者全为 0),用户可根据自己的需要,利用通用或专用的编程器,将某些单元改写为 0(或 1)。图 7.3.1 是一个存储容量为 4×4 的二极管 PROM 结构示意图,它由一个 2 线-4 线地址译码器和一个 4×4 的二极管存储矩阵组成。为简化起见,图中未画出输入/输出控制电路。二极管存储矩阵采用熔断丝结构,译码器输出高电平有效。出厂时,熔丝是连通的,即全部存储单元为 1。如欲使某些单元改写为 0,只要通过编程,并给这些单元通过足够大的电流将熔丝烧断即可。熔丝烧断后不能恢复,因此,PROM 只能改写一次。

EPROM 是采用浮栅技术生产的可编程存储器,它的存储单元多采用 N 沟道叠栅 MOS 管(Stacked gate avalanche Injection Metal Oxide Semiconductor,SIMOS),其结构及符号如图 7.3.2(a)所示。它与普通 MOS 管的区别在于多一个没有外引线的栅极,称为浮栅。当浮栅上没有电荷时,给控制栅(接在行选择线上)加上控制电压,SIMOS 管导通;而当浮栅上带有负电荷时,则衬底表面感应的是正电荷,这使得 SIMOS 管的开启电压变高(如图 7.3.2(b)所示),因而在控制栅加上同样的控制电压,则 SIMOS 管仍处于截止状态。由此可见,利用 SIMOS 管浮栅是否累积有负电荷,可以存储二进制数据。

在写入数据前,浮栅是不带电的,要使浮栅带负电荷,即写入数据,必须要有通用或专用的编程器。一旦数据写入,即浮栅带负电荷,由于浮栅上的电子没有放电回路,所以能够长期保存。当用紫外线或 X 射线照射时,浮栅上的电子形成光电流而泄放,从而恢复写入前的状态,照射一般需要 15～20min(分钟)。

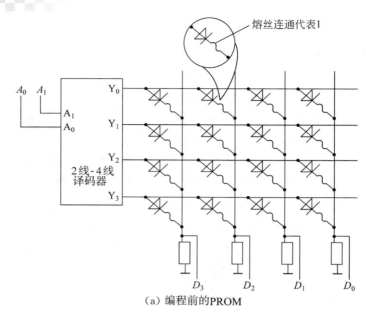

（a）编程前的PROM

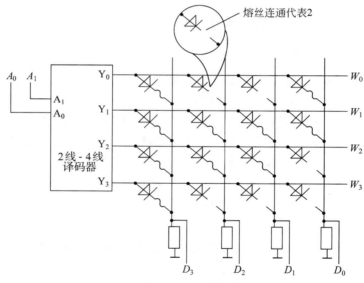

（b）编程后的PROM

图 7.3.1　PROM 结构示意图

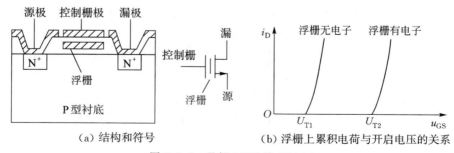

（a）结构和符号　　　　　　　（b）浮栅上累积电荷与开启电压的关系

图 7.3.2　叠栅 MOS 管 SIMOS

$E^2 PROM$ 也是采用浮栅技术生产的可编程存储器,它的存储单元 MOS 管与叠栅 MOS 管的不同之处在于浮栅延长区与漏区 N^+ 之间的交叠处有一个厚度约为 8nm 的薄绝缘层,其结构如图 7.3.3 所示。当漏极接地,控制栅加上足够高的电压时,交叠区将产生一个很强的电场,在强电场作用下,电子通过绝缘层到达浮栅,使浮栅带负电荷。这一现象称为"隧道效应",因此,该 MOS 管也称为隧道 MOS 管。相反,当控制栅接地,漏极加一正电压,则产生与上述相反的过程,即浮栅放电。与 SIMOS 管相比,隧道 MOS 管也是利用浮栅是否累积有负电荷来存储二进制数据,不同的是隧道 MOS 管是用电擦除的,并且擦除的速度要快得多(一般为毫秒数量级)。

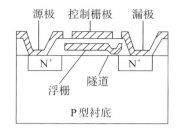

图 7.3.3 隧道 MOS 管结构示意图

$E^2 PROM$ 电擦除的过程就是改写过程,所以 $E^2 PROM$ 既具有 ROM 的非易失性,又具备类似 RAM 功能的随时可改写性(可重复擦写一万次以上)。

7.3.2 读数原理

现以如图 7.3.1(b)所示的 PROM 结构图为例,讨论读数原理。读数时,$A_1 A_0$ 为输入的地址码,可产生 $W_3 \sim W_0$ 4 个不同的有效信号,即字选信号,用于选择不同的字存储单元,所以 $W_3 \sim W_0$ 称为字线。每一个字包含有 4 位数据,$D_3 \sim D_0$ 为存储矩阵输出的 4 条位线(即数据线)。在 $W_3 \sim W_0$ 中任意输出为高电平时,在 $D_3 \sim D_0$ 4 根线上输出一组 4 位二进制代码,每组代码表示一个字(即被选存储单元中的内容)。

当输入一组地址码时,在 ROM 的输出端就可得到(读出)该地址码对应的存储内容。每一组地址码都有一个 4 位的字和它对应。如 $A_1 A_0 = 00$ 时,则字线 $W_0 = 1$,其他字线都为 0,这时和 W_0 相连的两个二极管导通,位线 $D_3 = 1$、$D_0 = 1$,另外两个二极管截止,位线 $D_2 = 0$、$D_1 = 0$,输出端得到的一组数据为 $D_3 D_2 D_1 D_0 = 1001$,当 $A_1 A_0 = 01$ 时,则字线 $W_1 = 1$,其他字线都为 0,这时和 W_1 相连的 4 个二极管导通,位线 $D_3 = D_2 = D_1 = D_0 = 1$,输出端得到的一组数据为 $D_3 D_2 D_1 D_0 = 1111$,以此类推,可以得到地址 $A_1 A_0$ 与输出数据 $D_3 D_2 D_1 D_0$ 的对应关系,如真值表 7.3.1 所示。

表 7.3.1 如图 7.3.1 所示地址与输出对应关系的真值表

输 入 地 址		字 线				输 出 数 据			
A_1	A_0	W_0	W_1	W_2	W_3	D_3	D_2	D_1	D_0
0	0	1	0	0	0	1	0	0	1
0	1	0	1	0	0	1	1	1	1
1	0	0	0	1	0	1	1	1	0
1	1	0	0	0	1	1	0	0	0

由上分析可知,字线和位线的每一个交叉处对应于存储单元中的一位。交叉处接有二极管的相当于存储 1,没有接二极管的相当于存储 0。读取信息时,字线为高电平,与之相连的二极管导通,对应的位线输出高电平 1,没有二极管的位线输出低电平 0。图 7.3.1(b)中

存储矩阵部分可用图 7.3.4 的简化阵列图来表示，字线和位线交叉处的圆点"·"代表接有二极管（或 MOS 管、晶体管），存储信息 1，没有圆点的表示存储 0。

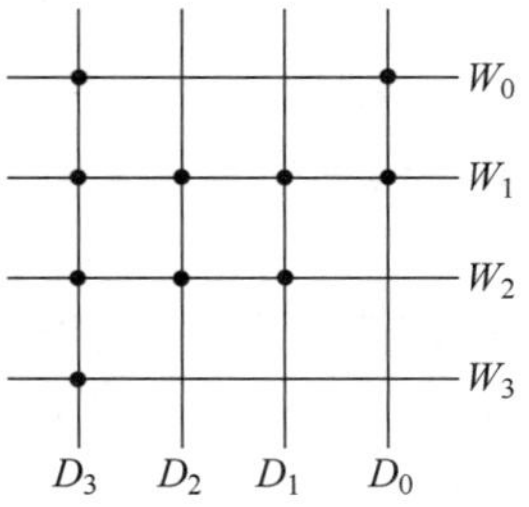

若将如真值表 7.3.1 所示的地址、字线与输出数据（位线）对应关系用逻辑函数式表示，即得

$$\begin{cases} D_3 = W_0 + W_1 + W_2 + W_3 = \overline{A_1}\,\overline{A_0} + \overline{A_1}A_0 + A_1\overline{A_0} + A_1A_0 \\ D_2 = W_1 + W_2 = \overline{A_1}A_0 + A_1\overline{A_0} \\ D_1 = W_1 + W_2 = \overline{A_1}A_0 + A_1\overline{A_0} \\ D_0 = W_0 + W_1 = \overline{A_1}\,\overline{A_0} + \overline{A_1}A_0 \end{cases}$$

图 7.3.4　图 7.3.1(b)的
简化阵列图

至此，我们发现，在存储器中，一旦存储单元的内容写入后，其地址与相应单元中的内容即存在对应关系。如果把存储器的输出地址视为逻辑变量，同时把输出数据视为一组多输出逻辑函数，那么输入与输出之间即为一组多输出的组合逻辑函数。由真值表 7.3.1 得到 PROM 输出数据逻辑函数是地址变量的最小项表达式。从这个意义上讲，向存储矩阵中写入相应的数据，就能实现任何形式的组合逻辑函数。

例 7.3.1　现有三变量 A、B、C，试用 8×4 位 ROM 实现与非、或非、异或和与或非逻辑函数，要求：

（1）写出 4 个逻辑表达式。

（2）列出真值表。

（3）画出 ROM 的阵列图。

解　（1）4 个逻辑表达式如下：

$$\begin{cases} Y_3 = \overline{ABC} \\ Y_2 = \overline{A+B+C} \\ Y_1 = A \oplus B \oplus C \\ Y_0 = \overline{AB + BC + AC} \end{cases}$$

（2）真值表如表 7.3.2 所示。

表 7.3.2　例 7.3.1 真值表

输　　　入			输　　　出			
A	B	C	Y_3	Y_2	Y_1	Y_0
0	0	0	1	1	0	1
0	0	1	1	0	1	1
0	1	0	1	0	1	1
0	1	1	1	0	0	0
1	0	0	1	0	1	1
1	0	1	1	0	0	0
1	1	0	1	0	0	0
1	1	1	0	0	1	0

（3）ROM 的阵列图如图 7.3.5 所示。

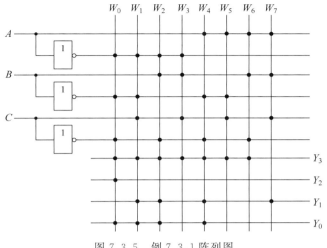

图 7.3.5 例 7.3.1 阵列图

7.4 可编程逻辑器件

可编程逻辑器件(Programmable Logic Device,PLD)是 20 世纪 70 年代发展起来的新型逻辑器件,它可以由用户自行定义和设置逻辑功能。由于这类器件有着集成度和功能密度高、设计灵活方便、工作速度快、可靠性和保密性强等优点,其发展速度十分迅猛,应用领域逐渐扩大,尤其是在工业控制和产品开发方面,已经成为设计数字系统的首选器件。

前面各章已经介绍了逻辑电路的一般表示方法,但它们并不适合于描述可编程逻辑器件 PLD 的内部结构和功能。为此,本节首先介绍一种新的逻辑表示法——PLD 电路表示法,PLD 电路表示法是在芯片内部配置和逻辑电路图之间建立了一一对应的关系,并将逻辑电路图和真值表结合起来,构成了一种紧凑而易于识读的表达形式。然后介绍几种比较简单的 PLD,即可编程逻辑阵列(Programmable Logic Array,PLA)、通用阵列逻辑(Generic Array Logic,GAL)和可编程阵列逻辑(Programmable Array Logic,PAL)。

7.4.1 PLD 电路表示法

PLD 电路一般由与门和或门阵列两种基本的门阵列组成,如图 7.4.1(a)所示。

1. 门阵列交叉点连接方式

(1) 硬线连接。两条交叉线硬线连接,是固定的,不可以编程改变,交叉点处用实点(·)表示。

(2) 可编程接通连接。两条交叉线依靠用户编程来实现接通连接,交叉点处用符号(×)表示。

(3) 断开。表示两条交叉线无任何连接,用交叉线表示。

硬线连接、可编程接通连接和断开的图形符号如图 7.4.1(b)所示。

2. 基本门电路的 PLD 表示法

PLD 表示法的图形符号如图 7.4.2 所示。

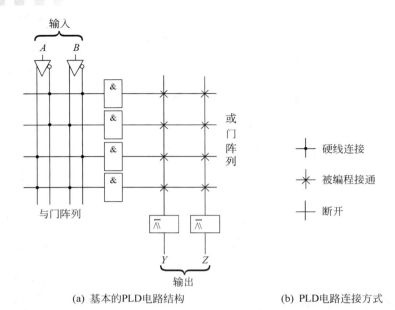

(a) 基本的PLD电路结构   (b) PLD电路连接方式

图 7.4.1   PLD 电路表示法

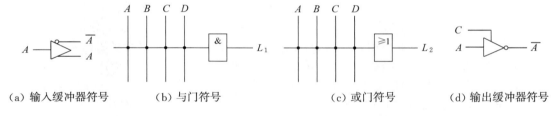

（a）输入缓冲器符号   （b）与门符号   （c）或门符号   （d）输出缓冲器符号

图 7.4.2   PLD 表示法的图形符号

PLD 电路的输入缓冲器采用互补输出结构，如图 7.4.2(a) 所示，其真值表列于表 7.4.1 中。PLD 电路的输出缓冲器一般采用三态反相输出缓冲器，如图 7.4.2(d) 所示，其真值表列于表 7.4.2 中。

表 7.4.1   输入缓冲器真值表

输 入 A	输 出	
	A	$\overline{A}$
0	0	1
1	1	0

表 7.4.2   输出缓冲器真值表

输 入		输 出 $\overline{A}$
C	A	
0	0	高阻
0	1	高阻

续表

输 入		输 出 $\overline{A}$
C	**A**	
1	0	1
1	1	0

图 7.4.2(b)为一个 4 输入端与门的 PLD 表示法。通常把 A、B、C、D 称为输入项，L_1 称为乘积项(或简称积项)，$L_1 = ABCD$。

图 7.4.2(c)为一个 4 输入端或门的 PLD 表示法，其中 $L_2 = A + B + C + D$。

图 7.4.3 为 PLD 表示的与门阵列。输出为 D 的与门被编程接通所有的输入项，其输出为 $D = A \cdot \overline{A} \cdot B \cdot \overline{B} = 0$。输出为 E 的与门没有与任何输入项连接，因此该项保持"悬浮"的逻辑"1"。输出为 F 的与门与输入项 $\overline{A}$ 和 B 硬线连接，其输出为 $F = \overline{A} \cdot B$。

3. PROM 电路的 PLD 表示法

PROM 是最早出现的 PLD 器件，一个容量为 8×3 的 PROM 有 3 个输入(即 3 位地址码，8 个字)和 3 个输出(即每个字的 3 位)，其输入与输出的关系可用如图 7.4.4 所示的 PLD 表示法描述。PROM 的地址译码器就是固定连接的与阵列，它的输出是地址输入变量 $A_2 A_1 A_0$ 的全部最小项(变量译码器全译码方式)，对应于存储器的字线 W_i。存储矩阵和输出电路构成了可编程的或阵列，其输出对应于存储器的位线 D_i。对 n 个输入的 PROM 来讲，PROM 的每一个输出是一个可编程的或门，它有 2^n 个输入，一一对应于与阵列的输出。或门的输入端是接入还是不接入决定于存储单元编程，若存储单元写"1"，表示接入相应的最小项，若存储单元写"0"，表示该最小项不接入。PROM 输出逻辑函数表达式是最小项之和。从这个意义上讲，PROM 是组合逻辑网络，可以实现任意形式组合的逻辑函数。

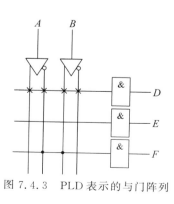

图 7.4.3 PLD 表示的与门阵列

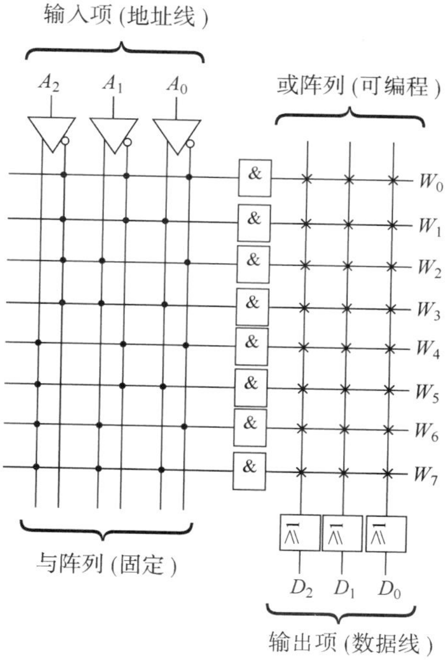

图 7.4.4 PROM 电路的 PLD 表示法

例 7.4.1   用 PROM 实现一位全减器。

解   一位全减器有被减数 A_i、减数 B_i 和借位 C_i 三个输入变量，输出变量为差值 D_i 和产生的借位 C_{i+1}。组合逻辑电路的设计步骤如下。

（1）列出全减器的真值表，如表 7.4.3 所示。

表 7.4.3   全减器的真值表

输　　入			输　　出	
A_i	B_i	C_i	D_i	C_{i+1}
0	0	0	0	0
0	0	1	1	1
0	1	0	1	1
0	1	1	0	1
1	0	0	1	0
1	0	1	0	0
1	1	0	0	0
1	1	1	1	1

（2）写出全减器的差值和借位的逻辑函数式，即

$$D_i(A_i,B_i,C_i) = \sum m\,(1,2,4,7)$$

$$C_{i+1}(A_i,B_i,C_i) = \sum m\,(1,2,3,7)$$

分析真值表或逻辑函数得知，因全减器有三个输入变量，两个输出变量，故选 $2^3 \times 2$ 位的 PROM。

PROM 的地址输入端 $A_2 A_1 A_0$ 作为输入变量 $A_i B_i C_i$ 的输入，PROM 数据输出端 D_1、D_0 作为 D_i、C_{i+1} 的输出端，则全减器的真值表就是 ROM 的编程表。

全减器 PLD 阵列逻辑电路图如图 7.4.5 所示。

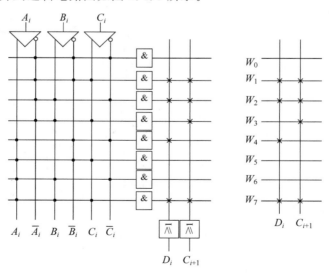

(a) PROM电路的PLD表示法　　　　(b) PROM阵列图

图 7.4.5   例 7.4.1 全减器 PLD 阵列逻辑电路图

PROM 的译码器是一个全译码型与阵列,输入项越多,与门阵列越大。而与门阵列越大,则开关时间越长,速度越慢。因此,一般只有小规模的 PROM 才作为可编程逻辑器件使用,大规模 PROM 一般只作为存储器用。

7.4.2 可编程阵列逻辑器件

可编程阵列逻辑器件(Programmable Array Logic,PAL)是 20 世纪 70 年代后期推出的 PLD 器件。它的基本结构是由可编程的与阵列和固定的或阵列组成的,一般采用熔丝编程技术实现与门阵列的编程,所以是一次性编辑器件,编程完后,其内容不能更改。图 7.4.6(a)为具有 3 个输入变量、6 个乘积项、3 个输出的 PAL 编程前的内部结构。其中每个输出对应两个乘积之和,乘积项的数目固定不变,用乘积之和的形式实现逻辑函数。对于大多数逻辑函数而言,这种与-或表达式结构是较容易得到的。若用它来实现下列三个逻辑函数:$L_0 = B + A\overline{B}\overline{C}$,$L_1 = \overline{A}\,BC + A\overline{B}$,$L_2 = \overline{B}\,\overline{C}$,则编程后的 PAL 连接形式如图 7.4.6(b)所示。一般典型的逻辑函数包含 3~4 个乘积项,在 PAL 现有产品中,乘积项最多可达 8 个,对于大多数逻辑函数,这种结构基本上能满足要求,而且这种结构可以提供很高的工作速度。

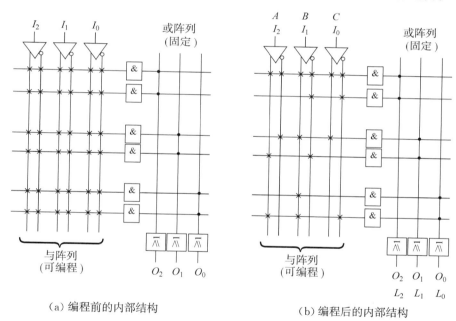

(a) 编程前的内部结构   (b) 编程后的内部结构

图 7.4.6 PAL 编程前后的内部结构

图 7.4.7 给出了一种典型的 PAL 器件 PAL16L8 型的逻辑电路图。电路内部包括 16 个输入缓冲器、8 个三态反相输出缓冲器(且低电平有效)和 8 个与-或阵列,器件型号中的 16、8、L 分别表示输入、输出缓冲器的个数及输出的有效电平。每个与-或阵列由输入端 32(对应 16 个输入缓冲器)的与门和输出端 7 的或门组成。引脚 1~9 以及引脚 11 作为输入端,引脚 13~18 可由用户根据自己的需要将其用做输出端或输入端,从而改变器件输入/输出数目的比例。例如,当引脚 14 的三态反相输出缓冲器的输出呈高阻态时,引脚 14 可以作为输入端,否则,它将作为输出端。引脚 12 和 19 只能作为输出端。

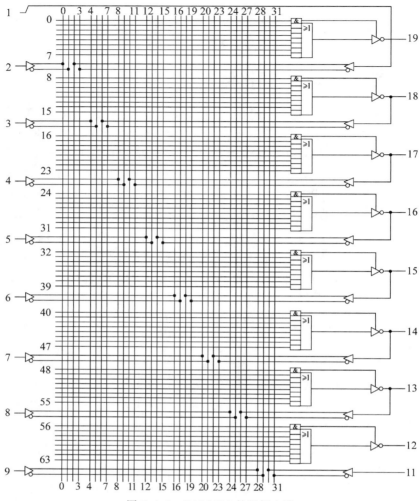

图 7.4.7　PAL16L8 的逻辑电路

7.4.3　可编程通用阵列逻辑器件

PAL 器件的发展给逻辑设计带来了很大的灵活性，但它还存在着不足之处。一方面，它采用熔丝材料连接工艺，靠熔丝烧断达到编程的目的，一旦编程完成便不能改写；另一方面，不同输出结构的 PAL 对应不同型号的 PAL 器件，设计上通用性较差。可编程通用阵列逻辑器件（Generic Array Logic，GAL）是 20 世纪 80 年代中期推出的另一种可编程逻辑器件。它的基本结构除直接继承了 PAL 器件的与-或阵列结构外，每个输出都配置有一个可以由用户组态的输出逻辑宏单元（Output Logic Macro Cell，OLMC），为逻辑设计提供了极大的灵活性。同时，采用 E^2CMOS（Electrically Erasable CMOS）工艺，使 GAL 器件具有可擦除、可重新编程和可重新配置其结构等功能，因此在许多领域已取代了 PAL 器件。

GAL16V8 是 GAL 器件中一种最为通用的器件，器件型号中的 16 表示最多有 16 个引脚作为输入端，器件型号中的 8 表示器件内含有 8 个 OLMC，最多可有 8 个引脚作为输出端,GAL16V8的逻辑电路如图7.4.8所示。它由5部分组成,8个输入缓冲器(引脚2~9作为固定输入)、8个输出缓冲器(引脚12~19作为输出缓冲器的输出)、8个输出逻辑宏单元(OLMC12~19,或门阵列包含在其中)、可编程与门阵列(由8×8个与门构成,形成64个乘积项,每个与门有32个输入端)、8个输出反馈/输入缓冲器(逻辑结构图中间一列,8个缓冲器)。除以上5个组成部分外,该器件还有一个系统时钟CK的输入端(引脚1),一个输出三态控制端OE(引脚11),一个电源U_{CC}端和一个接地端(引脚20和引脚10,图中未画出,通常$U_{CC}=5V$)。下面以GAL16V8为例,说明GAL电路的结构特点和工作原理。

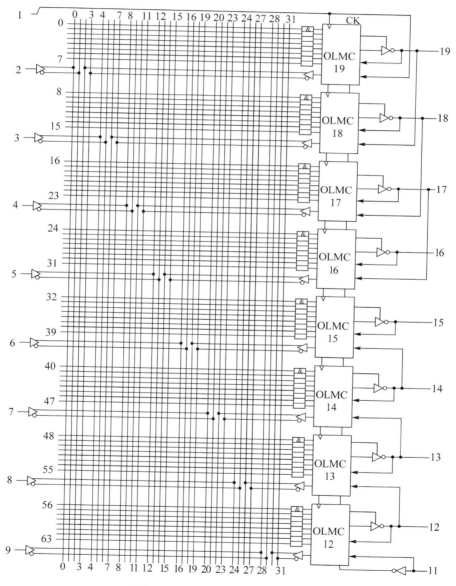

图7.4.8 GAL16V8的逻辑电路

1. 输出逻辑宏单元 OLMC

输出逻辑宏单元 OLMC 的电路如图 7.4.9 所示。

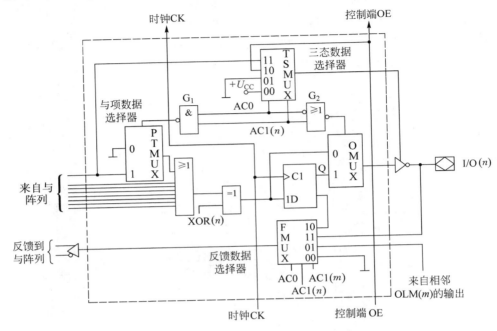

图 7.4.9   GAL16V8 输出逻辑宏单元 OLMC 的电路

一个 8 输入或阵列，构成了 GAL 的或门阵列，其输入信号来自可编程与阵列，因而每个输入是一个乘积项，或门阵列最多有 8 个乘积项，构成与或组合逻辑。

异或门用于控制输出信号的极性，8 输入或门的输出与结构控制字（见本小节第 3 点）中的控制位 $XOR(n)$ 异或后，输出到 D 触发器的 D 端。通过将 $XOR(n)$ 编程为 1 或 0 来改变或门输出的极性，$XOR(n)$ 中的 n 表示该宏单元对应的 I/O 引脚号。

D 触发器用来存储异或门的输出信号，以满足时序电路的需要。8 个 OLMC 中的 D 触发器时钟 CK 并接在一起，受 1 号输入引脚的信号控制，这就决定了只有 8 个 OLMC 全都为组合电路，即 8 个 D 触发器时钟 CK 都不起作用时，1 号引脚才可能通过 OLMC19 的输出反馈/输入缓冲器，作为组合电路的一个输入。

PTMUX 称为与项选择器，用来决定第一与项是否成为或门的输入信号。除了 OLMC12 和 OLMC19 两个输出逻辑宏单元外，PTMUX 的控制信号是结构控制字中控制位 AC0 和 $AC1(n)$。当 $\overline{AC0AC1(n)}=0$ 时，第一与项作为或门的一个输入项。

TSMUX 称为三态数据选择器，用来从第一与项、OE、地电平、U_{CC} 这 4 与项信号中选出一个信号作为输出三态缓冲器的控制信号，由结构控制字中控制位 AC0 和 $AC1(n)$ 控制。当 AC0 和 $AC1(n)$ 为 11 时，第一与项作为输出缓冲器的三态控制信号，第一与项是 0 还是 1 由用户编程决定；为 10 时，取 OE 作为三态控制信号，8 个 OLMC 的 OE 均并联在一起，受 11 号输入引脚的信号控制；为 01 时，取地电平作为三态控制信号，输出呈高阻态；

为 00 时,取 U_{CC} 为三态控制信号,输出缓冲器被选中。

FMUX 称为反馈数据选择器,用来从 D 触发器的 $\overline{Q}$ 端、本级输出、邻级输出、地电平这 4 路信号中选出一路作为反馈信号,反馈到与阵列。FMUX 形式上有三个控制端,分别是 AC0、AC1(n)、AC1(m)。但是,当 AC0 = 0 时,AC1(n) 不起作用,在 FMUX 框图中,AC1(n) 的取值用符号"—"表示,此时,AC1(m) = 1,反馈信号来自邻级输出;AC1(m) = 0,反馈信号来自地电平。而当 AC0 = 1 时,AC1(m) 不起作用,在 FMUX 框图中,AC1(m) 的取值用符号"—"表示,此时,AC1(n) = 0,反馈信号来自 D 触发器的 $\overline{Q}$ 端;AC1(n) = 1,反馈信号来自本级输出端;图中的 m 表示邻级宏单元对应的 I/O 引脚号。

OMUX 称为输出选择器,用来决定输出是组合电路还是时序电路。OMUX 的数据信号分别来自 D 触发器 Q 端和异或门的输出。当控制信号 $\overline{AC0 + AC1(n)} = 1$ 时,门 G_2 输出为 1,此时,D 触发器的 Q 端通过 OMUX 与输出三态缓冲器接通,D 触发器对异或门的输出状态起记忆作用,在时钟脉冲 CK 的正跳沿存入 D 触发器内,因此输出成为时序电路。在 $\overline{AC0 + AC1(n)} = 0$ 时,门 G_2 输出为 0,这时异或门的输出状态通过 OMUX 直接送到输出三态缓冲器,输出成为组合电路。

2. 结构控制字与工作模式

结构控制字(Architecture Control Word)用来指定 OLMC 中控制信号的状态,从而决定 GAL 器件可重组的输出结构。GAL16V8 的结构控制字共有 82 位,如图 7.4.10 所示,其中,AC1(n)、AC0 为 OLMC 的控制信号;XOR(n) 位的值用于控制逻辑操作结果的输出极性;SYN 位的值用来确定 OLMC 是否能工作在寄存器模式;PT(乘积项) 禁止位用于控制逻辑电路图中与门阵列的 64 个乘积项(PT0~PT63),以便屏蔽某些不用的乘积项。它们都是结构控制字中的可编程位。图中 XOR(n) 和 AC1(n) 字段下面的数字分别表示它们控制该器件中各个 OLMC 的输出引脚号。

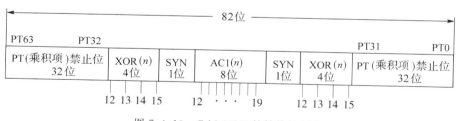

图 7.4.10 GAL16V8 的结构控制字

由于 OLMC 提供了灵活的输出功能,因此编程后的 GAL 器件可以替代所有其他固定输出级的 PLD。GAL16V8 有三种工作模式,即简单型、复杂型和寄存器型。适当连接该器件的引脚线,由上述控制字位 SNN,AC0,AC1(n) 的逻辑值可以决定其工作模式,在这些工作模式下,OLMC 的输出结构配置与控制字位逻辑值的关系及各种输出配置的等效电路如表 7.4.4 所示。

表 7.4.4　OLMC 的输出结构配置及各种输出配置的等效电路

工作模式	控制字位逻辑值	功　能	等　效　电　路
简单型	SYN＝1 AC0＝0	XOR＝0 输出低电平有效 XOR＝1 输出高电平有效 AC1＝0	15、16 号 OLMC 构成组合逻辑输出
			除 15、16 号 OLMC 外，都可构成组合逻辑输出、邻级输入
		XOR＝0 无效 XOR＝1 无效 AC1＝1	除 15、16 号 OLMC 外，都可构成邻级输入
复杂型	SYN＝1 AC0＝1	XOR＝0 输出低电平有效 XOR＝1 输出高电平有效 AC1＝1	13～18 号 OLMC 构成组合逻辑输出或输入，由三态门控制
			12、19 号 OLMC 构成组合逻辑输出，由三态门控制
寄存器型 （1 和 11 号引脚总是用来作为公共时钟 CK 和使能端 OE）	SYN＝0 AC0＝1	XOR＝0 输出低电平有效 XOR＝1 输出高电平有效 AC1＝0	12～19 号 OLMC 都可构成寄存器输出，即时序逻辑电路输出
		XOR＝0 输出低电平有效 XOR＝1 输出高电平有效 AC1＝1	12～19 号 OLMC 中部分构成组合逻辑输出或输入（至少应有一个 OLMC 是寄存器输出）

3. GAL 的编程

未编程的 GAL 芯片不具有逻辑功能。只有借助 GAL 的开发工具及计算机才能对 GAL 编程。除了对与阵列编程外,还要对结构控制字阵列、用户标签阵列、整体擦除位、加密位等进行编程。

1) GAL16V8 的行地址

GAL16V8 的行地址分配如图 7.4.11 所示。其中,行地址 0～31 对应于与门阵列,每行包含 64 位。行地址 32 是电子标签,共 64 位,用来存储用户定义的任何信息,如产品制造商的标识码、编程日期、线路形式代码等。行地址 33～39 由制造商保留,用户不能用。行地址 60 是结构控制字,共有 82 位,行地址 61 仅包含一位,用于加密,该位一旦编程后,就禁止对 0～31 行的门阵列作进一步编程或验证,以防未经允许而抄袭电路设计。行地址 62 保留,用户不能用。行地址 63 也只有一位,用于整体擦除,在编程周期中,对该行寻址并执行清除功能,则可实现对门阵列和结构控制字的整体擦除,同时也擦除了电子标签字和加密单元,GAL 器件则返回原始状态。

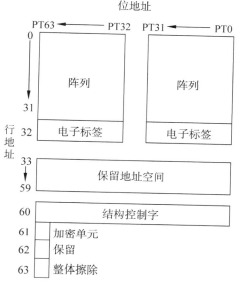

图 7.4.11　GAL16V8 的行地址分配图

2) 开发软件

GAL 器件的开发工具包括软件开发工具和硬件开发工具,软件开发工具是指开发 GAL 所用的程序设计语言和相应的汇编程序或编译程序。硬件开发工具是指对 GAL 芯片进行编程用的编程器。

开发 GAL 器件的常用软件是 FM(Fast Map),它具有源文件格式简单、易学等特点。下面介绍 FM 开发软件源文件的格式及编程操作。

FM 源文件(或称 GAL 设计说明)的编写可采用任何一种文本编辑软件进行编辑,源文件采用的扩展名为.PLD,用大写字母输入,源文件的格式如下:

第一行　器件型号。
第二行　标题。
第三行　设计者姓名,设计日期。
第四行　电子标签。
第 i 行　引脚名,可占用多行,$i \geqslant 5$。
第 j 行　逻辑方程式,可占用多行。
第 k 行　最后一行称为程序描述行,必须采用 DESCRIPTION 关键字符串,每个字符都要大写。

上述第 i 行为引脚行,定义引脚名。该行的引脚名最多可用 8 个字符,名字间应用空格、制表符、回车符隔开。不使用的引脚习惯上用 NC 表示,地用 GND 表示,电源用 U_{cc} 表示。引脚名必须按引脚号的次序排列。

第 j 行的逻辑方程式是一组输出等式,每个等式的形式决定了 GAL 器件的工作模式,因而只能采用下列三种形式中的一种,即

符号＝表达式　　　　　　（简单工作模式）

符号∶＝表达式　　　　　　（寄存器工作模式）

符号·OE＝表达式　　　　（复杂工作模式）

由（符号）定义后的输出引脚才有效，（符号）项定义为一个输出引脚名，写在等式的左侧，等式右边的（表达式）是由若干符号、输入引脚名和逻辑运算符构成的，这些逻辑运算符如下。

＊　与（AND）

＋　或（OR）

／　非（NOT）或低电平

例 7.4.2　试用一片 GAL16V8 代替如图 7.4.12 所示的基本逻辑门，要求写出符合 FM 编译软件规范的用户源文件。

解　用 GAL16V8 代替基本逻辑门的用户源文件如下。

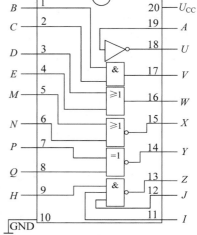

图 7.4.12　例 7.4.2 图

```
GAL16V8                  ;DEVICE NAME
BASIC GATES              ;
LIN AND MENG 2004 · 1    ;
BGTS                     ;SIGNATURE
B C D E M N P Q H GND    ;PIN NAME
I J Z Y X W V U A VCC    ;PIN NAME
; EQATIONS
U = /A
V = B * C
W = D + E
X = /M * /N
/Y = P * /Q + /P * Q
Z = /H + /I + /J
DESCRIPTION
```

例中的分号称为注释符，以便读懂源文件，MF 软件不识别分号后面的字符。例中 A、B、C、D、E、M、N、P、Q、H、I、J 是输入引脚名，U、V、W、X、Y、Z 是输出引脚名，且必须通过（符号）定义，在输出引脚名前允许有 ／ 符号，表示非或低电平，如 $/Y = P * /Q + /P * Q$，表示的逻辑关系是 $Y = \overline{P \oplus Q}$。

GAL 器件的极性靠结构控制字中的 XOR(n) 来控制，当引脚行的输出引脚名与逻辑方程中采用的（符号）极性相同时，XOR(n)＝1，输出高电平有效，否则 XOR(n)＝0，低电平有效。如例 7.4.1 源文件引脚行的输出引脚 W 与逻辑方程式中的（符号）W 极性相同，故 XOR(16)＝1，引脚行的输出引脚 Y 与逻辑方程式中的（符号）$/Y$ 极性相反，故 XOR(14)＝0。

源文件编写完后，可用 FM.EXE 编译软件对其进行编译并生成下述文件。

- .pld——编辑后的源文件；
- .lst——文档文件；
- .lpt——熔丝图文件；
- .jed——装载源文件。

最后利用编程器可对 GAL16V8 编程。编程后,编译软件根据用户源文件中输出引脚定义的方程形式,自动设置 SYN、AC0 和 AC1 控制字的值,从而设定 OLMC 工作在哪种工作模式。

例 7.4.3　试用 GAL16V8 设计一个 4 位加 2 计数器,要求有清零、置数和进位的功能。

解　(1)求出计数器的逻辑表达式。

设计数器的状态变量为 Q_4、Q_3、Q_2、Q_1,清零输入变量为 CLR,置数输入变量为 I_4、I_3、I_2、I_1,进位输出变量为 M。根据题意,先不考虑清零和置数的情况下,计数器的状态转换表及对应的卡诺图如表 7.4.5 和图 7.4.13 所示。

表 7.4.5　计数器的状态转换表

现　态				次　态				输　出　M
Q_4^n	Q_3^n	Q_2^n	Q_1^n	Q_4^{n+1}	Q_3^{n+1}	Q_2^{n+1}	Q_1^{n+1}	
0	0	0	0	0	0	1	0	0
0	0	1	0	0	1	0	0	0
0	1	0	0	0	1	1	0	0
0	1	1	0	1	0	0	0	0
1	0	0	0	1	0	1	0	0
1	0	1	0	1	1	0	0	0
1	1	0	0	1	1	1	0	0
1	1	1	0	0	0	0	0	1

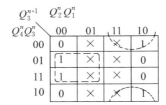
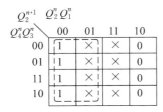

图 7.4.13　例 7.4.3 的卡诺图

用卡诺图化简得

$$Q_4^{n+1} = Q_4^n \overline{Q_2^n} + Q_4^n \overline{Q_3^n} + \overline{Q_4^n}\, Q_3^n\, Q_2^n$$

$$Q_3^{n+1} = Q_3^n \overline{Q_2^n} + \overline{Q_3^n}\, Q_2^n$$

$$Q_2^{n+1} = \overline{Q_2^n}$$

$$Q_1^{n+1} = Q_1^n$$

$$M = Q_4^n \, Q_3^n \, Q_2^n$$

考虑清零和置数功能，修改后的计数的逻辑表达式为

$$Q_4^{n+1} = (Q_4^n \overline{Q_2^n} + Q_4^n \overline{Q_3^n} + \overline{Q_4^n} \, Q_3^n \, Q_2^n)\overline{\text{CLR}} + I_4$$

$$Q_3^{n+1} = (Q_3^n \overline{Q_2^n} + \overline{Q_3^n} \, Q_2^n)\overline{\text{CLR}} + I_3$$

$$Q_2^{n+1} = \overline{Q_2^n} \, \overline{\text{CLR}} + I_2$$

$$Q_1^{n+1} = Q_1^n \overline{\text{CLR}} + I_1$$

$$M = Q_4^n \, Q_3^n \, Q_2^n \overline{\text{CLR}}$$

（2）配置 GAL16V8 的引脚。

用 GAL16V8 实现 4 位加 2 计数器时的引脚配置如图 7.4.14 所示，各引脚功能如下：

- CP——时钟输入端，正跳沿触发；
- CLR——清零输入端；
- $I_1 \sim I_4$——置数输入端，程序中用 I1～I4 表示；
- GND——接地端；
- OE——输出允许端；
- $Q_1 \sim Q_4$——计数器输出端，程序中用 Q1～Q4 表示；
- M——进位输出端；
- U_{CC}——电源端，接+5V，程序中用 UCC 表示。

（3）编写 FM 源文件。

设源文件名为 COUNTER.PLD，适用于 FM 软件规范的用户源文件如下：

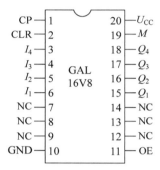

图 7.4.14　实现 4 位加 2 计数器时的引脚配置

```
GAL16V8
 + 2COUNTER
GAL1
COUNT
CP CLR I4 I3 I2 I1 NC NC NC GND
OE NC NC NC Q1 Q2 Q3 Q4 M UCC
; EQUATIONS
Q4: = Q4 * / Q2 * /CLR + Q4 * /Q3 * /CLR + /Q4 * Q3 * Q2 * /CLR + I4
Q3: = Q3 * /Q2 * /CLR + /Q3 * Q2 * /CLR + I3
Q2: = /Q2 * /CLR + I2
Q1: = Q1 * /CLR + I1
M: = Q4 * Q3 * Q2 * /CLR
DESRIPTION
```

接着用 FM.EXE 编译软件对上述源文件进行编译，然后对 GAL16V8 编程。

7.4.4　可编程逻辑阵列

PLA 早在 20 世纪 70 年代开始研制，采用与阵列和或阵列都由用户编程的结构形式，因而设计的灵活性较大。PLA 分为两大类，一类是面向工厂编程的掩膜 PLA，即用户根据自己的程序绘制出 PLA 阵列图交给工厂，由工厂用掩膜工艺完成编程，显然它是一次性编程器件，适用于大批量定型产品；另一类是面向用户的 FPLA，称为现场可编程逻辑阵列，

适于产品开发。它们的电路结构和工作原理是相同的,所以下面主要介绍掩膜 PLA 的阵列结构和工作原理。

PLA 阵列结构如图 7.4.15(a)所示,由于与阵列可编程,其输出不是全译码,所以阵列规模要比 PROM 小得多。PLA 的每个输出都可实现任意的与或表达式,因而用 PLA 可设计组合逻辑电路,如果在或阵列的输出外接触发器,还可设计时序逻辑电路,只要完成阵列图的设计,便可交给工厂制造。为了节省单元,在设计组合逻辑电路时,通常将逻辑函数化为最简与或表达式,然后用与阵列产生所需的全部乘积项,用或阵列求出乘积项之和,即得到最简与或函数的逻辑电路。为了简单明了地描述 PLA 的逻辑关系,可将阵列结构图中的逻辑元件去掉,用输入变量和输出取代,构成简化的阵列图,如图 7.4.15(b)所示。

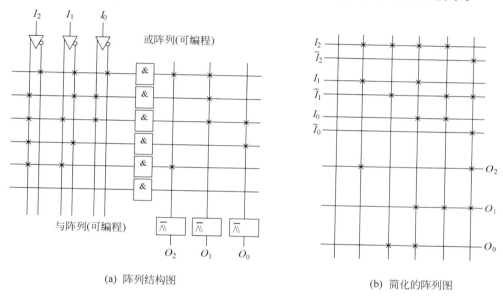

(a) 阵列结构图   (b) 简化的阵列图

图 7.4.15 PLA 阵列图

例 7.4.4 已知多输出组合电路的输出函数表达式为

$$F_1 = (A,B,C,D) = \sum m(2,5,6,7,8,10,12,13,14,15)$$

$$F_2 = (A,B,C,D) = \sum m(5,8,9,10,11,12,13,14,15)$$

$$F_3 = (A,B,C,D) = \sum m(2,6,7,9,11,13,15)$$

试用 PLA 实现该电路,画出 PLA 阵列结构图。

解 (1) 将输出函数化简为最简与或表达式。

利用如图 7.4.16 所示的卡诺图,化简得到的最简与或表达式为

$$F_1 = (A,B,C,D) = A\overline{D} + BD + C\overline{C}$$

$$F_2 = (A,B,C,D) = A + B\overline{C}D$$

$$F_3 = (A,B,C,D) = AD + \overline{A}\,BC + \overline{A}CD$$

(2) 依据最简与或表达式构成 PLA 阵列图,如图 7.4.17 所示。

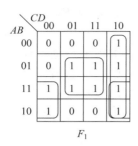
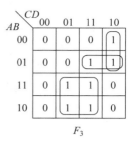

图 7.4.16　例 7.4.4 的卡诺图

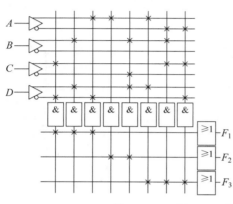
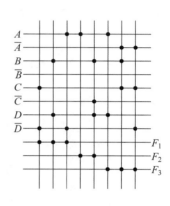

图 7.4.17　例 7.4.4 的 PLA 阵列图

7.5　小结

（1）半导体存储器是现代数字系统特别是计算机中的重要组成部分，它可分为 RAM 和 ROM 两大类，按制造工艺分类又可分成双极型存储器和 MOS 型存储器，其中绝大多数属于 MOS 工艺制成的大规模集成电路。

（2）RAM 是一种时序逻辑电路，具有记忆功能。它存储的数据随电源断电而消失，因此是一种易失性的读写存储器。它包含静态和动态两种类型，前者用触发器记忆数据，后者靠 MOS 管栅极电容存储数据。因此，在不停电的情况下，静态 RAM 的数据可以长久保持，而动态 RAM 则必须定期刷新。

（3）ROM 是存储固定信息的存储器，只能读出信息，不能写入，去掉电源，所存信息不会丢失，因而是非易失性存储器。根据数据写入方式的不同，ROM 又可以分成固定 ROM 和可编程 ROM。后者又可以细分为 PROM、EPROM 和 E^2PROM 存储器等。PROM 的存储内容可由使用者编定后写入一次，一经写入就不能再更改。EPROM 的存储内容可以改变，但 EPROM 所存内容的擦去或改写需要擦抹器和编程器实现，在工作时只能读出。E^2PROM 既具有 ROM 的非易失性，又具备类似 RAM 功能的随时可改写性，这为数字系统的设计和在线调试提供了极大的方便。

（4）目前，可编程逻辑器件（PLD）的使用越来越广泛，用户可以自行设计该类器件的逻辑功能。它们具有集成度高、可靠性高、处理速度快和保密性好等特点。PAL 和 GAL 是两种典型的可编程逻辑器件,其电路结构的核心都是与-或阵列。而 GAL 器件的输出部分增加了输出逻辑宏单元 OLMC,因此比 PAL 具有更强的功能和灵活性。

（5）用 GAL 器件实现逻辑功能的基本步骤如下：

① 求出实现逻辑功能的逻辑表达式；

② 配置 GAL 器件的引脚；

③ 编写 FM 源文件；

④ 编译源文件；

⑤ 对 GAL 器件编程。

（6）用掩模 PAL 设计逻辑电路,只需完成阵列图的设计,便可交给工厂制造。

习题

7-1　在存储器的结构中,什么叫"字"? 什么叫"字长"? 如何标注存储器的容量?

7-2　对于一个存储容量为 32K×16 位的 RAM,下列哪些说法是正确的? 正确的打 √,错误的打×。

（1）该存储器有 512KB 个存储单元。

（2）每次可同时读/写 8 位数据。

（3）该存储器有 16 根地址线。

（4）该存储器有 32 根数据线。

（5）该存储器的字长为 16 位。

（6）访问该存储器的某个存储单元时需要 15 位地址码。

（7）该存储器的十六进制数地址范围是 0000H～FFFFH。

7-3　指出下列存储系统各具有多少个存储单元,至少需要几根地址线和数据线。

（1）64K×1　　　　（2）256K×4　　　　（3）1M×1　　　　（4）128K×8

7-4　4 片 16×4 RAM 和逻辑门构成的电路如图题 7.4 所示,试回答：

（1）单片 RAM 的存储容量,扩展后的 RAM 总容量各是多少?

（2）如图题 7.4 所示的电路的扩展属于位扩展、字扩展,还是位、字都有扩展?

（3）用十六进制数表示各单片 RAM 的存储地址范围。

（4）当地址码为 00010110 时,RAM 0～RAM 3 哪几片被选中?

7-5　设存储器的起始地址为全 0,试指出下列存储器的最高地址是什么? 分别用二进制和十进制表示。

（1）2K×1　　　　（2）16K×4　　　　（3）256K×16

7-6　ROM 阵列图及地址线上的波形图如图题 7.6 所示,试画出 $D_3 \sim D_0$ 的波形图。

7-7　已知固定 ROM 中存放 4 个二进制数为 0101、1010、0010、0100,试画出 ROM 的阵列图。

7-8　试画出用 8×3 ROM 实现下列函数的阵列图。

$$F_1(A \cdot B \cdot C) = \overline{A}B + A\overline{B} + BC$$

$$F_2(ABC) = \sum m(3,4,5,7)$$

$$F_3(ABC) = \overline{A}\,\overline{B}\,\overline{C} + \overline{A}\,\overline{B}C + \overline{A}\,BC + A\,B\overline{C}$$

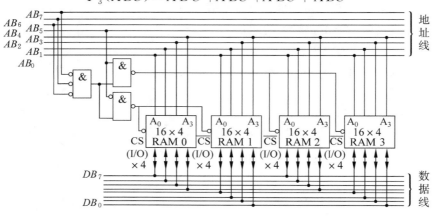

图题 7.4

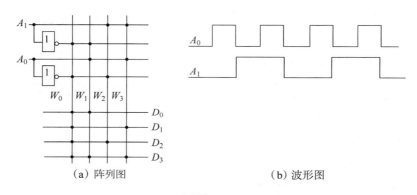

（a）阵列图   （b）波形图

图题 7.6

7-9　设一片 RAM 芯片的字数为 n，位数为 d，扩展后的字数为 N，位数为 D，求需要的片数 x 的公式。

7-10　试确定用 ROM 实现下列逻辑函数所需的容量。

（1）实现两个 4 位二进制数相乘的乘法器。

（2）8 位二进制数转换为 8421BCD 码的转换电路。

7-11　试分析图题 7.11 的逻辑电路，写出输出逻辑函数表达式。

7-12　PAL16L8 编程后的电路如图题 7.12 所示，试写出 X、Y 和 Z 的逻辑函数表达式。

7-13　试分析如图题 7.13 所示电路，说明该电路的逻辑功能。

7-14　试用 PLA 实现如表题 7.14 所示的真值表中的逻辑关系，画出 PLA 阵列图。

7-15　用 GAL16V8 实现具有模可变的同步计数器，当控制信号 $M=0$ 时模为七进制计数器；当 $M=1$ 时，实现模五进制计数器。要求：(1)写出计数器状态方程。(2)画出引脚配置图。(3)编写 FM 源文件。

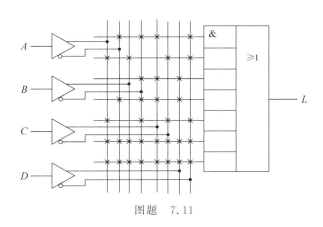

图题 7.11

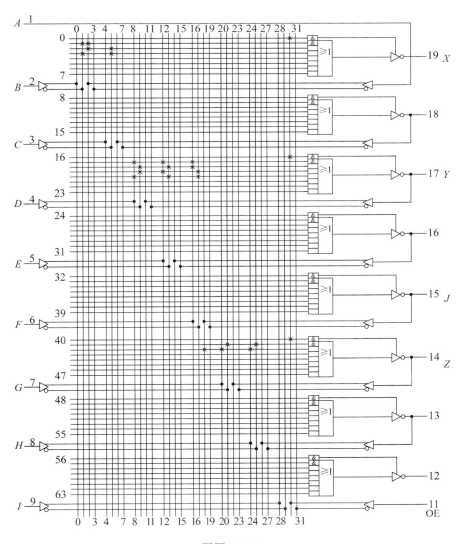

图题 7.12

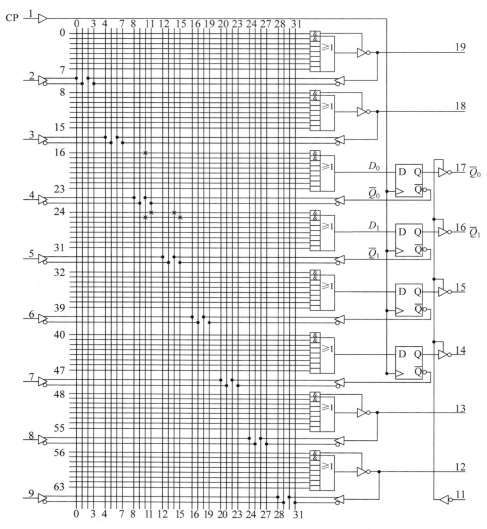

图题　7.13

表题　7.14

输 入 变 量				输 出 变 量			
A_3	A_2	A_1	A_0	B_3	B_2	B_1	B_0
0	0	0	0	0	0	1	1
0	0	0	1	0	1	0	0
0	0	1	1	0	1	0	1
0	0	1	1	0	1	1	0
0	1	0	0	0	1	1	1
0	1	0	1	1	0	0	0
0	1	1	0	1	0	0	1
0	1	1	1	1	0	1	0
1	0	0	0	1	0	1	1
1	0	0	1	1	1	0	0
1	0	1	0	×	×	×	×
		$\vdots$				$\vdots$	
1	1	1	1	×	×	×	×

第8章

脉冲波形的产生与变换

在数字系统中,常常会遇到各种脉冲信号。例如,时钟脉冲、触发脉冲、控制信号等。本章主要介绍常用矩形脉冲的产生和整形电路,重点讨论用门电路、555 定时器组成的多谐振荡器、单稳态触发器和施密特触发器,并对它们的功能、特点及其主要应用作简要的介绍。

8.1 概述

8.1.1 脉冲波形的产生与变换电路的组成

数字系统中的脉冲信号通常由以下几种形式获得:

(1) 由信号发生器直接产生;

(2) 由传感器变换来的电信号经过整形或变换而得。

产生脉冲信号的电路主要由延迟电路、正反馈电路和开关元件三部分组成。其中,开关元件保证电路能输出高、低两种电平。正反馈电路的作用是当电路处于相对稳定状态时由它维持这一稳定状态;当电路状态发生转变时,又能促进其状态的改变。而延迟电路的作用是控制电路从一个状态转换到另一个状态时所需的时间,通常延迟电路的输出又是促使电路状态发生转变的外界因素。

延迟电路由 RC 电路组成。由电路理论可知,对于一阶电路而言,用三要素法即可进行电路的暂态分析,其公式为

$$f(t) = f(\infty) + [f(0_+) - f(\infty)]e^{-t/\tau} \tag{8.1.1}$$

式中,$f(0_+)$ 为初始值;$f(\infty)$ 为正常情况下应达到的最终值;τ 为时间常数。通常 $f(t)$ 还未到达 $f(\infty)$ 时电路状态就已经发生改变,因此,常利用电路状态改变时的 $f(t)$ 反过来求解状态转换所需时间,其公式为

$$t = \tau \ln \frac{f(\infty) - f(0_+)}{f(\infty) - f(t)} \tag{8.1.2}$$

8.1.2 555 定时器

555 定时器是目前在信号产生和变换电路中应用得非常广泛的一种中规模集成电路。故本章重点介绍用 555 定时器组成的各类脉冲产生与变换电路。下面先介绍它的电路结构和工作原理。

555 定时器电路结构原理及器件符号如图 8.1.1 所示。它由分压器、两个比较器 C_1 和

C_2、基本 RS 触发器以及输出缓冲级 G_2 和开关放电管 T 组成，共有 8 个引脚。

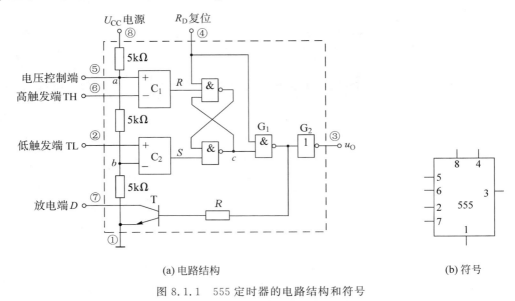

(a) 电路结构   (b) 符号

图 8.1.1   555 定时器的电路结构和符号

1. 分压器

分压器由三个 $5k\Omega$ 电阻组成，分压器上的两个分压点 a 和 b 的电平由电源 U_{CC}（引脚⑧）和电压控制端（引脚⑤）共同控制，为比较器提供基准电平。当引脚⑤悬空时，$U_a = \frac{2}{3}U_{CC}$，$U_b = \frac{1}{3}U_{CC}$。如果改变引脚⑤的输入，则可改变 a、b 的基准电平。

2. 比较器

分压器的两个分压点 a 和 b 分别接在比较器 C_1 的同相输入端和 C_2 的反相输入端上，作为比较器的基准电压。而 C_1 的反相输入端和 C_2 的同相输入端分别作为高触发端 TH（引脚⑥）和低触发端 TL（引脚②）与外电路相连。

设⑤脚悬空。当 TH 的电平 $U_6 > U_a$，TL 的电平 $U_2 > U_b$ 时，比较器 C_1 端输出为低电平，比较器 C_2 输出为高电平，向基本 RS 触发器输入置 0 信号。

当 TH 的电平 $U_6 < U_a$，TL 的电平 $U_2 < U_b$ 时，比较器 C_1 端输出为高电平，比较器 C_2 输出为低电平，向基本 RS 触发器输入置 1 信号。

当 TH 的电平 $U_6 < U_a$，TL 的电平 $U_2 > U_b$ 时，比较器 C_1 端和比较器 C_2 输出均为高电平，基本 RS 触发器无信号输入，即基本 RS 触发器输出保持原态。

3. 基本 RS 触发器

基本 RS 触发器由两个与非门组成，它的状态由前述的两个比较器的输出控制。当比较器输入置 0 信号时，触发器的输出状态为 0（即 c 点电平为 U_{OL}），当比较器输入置 1 信号时，触发器的输出状态为 1（即 c 点电平为 U_{OH}），否则触发器保持原态。

4. 输出缓冲级和放电管

555 的输出状态 u_O(引脚③)由 RS 触发器的输出端 c 点电平高低决定。而当复位端(引脚④)为低电平时,不管 c 点状态如何,输出 u_O 均为低电平 U_{OL}。因此,除了在开始工作前从复位端输入负脉冲使电路置 0 外,正常工作时应将引脚④接高电平。

由 G_2 构成的缓冲级主要使电路有较大的输出电流。此外,缓冲级的存在还可以隔离负载对 555 定时器的影响。

放电管 T 的状态由 G_1 的状态控制,当 G_1 输出高电平时 T 导通放电端(引脚⑦)近似接地;当 G_1 输出低电平时 T 截止,放电端(引脚⑦)断开。放电管的输出端(引脚⑦)通常外接延迟元件,用以控制暂态的维持时间。

综上所述,可得 555 定时器的特性功能如表 8.1.1 所示。

表 8.1.1　555 定时器特性功能表

输　　入			输　　出		
TH 高触发端⑥	TL 低触发端②	R_D 复位端④	u_O 输出端③	放电管 T	放电端⑦
$\times$	$\times$	0	0	导通	接地
$>\frac{2}{3}U_{CC}$	$>\frac{1}{3}U_{CC}$	1	0	导通	接地
$<\frac{2}{3}U_{CC}$	$<\frac{1}{3}U_{CC}$	1	1	截止	断开
$<\frac{2}{3}U_{CC}$	$>\frac{1}{3}U_{CC}$	1	不变	不变	不变

8.2　多谐振荡器

多谐振荡器又称无稳态触发器。它没有稳定的输出状态,而只有两个暂稳态。当电路接通电源后就处于某一暂稳态,经过一段时间电路可以自动地触发翻转到另一暂稳态。两个暂稳态自行相互转换而输出一系列方波。因此,多谐振荡器又称为方波发生器。

多谐振荡器可由非门组成或由 555 定时器构成,下面分别介绍。

8.2.1　由非门组成的多谐振荡器

图 8.2.1 是由非门构成的多谐振荡器。电路中有三个开关元件,即非门 G_1、G_2、G_3,从非门 G_3 输出端 G_1 输入端的连线起正反馈作用,R_1 和 C 构成延迟环节。为讨论方便起见,设非门的开门电平与关门电平相等,均记为 U_{th}。

1. 从第一暂稳态自动翻转到第二暂稳态的过程

设电路在 $t=0$ 接入电源时,u_O 为低电平 U_{OL},而这个低电平进入非门 G_1 的输入端,使得 G_1 输出 u_{O1} 为高电平 U_{OH},G_2 输出 u_{O2} 为低电平 U_{OL}。由于此时电容器 C 两端的电压为 0,故 u_{I3} 也为高电平 U_{OH},从而保证输出 u_O 仍为 U_{OL}(R_2 值很小),电路进入第一暂

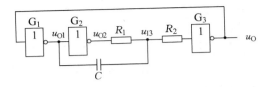

图 8.2.1　由非门构成的多谐振荡器

稳态。

以后，高电平 u_{O1} 通过电阻 R_1 对电容 C 正向充电，使得 u_{13} 的电平逐渐下降，当其下降到非门的关门电平 U_{th} 时，G_3 关闭，u_O 从低电平跃变到高电平 U_{OH}，u_{O1} 从高电平跃变到低电平 U_{OL}、u_{O2} 从低电平跃变到高电平 U_{OH}，电路进入第二稳态。设电容器 C 两端电压的参考极性为左正右负，跃变前瞬间电容器 C 两端的电压 $u_C = U_{OH} - U_{th} > 0$，如图 8.2.2(a)所示。

2. 从第二暂稳态自动翻转到第一暂稳态的过程

由于电容器两端的电压不能突变，当 u_{O1}（C 的左端）从高电平 U_{OH} 跃变到低电平 U_{OL} 时，则 u_{13}（C 的右端）的电平从 U_{th} 跃变成 $U_{th} - (U_{OH} - U_{OL}) = U_{th} + U_{OL} - U_{OH}$，此电平可保证输出 u_O 维持在高电平 U_{OH} 上。

进入第二暂稳态以后，高电平 u_{O2} 通过电阻 R_1 对电容 C 反向充电，使得 u_{13} 的电平逐渐上升，当其上升到非门的开门电平 U_{th} 时，非门 G_3 打开，u_O 从高电平跃变到低电平 U_{OH}，u_{O1} 从低电平跃变到高电平 U_{OL}、u_{O2} 从高电平跃变到低电平 U_{OH}，电路返回第一暂稳态。返回前瞬间电容器两端的电压 $u_C = U_{OL} - U_{th} < 0$，如图 8.2.2(b)所示。

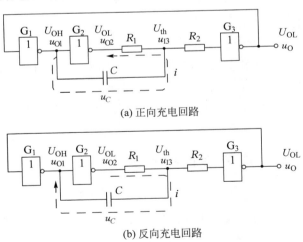

(a) 正向充电回路

(b) 反向充电回路

图 8.2.2　图 8.2.1电路充放电示意图

同理，当 u_{O1}（C 的左端）从 U_{OL} 跃变为 U_{OH} 时，则 u_{13}（C 的右端）的电平跃变成 $U_{th} + (U_{OH} - U_{OL}) = U_{th} + U_{OH} - U_{OL}$，以保证输出电压 u_O 维持在低电平 U_{OL} 上。以后的过程周而复始，电路将不停地改变输出状态，输出一系列方波。输出电压 u_O 及 u_{13} 的波形如图 8.2.3所示。

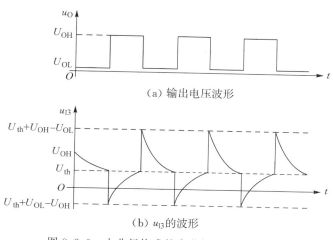

（a）输出电压波形

（b）u_{I3}的波形

图 8.2.3 由非门构成的多谐振荡器工作波形

从前面分析中不难得知,多谐振荡器的两个暂稳态的相互转换通过 R_1C 的正、反向充电来实现,而 u_{I3} 的电平对输出状态的改变起着决定作用。第一暂稳态维持时间和第二暂稳态维持时间的长短分别取决于 u_{I3} 的电平由 $U_{th}+U_{OH}-U_{OL}$ 下降至 U_{th} 和由 $U_{th}+U_{OL}-U_{OH}$ 上升到 U_{th} 所需要的时间。

8.2.2 石英晶体时钟脉冲发生器

在计算机或单片机中,需要一种频率非常稳定的时钟脉冲。因此,通常将石英晶体片接入多谐振荡器,从而组成石英晶体时钟脉冲发生器。

1. 石英晶体片的简介

石英晶体为各向异性的 SiO_2 结晶体,存在压电效应现象。在石英晶体片的两极加交流电压时,晶片将产生机械变形振动,同时这一机械振动又产生交变电场。一般情况下,这两者的幅度均很小,但每一块晶片都具有自己的固有机械谐振频率 f_0,当外加交变电压的频率与之相等时,机械振动的幅值就急剧增加,而机械振动幅值的急剧增加又反过来产生很大的交变电场,这样就可在石英晶片两端得到一个振幅较大的交变电压,并能维持在一定的幅度上,这种现象称为压电谐振。

从电的角度上看,可用 RLC 串联电路来模拟石英晶片,其中 R 用来模拟机械振动与摩擦产生的损耗,L、C 分别模拟晶片的惯性和弹性,产生压电谐振时,从电的角度上看就相当产生了串联谐振,石英晶片相当一个纯电阻 R_0。此时电路图中的石英晶片就可用一个电阻元件代替。石英晶片的图形符号和它的等效阻抗的频率特性分别如图 8.2.4（a）和图 8.2.4（b）所示。

石英晶体片由于具有非常稳定的频率特性而广泛地应用在对频率要求很高的场合中。

2. 石英晶体时钟脉冲发生器

石英晶体时钟脉冲发生器电路如图 8.2.5 所示,它是将石英晶体片串入多谐振荡器中

耦合元件 C_3 支路中而成的,其工作原理如下。

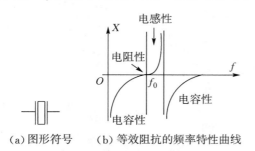

(a)图形符号   (b)等效阻抗的频率特性曲线

图 8.2.4   石英晶体的图形符号及等效阻抗的频率特性曲线

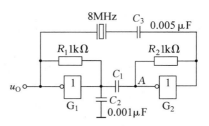

图 8.2.5   石英晶体时钟脉冲发生器

(1) 从第一暂稳态自动翻转到第二暂稳态的过程。

电源合闸时,由于电容 C_2 的两端电压为 0,非门 G_1 输入为低电平,其输出 $u_O = U_{OH}$,此电平通过 C_3 和石英晶体片耦合到非门 G_2 的输入端,使 G_2 的输出 $u_A = U_{OL}$,以保证 $u_O = U_{OH}$,电路进入第一暂稳态。以后,高电平 u_O 经过 R_1 对 C_1 和 C_2 同时充电,充电的大致回路及各电容的极性如图 8.2.6(a)所示。

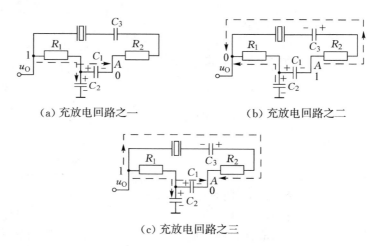

(a)充放电回路之一   (b)充放电回路之二

(c)充放电回路之三

图 8.2.6   图 8.2.5电路充放电示意图

当 C_2 充电到非门 G_1 的开门电平时,u_O 转为 U_{OL},此电平通过 C_3 和石英晶体片的耦合关闭非门 G_2,使得 A 点的电平转为 U_{OH},以保证 $u_O = U_{OL}$,电路进入第二暂稳态。

(2) 从第二暂稳态自动翻转到第一暂稳态的过程。

电路进入第二暂稳态后,C_1 和 C_2 通过 R_1 放电,并通过 R_2 对 C_3 进行反充电,其充、放电大致回路如图 8.2.6(b)所示。

当 C_2 两端的电压放电到非门的关门电平时,u_O 又转为 U_{OH},并通过 C_3 和石英晶体片开启非门 G_2,使得 A 点转为 U_{OL},电路回到第一暂稳态。u_O 又通过 R_1 对 C_1、C_2 充电,同时 C_3 将通过 R_2 放电。充、放电大致过程如图 8.2.6(c)所示。以后的过程周而复始,电路输出一系列方波。

由石英晶体的特性可知,只有当信号的频率为石英晶体固有谐振频率 f_0 时,石英晶体呈现的阻抗最小且为电阻性,此时信号最容易通过。所以,由石英晶体片组成的时钟脉冲发生器的频率仅取决于石英晶体片的固有频率 f_0,而与电路的其他参数无关。

8.2.3 由 555 定时器组成的多谐振荡器

1. 由 555 定时器组成的多谐振荡器的电路图及工作原理

由 555 定时器组成的多谐振荡器如图 8.2.7 所示。图 8.2.7(a) 为电路结构图,它描述了 555 定时器内部各组成部分与外电路之间的工作情况,其中⑥端与②端连在一起且与电容器 C 相连;电阻 R_1、D_1、C 和 C、D_2、R_2、T 分别组成电容器充、放电回路。由于⑤端悬空,分压器上的 a、b 两点的电平分别为比较器 C_1 和 C_2 输入基准电压 $\frac{2}{3}U_{CC}$ 和 $\frac{1}{3}U_{CC}$。

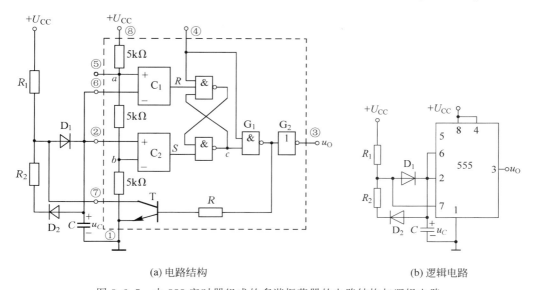

(a) 电路结构　　　　　　(b) 逻辑电路

图 8.2.7　由 555 定时器组成的多谐振荡器的电路结构与逻辑电路

当电容器 C 上的电压 u_C 大于 $\frac{2}{3}U_{CC}$ 时,比较器 C_1 由于反相输入端电平高于同相输入端电平而使其输出为低电平,比较器 C_2 由于同相输入端电平高于反相输入端电平而使其输出为高电平,因而,基本 RS 触发器的输入信号为 $R=0$,$S=1$,使其输出置 0;反之,当 u_C 小于 $\frac{1}{3}U_{CC}$ 时,比较器 C_1 由于反相输入端电平低于同相输入端电平而使其输出为高电平,比较器 C_2 由于同相输入端电平低于反相输入端电平而使其输出为低电平,即 $R=1$,$S=0$,使基本 RS 触发器置 1。当 $\frac{2}{3}U_{CC}>u_C>\frac{1}{3}U_{CC}$ 时,比较器 C_1 和 C_2 输出均为高电平,触发器状态不变。

合上电源后,U_{CC} 通过 R_1、D_1 对电容 C 充电,当 u_C 逐渐增高到大于 $\frac{2}{3}U_{CC}$ 时,比较器 C_2 输出高电平,比较器 C_1 输出端变成低电平,向基本 RS 触发器输入置 0 负脉冲,整个电路输出为低电平 U_{OL},触发器进入第一暂稳态。

在电路进入第一暂稳态的同时，与非门 G_1 输出变为高电平，使得放电管 T 导通，电容器 C 经过 D_2、R_2 和 T 放电，电容器两端电压下降，当 u_C 下降到小于 $\frac{1}{3}U_{CC}$ 时，比较器 C_1 输出高电平，比较器 C_2 的输出由高电平变为低电平，向基本 RS 触发器输入置 1 负脉冲，输出由低电平转为高电平 U_{OH}，电路进入第二暂稳态。

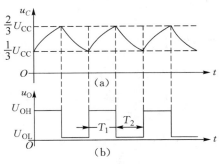

图 8.2.8　多谐振荡器电路工作波形

电路进入第二暂稳态后，G_1 门输出为低电平，T 管截止，电容器放电回路断开，电源 U_{CC} 又通过 R_1、D_1 向 C 充电，以后过程周而复始，电路不断进行两个暂稳态的交换，输出一系列方波。工作时电容 C 上的波形 u_C 和输出波形 u_O 分别如图 8.2.8(a)、图 8.2.8(b)所示。

2. 振荡周期的计算

由以上分析可知，多谐振荡器输出维持高电平的时间 T_1 即为电容器电压从 $\frac{1}{3}U_{CC}$ 充电到 $\frac{2}{3}U_{CC}$ 所需的时间，此暂态过程中，时间常数 $\tau = R_1 C$，初始值 $u_C(0_+) = \frac{1}{3}U_{CC}$，最终值 $u_C(\infty) = U_{CC}$，$u_C(T_1) = \frac{2}{3}U_{CC}$，由式(8.1.2)得

$$
\begin{aligned}
T_1 &= \tau \ln \frac{f(\infty) - f(0_+)}{f(\infty) - f(T_1)} \\
&= R_1 C \ln \frac{U_{CC} - \frac{1}{3}U_{CC}}{U_{CC} - \frac{2}{3}U_{CC}} \\
&= R_1 C \ln 2 \approx 0.7 R_1 C
\end{aligned}
\tag{8.2.1}
$$

多谐振荡器输出维持低电平的时间 T_2 为电容器电压从 $\frac{2}{3}U_{CC}$ 放电到 $\frac{1}{3}U_{CC}$ 所需的时间，此暂态过程中，时间常数 $\tau = R_2 C$，初始值 $u_C(0_+) = \frac{2}{3}U_{CC}$，最终值 $u_C(\infty) = 0$，$u_C(T_2) = \frac{1}{3}U_{CC}$，由式(8.1.2)得

$$
\begin{aligned}
T_2 &= \tau \ln \frac{f(\infty) - f(0_+)}{f(\infty) - f(T_2)} \\
&= R_2 C \ln \frac{0 - \frac{2}{3}U_{CC}}{0 - \frac{1}{3}U_{CC}} \\
&= R_2 C \ln 2 \approx 0.7 R_2 C
\end{aligned}
\tag{8.2.2}
$$

输出方波的周期为

$$T = T_1 + T_2 \approx 0.7(R_1 + R_2)C \tag{8.2.3}$$

振荡频率为

$$f = \frac{1}{T_1 + T_2} \approx \frac{1.43}{(R_1 + R_2)C} \tag{8.2.4}$$

输出波形的占空比(即输出高电平的时间在整个周期中占的比例)为

$$q = \frac{T_1}{T_1 + T_2} \times 100\% = \frac{R_1}{R_1 + R_2} \times 100\% \tag{8.2.5}$$

当 $R_1 = R_2 = R$ 时,得

$$T_1 = T_2 \approx 0.7RC$$
$$T = 2T_1 \approx 1.4RC$$

振荡频率为

$$f = \frac{1}{T} \approx \frac{0.71}{RC}$$

输出波形的占空比为

$$q = \frac{T_1}{T} \times 100\% = \frac{0.7RC}{1.4RC} \times 100\% = 50\%$$

图 8.2.7(b)为多谐振荡器的逻辑电路图,它描述的是整个电路中各器件之间的工作情况。若熟悉了 555 定时器的特性功能,可用逻辑电路图取代电路结构图,使电路更为简洁。

例 8.2.1 用定时器 555 所构成的多谐振荡器电路如图 8.2.9(a)所示,试画出 u_O 和 u_C 的工作波形,并求出振荡频率。

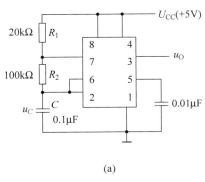
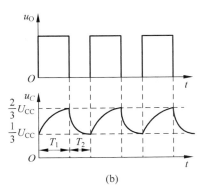

(a)   (b)

图 8.2.9 例 8.2.1 图

解 (1)由定时器 555 内部电路结构得知,两个比较器触发输入端 6 和 2 接在一个端点上并与电容 C 连接,这个端点上的电容电压 u_C 变动,会同时导致两个比较器的输出电平改变,使 RS 触发器的输出改变。电源 U_{CC} 经 R_1、R_2 给电容 C 充电。当 u_C 上升到 $\frac{2}{3}U_{CC}$ 时,$U_6 = U_2 = \frac{2}{3}U_{CC}$,输出电压 u_O 为低电平,放电管导 T 导通,电容 C 经 R_2、放电端⑦放电,u_C 开始下降,当下降到 $\frac{1}{3}U_{CC}$ 时,$U_6 = U_2 = \frac{1}{3}U_{CC}$,输出电压 u_O 为高电平。同时放电管导 T 截止,放电端⑦断开,电源 U_{CC} 又经 R_1、R_2 给电容 C 充电,使 u_C 上升。这样周而复始,电容电压 u_C 形成了一个周期性充、放电的指数曲线波形,输出电压 u_O 就形成周期性

的矩形脉冲。u_O 和 u_C 的工作波形如图 8.2.9(b)所示。

（2）计算振荡频率 f，由式（8.2.1）～式（8.2.4）得

充电时间 T_1 为

$$T_1 = 0.7(R_1 + R_2)C = 0.7 \times (20 + 100) \times 0.1 = 8.4(\text{ms})$$

放电时间 T_2 为

$$T_2 = 0.7R_2C = 0.7 \times 100 \times 0.1 = 7(\text{ms})$$

$$f = \frac{1}{T_1 + T_2} = \frac{1}{8.4 + 7} \approx 65(\text{Hz})$$

上面所讨论的多谐振荡器电路占空比是不可以调节的。如果在如图 8.2.7 所示的电路中的两个电阻 R_1 和 R_2 之间加上一个电位器，如图 8.2.10 所示，便构成了占空比可调的多谐振荡器。由式（8.2.5）得知输出波形的占空比为

$$q = \frac{T_1}{T_1 + T_2} \times 100\% = \frac{R_A}{R_A + R_B} \times 100\%$$

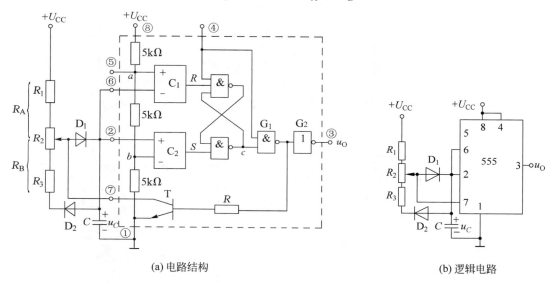

(a) 电路结构　　　　　　　　　　　　　(b) 逻辑电路

图 8.2.10　占空比可调的多谐振荡器的电路结构和逻辑电路

8.3　单稳态触发器

单稳态触发器是具有一个稳定输出状态的触发器。在触发脉冲的作用下，单稳态触发器的输出由稳定状态转换为暂稳态。经过一段时间延时后，触发器的输出又自动地恢复到稳定状态。

8.3.1　由与非门组成的单稳态触发器

如图 8.3.1 所示的电路为由与非门组成的单稳态触发器。它实际上就是在基本 RS 双稳态触发器的正反馈通道中串入一个 RC 微分电路而成的，利用其充放电的作用使电路能够从暂稳态返回到稳定状态，故又称为微分型单稳态触发器，下面讨论其工作原理。

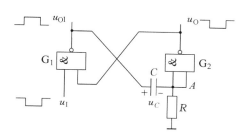

图 8.3.1 由与非门组成的单稳态触发器

1. 触发信号未到时电路处于稳定状态

在一般情况下,输入信号 u_1 为高电平 U_{OH},与非门 G_1 输出 u_{O1} 为低电平,此点通过 C、R 接地,A 点电平为 0V,触发器的输出 u_O 为高电平 U_{OH},而 u_O 为 U_{OH} 又使 G_1 门输出为低电平,从而保证了电路有稳定的输出状态 U_{OH}。

2. 外加触发信号,电路由稳定状态翻转到暂稳态

当 u_1 出现负跳变时,G_1 门输出 u_{O1} 立即跃变到高电平 U_{OH},由于电容器 C 两端的电压不能跃变,A 点电平也跟着跃变到高电平 U_{OH},整个电路的输出 u_O 由 U_{OH} 跃变成 U_{OL},这时电路进入暂稳态。

由于 u_O 为 G_1 门的输入端之一,故只要 u_O 的电平成为 U_{OL} 后,即使 u_1 的电平又上升到高电平(即触发负脉冲消失),u_{O1} 的电平也不会发生改变。

3. 电容器充电,电路由暂态自动返回到稳态

u_{O1} 变成 U_{OH} 后,它将经过电阻 R 对电容 C 充电,A 点电平随着充电电流的减小而降低,当 A 点电平降低到与非门的关门电平 U_{OFF} 时,G_2 门关闭,输出电压 u_O 由 U_{OL} 跃变到 U_{OH},暂稳态结束,电路自动返回稳定状态。G_2 门关闭前一瞬间电容两端电压 $u_C = U_{OH} - U_{OFF}$,极性左正右负,如图 8.3.1 所示。

4. 电容器两端电压的恢复过程

暂稳态结束时,G_1 门的两输入端均为高电平,其输出 u_{O1} 立即跃变成低电平 U_{OL},由于电容器两端电压不能跃变,A 点电平也跃变到 $U_{OFF} - (U_{OH} - U_{OL})$,此后,电容器开始放电,放电结束时 u_R 约为 0V,电容器两端的电压也约为 0V,为触发器下次翻转做好准备。这一段时间称为恢复时间 T_R。在整个工作过程中各点的电平变化如图 8.3.2 所示。

显然,单稳态触发器的暂稳态维持时间 T_P 取决于 G_1 输出 u_{O1} 对 RC 充电的快慢。当 RC 较大时,充电慢,A 点电压从 u_{O1} 下降到关门电平 U_{OFF} 所需的时间长,暂稳态维持时间也长;反之,RC 小,充电快,暂稳态

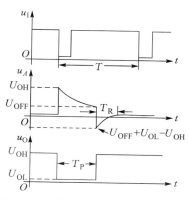

图 8.3.2 单稳态触发器的工作波形

维持的时间也短。

单稳态触发器的恢复时间 T_R 取决于RC电路的放电时间常数 τ，一般 T_R 约为 3τ 的时间。

为了保证单稳态电路能正常工作，对触发信号 u_I 的时间间隔 T 要加以限制，u_I 的时间间隔 T 应大于（至少等于）暂态维持时间与电容电压恢复时间之和，即

$$T \geqslant T_P + T_R \tag{8.3.1}$$

8.3.2　由 555 定时器组成的单稳态触发器

由 555 定时器组成的单稳态触发器如图 8.3.3 所示。图 8.3.3(a) 为电路结构图，图 8.3.3(b) 为逻辑电路图。此时电压控制端⑤悬空，电源 U_{CC} 通过 R、C 串联接地，高触发端⑥与放电端⑦连在一起并接入 R 与 C 之间（即⑥与⑦的电平均等于 u_C），输入控制信号 u_I 由低触发端 TL② 输入，一般情况下处于高电平，其值大于 $\frac{2}{3}U_{CC}$。故比较器 C_2 的输出通常为高电平。由于⑤端悬空，分压器的 a、b 两点的电平分别为 $\frac{2}{3}U_{CC}$ 和 $\frac{1}{3}U_{CC}$。

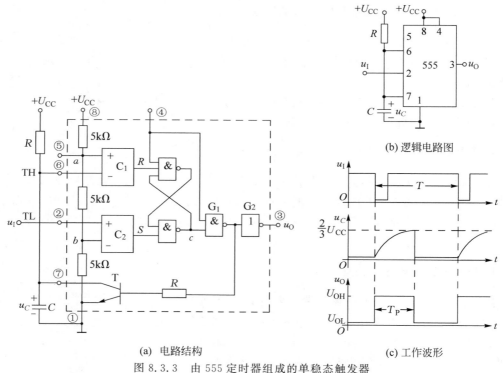

(a) 电路结构

(b) 逻辑电路图

(c) 工作波形

图 8.3.3　由 555 定时器组成的单稳态触发器

1. 合上电源后电路进入稳定状态的过程

合上电源后，U_{CC} 通过 R 对 C 充电，在 u_C 未达到 $\frac{2}{3}U_{CC}$ 前，比较器 C_1 的输出为高电平，当 u_C 上升到 $\frac{2}{3}U_{CC}$ 时，C_1 的输出状态由高电平转为低电平，向基本 RS 触发器输入置 0

负脉冲,基本 RS 触发器置 0。G_1 门的输出因输入为 0 而转为高电平,放电管 T 饱和导通,电容器 C 经 T 管(放电端⑦)放电,u_C 迅速下降,当 u_C 下降到小于 $\frac{2}{3}U_{CC}$ 时,比较器 C_1 的输出电平转为高电平,基本 RS 触发器因其两个控制端都为 1 而保持 0 态。只要输入端没有负脉冲触发信号,u_C 一直下降至 T 管的饱和电压,基本 RS 触发器一直保持 0 态,也就是单稳态触发器的稳定状态。

2．输入触发负脉冲时电路进入暂稳态的过程

当触发负脉冲 u_I 由②端输入并使得②端的电平低于 $\frac{1}{3}U_{CC}$ 时,比较器 C_2 由于同相输入端的电平低于反相输入端电平,使其输出立即转为低电平,向基本 RS 触发器送入置 1 负脉冲,输出由低电平转为高电平,电路转为暂稳态。负脉冲过后,C_2 输出转为 1,电路保持一段时间的暂稳态不变。

3．电路由暂稳态自动返回到稳态的过程

在输出转为高电平的同时,G_1 门的输出转为低电平,放电管 T 立即截止,⑦端与地的联系中断,U_{CC} 又通过 R 对电容 C 充电,当 $u_C = \frac{2}{3}U_{CC}$ 时,比较器 C_1 的输出又转为低电平,向基本 RS 触发器送入置 0 负脉冲,电路输出 u_O 从高电平变为低电平,整个电路由暂稳态返回到稳态,电路将保持这一稳定状态直到下一个触发负脉冲到来为止。整个电路 u_I、u_C 和 u_O 的波形如图 8.3.3(c)所示。

4．电容器两端电压的恢复过程

当 u_O 从高电平变为低电平后,G_1 门的输出又转为高电平,放电管 T 饱和导通,电容器 C 经 T 管迅速放电。从 C 放电开始到其两端的电压降到 T 管的饱和电压所需的时间即为恢复时间 T_R,但由于电容 C 通过 T 管放电的时间常数很小,故恢复时间 T_R 也很短,可忽略不计。

5．暂稳态维持时间的计算

如略去放电管 T 的饱和管压降,电容器 C 的电压从 0 充电到 $\frac{2}{3}U_{CC}$ 所需的时间即为电路暂稳态的维持时间 T_P。此暂稳态过程中,时间常数 $\tau = RC$,初始值 $u_C(0_+)=0$,最终值 $u_C(\infty)=U_{CC}$,$u_C(T_P)=\frac{2}{3}U_{CC}$,由式(8.1.2)得

$$T_P = \tau \ln \frac{f(\infty)-f(0_+)}{f(\infty)-f(T_P)}$$
$$= RC \ln \frac{U_{CC}-0}{U_{CC}-\frac{2}{3}U_{CC}}$$
$$= \ln 3 \cdot RC \approx 1.1RC \tag{8.3.2}$$

改变 R 和 C 的数值可达到调节 T_P 的目的。

例 8.3.1　由 555 定时器构成的锯齿波发生器如图 8.3.4(a)所示。(1)当触发输入端输入负脉冲后画出电容 C 上的电压波形及 555 输出端 u_O 的波形（忽略电容 C 的放电时间和晶体管的饱和压降）；(2)计算电容 C 的充电时间。

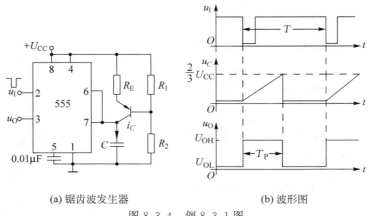

(a) 锯齿波发生器　　　　　　(b) 波形图

图 8.3.4　例 8.3.1 图

解　晶体管 T 及 R_1、R_2、R_E 在电路中起恒流源的作用，其电流为

$$i_E \approx \frac{R_1 U_{CC}}{(R_1 + R_2) R_E}$$

(1)电容电压波形及输出端波形。

输入信号 u_I 在为负脉冲之前是高电平，$u_I = U_2 > \frac{2}{3} U_{CC}$，电容 C 上已充满电，所以 555 的引脚 6 为高电平。当此高电平 $U_6 > \frac{2}{3} U_{CC}$ 时，输出 u_O 为 U_{OL}，555 内放电管导通，电容 C 上电压经引脚 7 和放电管释放，u_C 降至放电管的饱和压降，$u_C = U_6 \approx 0$，电路进入稳定状态。此时，$u_I = U_2 > \frac{2}{3} U_{CC}$，$u_C = U_6 \approx 0$，$u_O = U_{OL}$。

输入信号 u_I 为负脉冲时，$u_I = U_2 < \frac{1}{3} U_{CC}$，$u_C = U_6 < \frac{1}{3} U_{CC}$，由 555 特性功能（如表 8.1.1 所示）得知，放电管截止，电路输出 u_O 为高电平。此时恒流源向电容 C 线性充电，充电电流为

$$i_C \approx i_E \approx \frac{R_1 U_{CC}}{(R_1 + R_2) R_E}$$

电容 C 上的电压为

$$u_C = \frac{1}{C} \int_0^t i_C \, dt = \frac{i_C t}{C} = \frac{R_1 U_{CC}}{(R_1 + R_2) R_E C} t \tag{8.3.3}$$

随时间按线性规律增长。当电容 C 上电压大于 $\frac{2}{3} U_{CC}$，即 $u_C = U_6 > \frac{2}{3} U_{CC}$ 时，输出电压 u_O 回到低电平，放电管导通，电容 C 经引脚 7 和放电管放电，电路回到原始的稳定状态，等待输入信号 u_I 的第二个负脉冲的到来。电容 C 上的电压 u_C 及输出端 u_O 的波形如图 8.3.4(b)所示。

（2）电容充电时间 t_P。

u_C 是从 0 线性增长到 $\frac{2}{3}U_{CC}$ 的，因而应满足式（8.3.3），即

$$\frac{2}{3}U_{CC} = \frac{R_1 U_{CC}}{(R_1 + R_2)R_E C} t_P$$

所以

$$t_P = \frac{2}{3}\left(1 + \frac{R_2}{R_1}\right)R_E C$$

为保证单稳态触发器的每一个输入负脉冲都能起到触发作用，触发时 u_I 的电平应小于 $\frac{1}{3}U_{CC}$，且输入触发脉冲的宽度小于暂稳态的维持时间 T_P。重复周期 T 必须大于暂稳态的维持时间 T_P 和电容器 C 的电压放电恢复时间 T_R 之和。由于恢复时间很短，故重复周期 T 只要略大于暂稳态维持时间即可。

单稳态触发器除了对脉冲进行整形，把不规则的脉冲变换成宽度、幅值为给定值的脉冲外，由于其暂稳态维持时间的长短仅取决于电路中的 R、C 参数而与触发脉冲的宽度无关，故单稳态触发器还可以起定时作用，如图 8.3.5 所示，利用单稳态触发器的输出（简称单稳输出）控制一个与门的一个输入端，那么在 T_P 时间内，与门开启，U_B 信号可以通过；T_P 时间外，与门关闭。U_B 信号通过，实现脉冲的定时选通。此外，单稳态触发器通过调节 R、C 参数，可使输入信号延迟一定的时间后再输出，波形如图 8.3.6 所示。

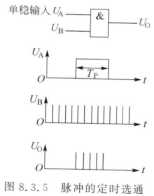

图 8.3.5　脉冲的定时选通

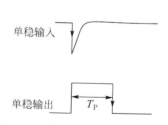

图 8.3.6　单稳态触发器的延时作用

8.4　施密特触发器

施密特触发器是一种双稳态触发器。它不同于一般双稳态触发器的地方是，一般的双稳态触发器是脉冲触发，而施密特触发器属于电平触发。对于缓慢变化的输入信号施密特触发器仍然适用，当输入信号达到某一定电平值时，输出电平会发生跃变。

由 555 定时器组成的施密特触发器如图 8.4.1(a) 所示。图中④端接入高电平，⑥端和②端连在一起通过电阻 R_2 接于 R_1 和 R_3 组成的分压器的 d 点上，⑤端接调节电压 U_{ad}，⑦端可以悬空，如需要时也可以通过 R_4 接入另一电源 U_{CC2} 上。

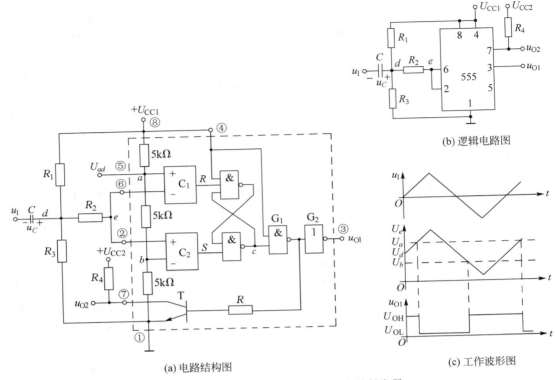

(b) 逻辑电路图

(a) 电路结构图

(c) 工作波形图

图 8.4.1 由 555 定时器组成的施密特触发器

由 555 工作原理可知,当⑥端的电平高于 a 点电平时,比较器 C_1 输出低电平(负脉冲)使基本 RS 触发器置 0,电路输出为 0,而当②端的电平低于 b 点电平时,比较器 C_2 输出为 0,使基本 RS 触发器置 1,电路输出为 1。图中⑥端和②端连在一起构成 e 点,在讨论电路工作原理时,应掌握 e 点电平变化而引起输出电平变化这一关键。

1. 接入电源,电路进入第一稳态

在 $u_1=0$ 且整个电路未接入电源时,由于 $u_1=0$,相当于与接地点①相连,故电容器 C 两端电压为 0,C 相当于短路。在电路接入电源瞬间,由于电容器两端的电压不能跃变,d 点(即 e 点)电平为 0,低于 U_b,使基本 RS 触发器置 1。当 U_{CC1} 通过电阻对电容 C 充电完毕后,$u_C=U_d=U_{CC1}\dfrac{R_3}{R_1+R_3}$,适当选择电阻 R_1 和 R_3,使得 $U_a>U_d>U_b$,此时比较器 C_1 和 C_2 输出均为高电平,基本 RS 触发器保持 1 态不变,电路处于第一稳态,输出端电压 $u_{O1}=U_{OH}$。

2. 输入电压变化时,输出状态得到相应改变

加输入电压 u_1 以后,u_1 叠加在 U_d 上,$U_e=u_1+U_d$,如图 8.4.1(b)所示。当 $U_e>U_a$ 时,比较器 C_1 输出由 1 变到 0,使基本 RS 触发器置 0,电路进入第二稳态,输出低电平 $u_{O1}=U_{OL}$。以后,只要 $U_e>U_b$,电路输出将保持第二稳态不变,只有当 $U_e<U_b$ 时,输出电

压 u_{O1} 才转入高电平,回到第一稳态,如图 8.4.1(c)所示。

U_a 和 U_b 分别为使触发器翻转的两个电平,且 $U_a > U_b$,故 U_a 称为上限触发门槛电平,U_b 称为下限触发门槛电平。在输入电压 u_1 为三角波时,输出电压 u_{O1} 的波形如图 8.4.1(b)所示。上、下限触发门槛电平的差值称为滞后电压(或称回差),此电路回差为

$$U_H = U_a - U_b = \frac{2}{3}U_{CC1} - \frac{1}{3}U_{CC1} = \frac{1}{3}U_{CC1}$$

是一个固定值,如果要调节回差的大小,可在⑤端加入电压 U_{ad},加入 U_{ad} 后,$U_a = U_{ad}$,$U_b = 0.5U_{ad}$,改变 U_{ad} 的数值可达到调节回差的目的。

如图 8.4.1(a)所示的电路中当⑦端悬空时,输出电压 u_{O1} 的数值分别为与非门的输出高电平 U_{OH} 或输出低电平 U_{OL},如果要求输出电压高、低电平与非门的输出高、低电平不同时,可将⑦端通过电阻 R_4 接入另一电源 U_{CC2} 中,其电源电压的数值与要求电压的数值相等,并改成从⑦端输出电压 u_{O2},改进后电路的工作原理与原来完全相同,只是当 u_{O1} 输出高电平时,G_1 门输出低电平,T 截止,⑦端输出高电平 u_{O2H}(约等于 U_{CC2});当 u_{O1} 输出低电平时,G_1 门输出高电平,T 饱和导通,⑦端输出低电平 u_{O2L}(约等于 0.3V 左右)。引入 R_4 和 U_{CC2} 后,可以使电路输出电压更灵活,应用范围更广。

由于施密特触发器具有回差特性,所以具有较强的抗干扰能力。一般而言,回差电压越大,抗干扰能力越强,但触发灵敏度也跟着下降。

例 8.4.1 用 555 定时器组成的施密特触发器电路及输入波形如图 8.4.2(a)、图 8.4.2(b)所示,试画出对应的输出波形。

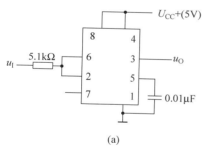

(a)

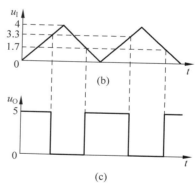

(b)

(c)

图 8.4.2 例 8.4.1 图

解 由 555 定时器内部电路结构可知,该施密特触发器的上、下限触发门槛电平分别为

$$U_a = \frac{2}{3}U_{CC} = \frac{2}{3} \times 5V \approx 3.33V$$

$$U_b = \frac{1}{3}U_{CC} = \frac{1}{3} \times 5V \approx 1.7V$$

从 $t=0$ 时刻开始,u_1 上升,当 u_1 小于 1.7V,u_O 为高电平,$u_O = 5V$;当 u_1 在 1.7 与 3.33V 之间,u_O 维持高电平 5V;当 u_1 大于 3.33V,u_O 为低电平,$u_O = 0V$。当 u_1 开始下降时,只要 u_1 不小于 1.7V,输出保持不变 $u_O = 0V$,一旦 u_1 小于 1.7V,输出恢复高电平,$u_O = 5V$。综上所述,该电路的输出波形如图 8.4.2(c)所示。

施密特触发器在数字电路中最主要的用途是对输入波形进行整形和变换。它可将正弦、三角等波形变换成整齐的方波输出，如图 8.4.3 所示；利用回差特性，可将信号波形顶部叠加的干扰信号消除，完成波形整形，如图 8.4.4 所示。此外，还可利用施密特触发器进行幅值甄别。例如，如果要在一系列幅值不等的脉冲波中仅保留幅值大于 U_a 的脉冲，就可选定 U_a 为上限触发门槛电压。这样，凡幅值大于 U_a 的脉冲波就能使电路输出脉冲，而幅值小于 U_a 的脉冲波则被淘汰掉，从而达到幅值甄别的目的，如图 8.4.5 所示。

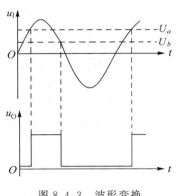

图 8.4.3 波形变换

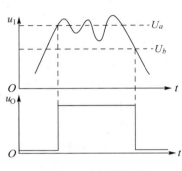

图 8.4.4 波形整形

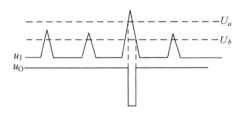

图 8.4.5 幅值甄别

8.5 小结

（1）双稳态触发器具有两个稳定状态，电路组成包括正反馈环节和门电路两部分。单稳态触发器具有一个稳态和一个暂态，而多谐振荡器没有稳态，只有两个暂态。暂态的维持依赖于延迟元件，所以单稳态和无稳态触发器除了包含正反馈环节和门电路以外，还应包含延迟环节。

（2）555 定时器是一种应用十分广泛的集成器件。它可应用于脉冲的产生、整形、定时等多种场合，是本章讨论的重点。在学习中要弄清其电路结构，理解其工作原理，为理解由它组成的各类触发器的工作原理打下基础。

（3）多谐振荡器不用外加信号便能在接通电源后自动输出方波，学习中要注意掌握延迟元件对暂态时间的控制作用，从一个状态翻转到另一个状态的条件，状态维持时间的计算等。

（4）石英晶体片具有振荡频率十分稳定的特点，在频率稳定性要求较高的场合通常采用石英晶体振荡器。

（5）单稳态触发器具有一个稳态和一个暂态。学习中要了解电路接入电源后进入稳态的过程，从稳态向暂态转换的条件以及返回稳态的条件，暂态维持时间的计算等。单稳态触发器可用于脉冲的整形、定时和延时。

（6）施密特触发器为双稳态触发器。与前几章讨论过的双稳态触发器不同之处是它由电平触发而不是由脉冲触发。学习中要注意施密特触发器在外加电平变化时从一个稳态向另一个稳态转换的过程、回差的概念及计算等。施密特触发器具有波形的整形与变换、甄幅等作用，还可用它组成其他类型的触发器。

习题

8-1　多谐振荡器、单稳态触发器、施密特触发器的输出状态有何不同？哪一个工作时不需要输入信号？哪一个工作时只需要脉冲输入信号？

8-2　在如图题 8.2 所示的由 555 定时器组成的多谐振荡器中，当 $R_1 = R_2 = 40\Omega$，$C = 1\mu F$ 时，求输出方波的频率。

8-3　图题 8.3 是一个由 TTL 与非门组成的单稳态触发器，已知输入信号 u_1 的宽度为 $5\mu s$，$R = 300\Omega$，$C = 33000pF$。（1）试分析电路的工作原理；（2）画出 A，E，B，Q 的波形；（3）计算 Q 端波形的宽度 t_W。

8-4　在如图题 8.4 所示的由 555 定时器组成的单稳态触发器中，如需要输出正脉冲的宽度在 $0.1 \sim 10s$ 可调，试选择可变电阻器（设 $C = 1\mu F$）。

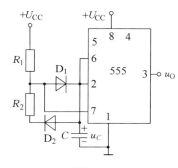

图题　8.2

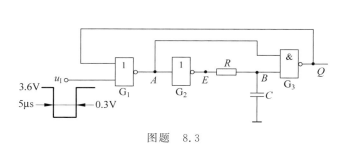

图题　8.3

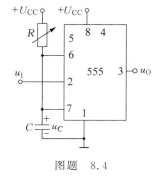

图题　8.4

8-5　已知由 555 定时器组成的施密特触发器的输入电压波形如图题 8.5 所示，试画出输出电压波形。

8-6　图题 8.6 为由 555 定时器构成的线性扫描波发生器，已知 $U_{CC} = 12V$，$R_1 = 10k\Omega$，$R_2 = 31k\Omega$，$R_E = 1k\Omega$，$C = 0.1\mu F$，求扫描周期。

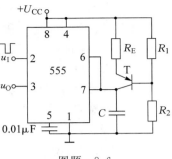

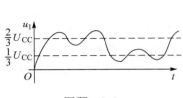

图题 8.5   图题 8.6

8-7 单项选择题（在下列给出的答案中选择一个正确的答案）。

(1) 若加大施密特触发器的回差电压，则使施密特触发器（   ）。

     A. 输出幅度加大   B. 带负载能力加强

     C. 输出脉冲宽度加大   D. 抗干扰能力加强

(2) 单稳态触发器在暂稳态持续时间的长短取决于（   ）。

     A. 触发脉冲的宽度   B. 触发脉冲的幅度

     C. 电路本身的参数   D. 触发脉冲的频率

(3) 由555定时器构成的多谐振荡器如图题8.7.3所示，要减小电路的振荡周期，可采取的方法有（   ）。

     A. 加大 C 的容量   B. 减小 C 的容量

     C. 加大 R_1 的阻值   D. 加大 R_2 的阻值

(4) 用555定时器接成多谐振荡器如图题8.7.4所示，其功能是（   ）。

     A. 作定时器   B. 作计数器

     C. 将非矩形波变成矩形波   D. 产生矩形波

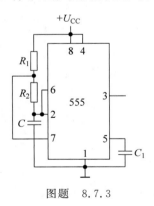

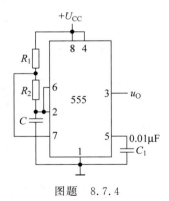

图题 8.7.3   图题 8.7.4

(5) 由555定时器构成的施密特触发器如图题8.7.5所示，则（   ）。

     A. $U_a=6\text{V}$、$U_b=3\text{V}$ B. $U_a=9\text{V}$、$U_b=3\text{V}$

     C. $U_a=8\text{V}$、$U_b=4\text{V}$ D. $U_a=6\text{V}$、$U_b=6\text{V}$

(6) 由555定时器构成的单稳态触发器，若改变⑤脚电压 U_a 的值，则（   ）。

A．可改变输出脉冲的宽度　　　　　B．可改变输出脉冲的幅度

C．可提高电路带负载能力　　　　　D．对输出波形无影响

8-8　多项选择题（在下列给出的答案中选择所有正确的答案）。

（1）由555定时器构成的单稳态触发器如图题8.8.1所示，为增大输出脉冲宽度t_w，可采取的方法有（　　　）。

　　A．减小R的阻值、C不变

　　B．减小C的容量、R不变

　　C．增大R的阻值、C不变

　　D．增大C的容量、R不变

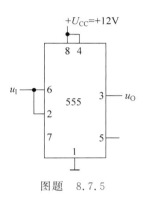

图题 8.7.5

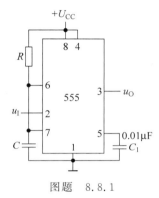

图题 8.8.1

（2）由555定时器构成的施密特触发器如图题8.8.2所示，下面结论正确的是（　　　）。

　　A．$U_a = 6\text{V}$、$U_b = 3\text{V}$　　　　　B．$U_H = 3\text{V}$

　　C．$U_a = 7\text{V}$、$U_b = 3.5\text{V}$　　　　D．$U_H = 3.5\text{V}$

（3）由555定时器构成的多谐振荡器如图题8.8.3所示，要加大小电路的振荡周期，可采取的方法有（　　　）。

　　A．加大C的容量　　　　　　　　B．减小C的容量

　　C．加大R_1的阻值　　　　　　　　D．减小R_2的阻值

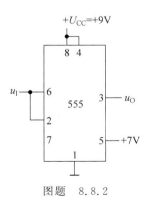

图题 8.8.2

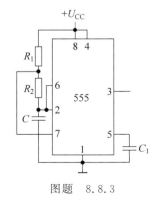

图题 8.8.3

第 9 章 数模和模数转换器

在微型计算机工业检测与控制、数字测量仪表、数字通信等领域中,常常需要将模拟量转换成数字量(简称为 A/D 转换),或将数字量转换成模拟量(简称 D/A 转换)。前者由A/D 转换器完成,后者由 D/A 转换器完成。例如,在微机工业控制系统中,被控制量(如压力、温度、流量、速度等)经传感器检测后的输出量通常都是模拟量,此模拟量需经 A/D 转换器转换成数字量送入计算机。而计算机要对生产过程中的某些量(参数)进行控制,则计算机输出的数字量也常需要经 D/A 转换器转换成模拟量去控制执行机构。某微机控制系统框图如图 9.0.1 所示。

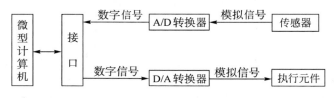

图 9.0.1　微机控制系统框图

本章主要介绍各类数模转换器和模数转换器的组成和工作原理。

9.1　D/A 转换器

D/A 转换器的作用是将输入的数字量转换成与之成正比的模拟量输出。通常,D/A 转换器由基准电压、数码输入、电子模拟开关、解码电路及求和电路等几部分组成。

D/A 转换器的组成按数码输入的方式可分为并行输入和串行输入两种;按解码电路结构可分为权电阻网络、T 形电阻网络、倒 T 形电阻网络等多种。另外,采用不同的电子模拟开关,也可构成不同的 D/A 转换器。

9.1.1　权电阻型 D/A 转换器

权电阻型 D/A 转换器的工作原理如下。在反相加法运算放大器的各输入支路中接入不同的权电阻,使其在运算放大器输入端叠加而成的电流与相应的数字量成正比,然后利用运算放大器将电流转换成电压的原理,在其输出端得到一个与相应数字量成正比的电压。运算放大器输出的模拟电压量与输入数字量的关系为

$$u_O = U_R \cdot D \tag{9.1.1}$$

式中,D 为输入的数字量;u_O 为运放输出的模拟电压量;U_R 为基准电压,也为输出量与输

入量的比例系数。

4 位权电阻型 D/A 转换器原理图如图 9.1.1 所示。它由基准电压 U_R、权电阻电路 $R_3 \sim R_0$、求和运算电路 A 和电子模拟开关 $S_3 \sim S_0$ 组成。

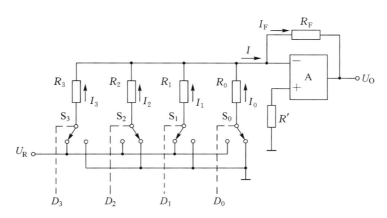

图 9.1.1   4 位权电阻型 D/A 转换器原理图

对于一个 4 位二进制数，$D = D_3 D_2 D_1 D_0 = D_3 2^3 + D_2 2^2 + D_1 2^1 + D_0 2^0$，其中 2^3、2^2、2^1、2^0 分别表示各位的权，$D_3 \sim D_0$ 为各位的数码，将它们代入式(9.1.1)可得

$$u_O = U_R(D_3 2^3 + D_2 2^2 + D_1 2^1 + D_0 2^0)$$

为使问题简单起见，首先假设电路中的电阻 $R_3 \sim R_0$ 不通过电子模拟开关 $S_3 \sim S_0$ 而直接与基准电压 U_R 相连，此时流入求和运算电路的电流 I 为

$$
\begin{aligned}
I &= I_3 + I_2 + I_1 + I_0 \\
&= \frac{U_R}{R_3} + \frac{U_R}{R_2} + \frac{U_R}{R_1} + \frac{U_R}{R_0} \\
&= U_R\left(\frac{1}{R_3} + \frac{1}{R_2} + \frac{1}{R_1} + \frac{1}{R_0}\right)
\end{aligned}
\tag{9.1.2}
$$

如果权电阻电路按以下规律取值，则

$$R_0 = R, \quad R_1 = \frac{R}{2^1}, \quad R_2 = \frac{R}{2^2}, \quad R_3 = \frac{R}{2^3}$$

各电阻上流过的电流为

$$I_0 = \frac{U_R}{R}, \quad I_1 = \frac{U_R}{\dfrac{R}{2^1}} = 2^1 I_0, \quad I_2 = \frac{U_R}{\dfrac{R}{2^2}} = 2^2 I_0, \quad I_3 = \frac{U_R}{\dfrac{R}{2^3}} = 2^3 I_0$$

这样，在参考电压 U_R 的作用下，各电阻上流过的电流与权相对应，所以称 $I_3 \sim I_0$ 为权电流，相对应的各支路的电阻则为权电阻，此时

$$
\begin{aligned}
U_O &= -I_F R_F = -I R_F \\
&= -R_F(I_3 + I_2 + I_1 + I_0) \\
&= -\frac{R_F}{R} U_R(2^3 + 2^2 + 2^1 + 2^0) \\
&= -\frac{R_F}{R} U_R \cdot (1111)_B
\end{aligned}
$$

输出电压与对应的二进制数$(1111)_B$成比例。

　　但二进制数除了数字"1"外，还有可能为"0"。可在每一条权电阻支路中串入电子模拟开关 S。当电子模拟开关的控制端数字 D 为"1"时，相应的电子开关将此支路的电流引入求和运算电路；当控制端数字 D 为"0"时，相应的电子开关将此支路的电流直接引入接地端，电流就不能流入运算放大器。设输入二进制数为$(1010)_B$，即 D_2 和 D_0 为 0，开关 S_2 和 S_0 将电流引入接地端，而 D_3 和 D_1 为 1，开关 S_3 和 S_1 将电流引入求和运算电路，流入求和电路的电流为

$$\sum I = I_3 + I_1 = \frac{U_R}{R}(2^3 + 2^1)$$

输出电压为

$$U_O = -\frac{R_F}{R}U_R(2^3 + 2^1) = -\frac{R_F}{R}U_R(1010)_B = K(1010)_B$$

式中，$K = -\dfrac{R_F}{R}U_R$。将权电阻网络扩大到 N 位，就可得 N 位权电阻型 D/A 转换器，其一般表达式为

$$u_O = KN_B \qquad\qquad (9.1.3)$$

　　权电阻 D/A 转换器的转换精度与每个权电阻的阻值的精确度有关，而各权电阻阻值相差较远，保证精度较困难，为克服此缺点，通常采用倒 T 形电阻网络的 D/A 转换器。

9.1.2　倒 T 形电阻网络 D/A 转换器

　　4 位倒 T 形电阻网络 D/A 转换器的原理图如图 9.1.2 所示。它由基准电压 U_R、由 R 及 $2R$ 电阻组成的倒 T 形解码网络、求和运算电路 A 和电子模拟开关 $S_3 \sim S_0$ 组成。

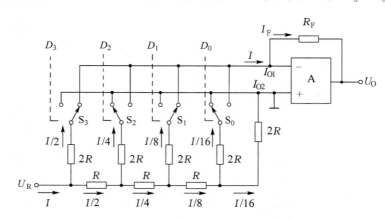

图 9.1.2　4 位倒 T 形电阻网络 D/A 转换器原理图

　　由反相输入运放中虚地的概念可知，图 9.1.2 中不管电子模拟开关接入接地端还是接入求和运算放大器的反相输入端，其等效电路均如图 9.1.3 所示。

　　由电路结构可以看出，不论从哪一个结点向右看，它和地之间的等效电阻均为 R。这样，注入结点①的电流为 $I = U_R/R$，注入结点②、③、④的电流分别为 $I/2$、$I/4$、$I/8$。流过

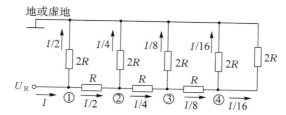

图 9.1.3 4 位倒 T 形电阻网络等效电路

每一个 $2R$ 电阻的电流从左至右分别为 $I/2$、$I/4$、$I/8$ 和 $I/16$。

当电子模拟开关的控制端 D_i 为高电平时,相应的电子开关 S_i 将此支路的电流引入求和运算电路;当控制端为低电平时,此支路电流直接接地,不能流入运算放大器。设输入二进制数仍为 1010,则只有开关 S_3 和 S_1 将电流引入求和运算电路,流入求和电路的电流为

$$I = \frac{I}{2} + \frac{I}{8} = \frac{U_R}{R}\left(\frac{1}{2^1} + \frac{1}{2^3}\right) = \frac{U_R}{2^4 \times R}(2^3 + 2^1) = \frac{U_R}{2^4 \times R}(1010)_B$$

输出电压为

$$U_O = -\frac{R_F U_R}{2^4 \times R}(2^3 + 2^1) = -\frac{R_F U_R}{2^4 \times R}(1010)_B = K(1010)_B$$

式中,$K = -\dfrac{R_F U_R}{2^4 \times R}$。

将倒 T 形电阻网络扩大到 N 位,其总电流为

$$I = \frac{U_R}{R}\left(\frac{D_0}{2^N} + \frac{D_1}{2^{N-1}} + \cdots + \frac{D_{N-1}}{2^1}\right)$$

$$= \frac{U_R}{2^N \times R}(D_0 \cdot 2^0 + D_1 \cdot 2^1 + \cdots + D_{N-1} \cdot 2^{N-1}) \tag{9.1.4}$$

并可得 N 位倒 T 形电阻网络 D/A 转换器,其一般表达式为

$$u_O = KN_B \tag{9.1.5}$$

式中,$K = -\dfrac{R_F U_R}{2^N \times R}$;$N_B$ 为二进制数。

图 9.1.1 和图 9.1.2 中的电子模拟开关 $S_0 \sim S_3$ 的实际电路如图 9.1.4 所示。其中 $T_1 \sim T_3$ 组成电平转移电路,使输入信号能与 TTL 电平兼容;T_4 与 T_5、T_6 与 T_7 组成两个反相器,其输出分别是模拟开关 T_8 和 T_9 的驱动电路。

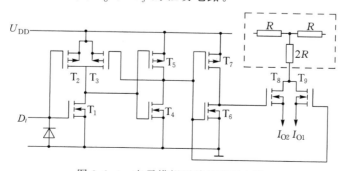

图 9.1.4 电子模拟开关的实际电路

当数字输入端 $D_i=0$ 时，T_1 输出高电平，T_4、T_5 组成的反相器输出的低电平使 T_9 截止，T_6、T_7 组成的反相器输出的高电平使 T_8 管饱和导通，这样 $2R$ 电阻上的电流经过 T_8 管从 I_{O2} 端流入上述两个电路的接地端。此支路将无电流流入运算放大器。

当数字输入端 $D_i=1$ 时，T_1 输出低电平，T_4、T_5 组成的反相器输出的高电平使 T_9 饱和导通，T_6、T_7 组成的反相器输出的低电平使 T_8 管截止，这样 $2R$ 电阻上相应的权电流经过 T_9 管从 I_{O1} 端流入上述两个电路的求和运算放大器。运算放大器的输出电压与此位的数字成正比。

9.1.3　D/A 转换器的主要技术参数

D/A 转换器的主要技术参数有以下几种。

1．分辨率

一个 N 位 D/A 转换器的额定分辨率就是最低位(LSB)的相对值，即 $\dfrac{1}{2^N-1}$。由于该参数是由 D/A 转换器数字量的位数 N 所决定的，故常用位数表示，如 8 位(bit)、12 位、16 位等。位数越多，输出电压可分离的等级就越多，分辨率也越高。

2．精度

精度是指输入端加有最大数值量(全 1)时，D/A 转换器的实际输出值和理论计算值之差，它主要包括以下几点：

(1) 非线性误差。当每两个相邻数字量对应的模拟量之差都是 2^N-1 时，即为理想的线性特性。在满刻度范围内，偏离理想的转换特性的最大值称为非线性误差。它是由电子开关导通的电压降和电阻网络的电阻值的偏差产生的。常用满刻度的百分数来表示。

(2) 比例系数误差。它是指实际转换特性曲线的斜率与理想特性曲线斜率的误差，是由参考电压 U_R 的偏离引起的，也用满刻度的百分数表示。

(3) 失调误差。它是由运算放大器的零点漂移引起的误差，与输入的数字量无关。

3．建立时间

D/A 转换器的输入变化为满刻度时，其输出达到稳定值所需的时间称为建立时间或稳定时间，也称转换时间。

除上述参数外，在使用时，还必须知道工作电源电压、输出值范围和输入逻辑电平等，这些都可在手册中查到。

9.1.4　集成 D/A 转换器

D/A 转换器的产品都是集成芯片。根据输出的极性，D/A 转换器有单极性输出和双极性输出两种。所谓单极性输出就是输入数字量在 0 至满度值之间变化时，输出模拟量只在一种极性(正值或负值)范围内变化；而双极性输出就是输入数字量在 0 至满度值之间变化时,输出模拟量在某一正值与某一负值之间变化,即输出模拟量有正有负。如图9.1.5所示的是 AD7520 D/A 转换器的引脚图。AD7520 是十位 CMOS 电流开关型 D/A 转换器,AD7520 芯片内含有倒 T 形电阻网络、CMOS 电流开关和反馈电阻 R,输入为 10 位二进制数 $D_9 \sim D_0$,输出为单极性。AD7520 工作时,需外接参考电压源和运算放大器,如图9.1.6所示的是用 AD7520 采用内部反馈电阻构成的 D/A 转换电路,图中虚线部分内为 AD7520 内部电路。

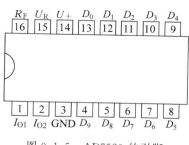

图 9.1.5　AD7520 的引脚

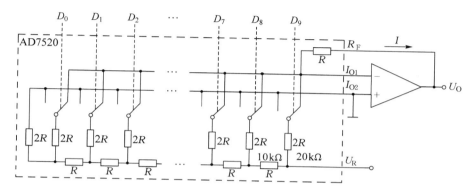

图 9.1.6　AD7520 应用电路

图 9.1.6 中 U_R 是基准电压输入端,由于 I_{O1} 电流输出端接在虚地,运算放大器的输出电流 I 由倒 T 形网络和开关位置所决定。

根据式(9.1.4)得

$$I = \frac{U_R}{R}\left(\frac{D_0}{2^{10}} + \frac{D_1}{2^9} + \cdots + \frac{D_9}{2^1}\right) = \frac{U_R}{2^{10} \times R}(D_0 \cdot 2^0 + D_1 \cdot 2^1 + \cdots + D_9 \cdot 2^9)$$

运算放大器的输出电压 U_O 为

$$U_O = -IR = -\frac{U_R}{2^{10}}(D_0 \cdot 2^0 + D_1 \cdot 2^1 + \cdots + D_9 \cdot 2^9)$$

输入输出之间的关系如表9.1.1所示。

表 9.1.1　AD7520 输入输出关系

数字输入		模拟输出
MSB	LSB	
1111111111		$-\dfrac{1023}{1024}U_R$
⋮		⋮
1000000001		$-\dfrac{513}{1024}U_R$
1000000000		$-\dfrac{512}{1024}U_R$

数 字 输 入		模 拟 输 出
MSB	LSB	
0111111111		$-\dfrac{511}{1024}U_R$
⋮		⋮
0000000001		$-\dfrac{1}{1024}U_R$
0000000000		0

由 U_O 表达式可知，改变输入数字值，可获得对模拟信号 U_R 的衰减控制，数字可通过译码器手动输入或经微机编程输入，因此，如图 9.1.6 所示电路又称为数字可编程衰减器。

在图 9.1.6 电路中，倒 T 形网络实际充当了运算放大器的输入电阻。若把倒 T 形网络作为运算放大器的反馈电阻，如图 9.1.7 所示，根据运算放大器虚地原理，可以得到

$$\frac{U_I}{R} = -\frac{U_O}{2^{10} \times R}(D_0 \cdot 2^0 + D_1 \cdot 2^1 + \cdots + D_9 \cdot 2^9)$$

$$A_V = \frac{U_O}{U_I} = -\frac{2^{10}}{D_0 \cdot 2^0 + D_1 \cdot 2^1 + \cdots + D_9 \cdot 2^9}$$

这样，反相比例放大器在其输入电阻一定时，通过改变输入数字量，便可得到不同的增益，实现数字增益控制（放大）。

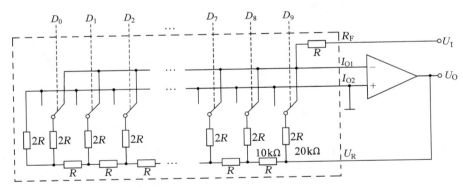

图 9.1.7　数字可编程增益放大器电路

9.2　A/D 转换器

A/D 转换器是实现将模拟输入量转换成相应的数字量输出的器件。A/D 转换器的种类很多，转换原理也各不相同，但基本上是由采样-保持、量化、编码几个环节组成的。常用的 A/D 转换器有并行 A/D 转换器，逐次逼近式、双积分式和计数式 A/D 转换器等。

9.2.1 采样-保持电路

由于 A/D 转换器将输入的模拟量转换为数字量需要一定的时间,为保证给后续环节提供稳定的输入值,输入信号通常要先经过采样-保持电路再送入 A/D 转换器。例如,某数字测量仪表的结构框图如图 9.2.1 所示。

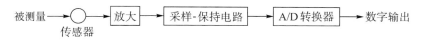

图 9.2.1 数字测量仪表的结构框图

所谓采样-保持电路就是在控制信号作用下,对输入信号进行间歇性采样,并在两次采样之间的时间内保持前一次采样瞬时值的电路。

采样-保持电路的简单工作原理可用图 9.2.2(a)来说明。图中,开关 S 的接通与断开由采样-保持控制信号 CP_S 控制。设在 $t=t_0$ 时刻开关 S 闭合,电路处于采样状态,电容器 C 被迅速充电,$u_O=u_1$,在 $t_0 \sim t_1$ 的时间内是采样阶段;在 $t=t_1$ 时刻 S 断开,电容 C 两端电压保持不变(设电容 C 没有放电回路)由它维持 u_O 不变,这是保持阶段。在 $t=t_2$ 时开关又闭合,电路再次处于采样阶段,以后过程周而复始地进行,其输入波形 u_1 和输出波形 u_O 如图 9.2.2(b)所示。模数转换在保持阶段进行。

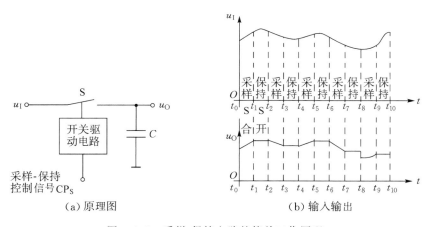

(a) 原理图　　　　　(b) 输入输出

图 9.2.2 采样-保持电路的简单工作原理

为了保证采样后的电压不失真地恢复成输入电压,采样开关 S 的控制信号 CP_S 的频率 f_S 必须满足公式 $f_S \geqslant 2f_{imax}$(f_{imax} 为输入电压频谱中的最高频率),这个公式称为采样定理。

9.2.2 并行 A/D 转换器

3 位二进制数并行 A/D 转换器的原理图如图 9.2.3 所示,它由分压器、比较器、寄存器和编码器组成。下面分别介绍各部分的作用。

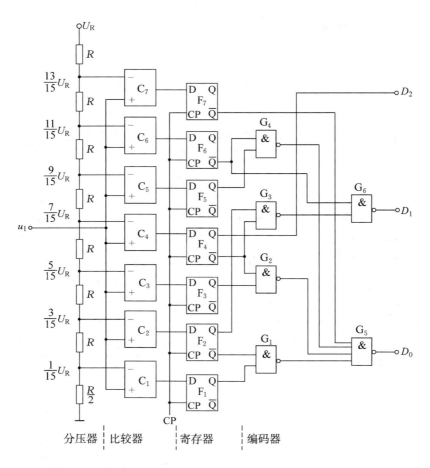

图 9.2.3　3 位二进制数并行 A/D 转换器的原理图

1. 分压器

分压器由 7 个阻值均为 R 的电阻和一个阻值为 $R/2$ 的电阻串联而成。将基准电压 U_R 加在分压器上，为电路提供了由 $\frac{1}{15}U_R \sim \frac{13}{15}U_R$ 和 U_R 8 个参考电压，其中前 7 个电压分别接在 7 个比较器的反相输入端。这里 $\frac{1}{15}U_R$ 是可以分辨的模拟信号的最小值，也是模-数转换器可能出现的最大误差，称为"最小量化单位"。U_R 是模-数转换器能够测量的最大值，超过此值，模-数转换器无法显示出实际值，就像超过天平极限无法测量出重量的准确值一样。

模拟输入电压 u_1 同时输入到各比较器的同相输入端，以便与各参考电压值相比较，其值应小于基准电压 U_R。

2. 比较器

由于比较器 $C_1 \sim C_7$ 的反相输入端的参考电压分别为 $\frac{1}{15}U_R$，$\frac{3}{15}U_R$，…，$\frac{13}{15}U_R$，故每一个

比较器的输出值(0 或 1)将由模拟输入量 u_1 与其参考电压值比较而决定。例如,如 $0\leqslant u_1<\frac{1}{15}U_R$ 时,所有比较器的输出均为 0,当 $\frac{5}{15}U_R\leqslant u_1<\frac{7}{15}U_R$ 时,$C_7\sim C_4$ 输出为 0,$C_3\sim C_1$ 输出为 1。各比较器的输出状态如表 9.2.1 所示。

3. 寄存器和编码器

由 $C_1\sim C_7$ 输出的信号通过寄存器 $F_1\sim F_7$ 送入 3 位二进制编码器 $G_1\sim G_6$。编码器输出端 $D_0\sim D_2$ 与寄存器输出信号 $Q_1\sim Q_7$ 的逻辑表达式为

$$\begin{cases} D_2=Q_4 \\ D_1=\overline{\overline{Q_2\overline{Q_4}}\cdot\overline{Q_6}}=Q_2\overline{Q_4}+Q_6 \\ D_0=\overline{\overline{Q_1\overline{Q_2}}\cdot\overline{Q_3\overline{Q_4}}\cdot\overline{Q_5\overline{Q_6}}\cdot\overline{Q_7}}=Q_1\overline{Q_2}+Q_3\overline{Q_4}+Q_5\overline{Q_6}+Q_7 \end{cases} \quad (9.2.1)$$

输入模拟电压与输出代码之间的关系如表 9.2.1 所示。

如 $\frac{5}{15}U_R\leqslant u_1<\frac{7}{15}U_R$ 时,$C_7\sim C_4$ 输出为 0,$C_3\sim C_1$ 输出为 1,编码器的输出为 $D_2D_1D_0=$ 011。

并行 A/D 转换器由于各位数码转换同时进行,因此转换速度快。如要提高转换精度,则应减小“最小量化单位”,即增加分压器的电阻个数,这样相应输出的数字信号位数增多,但使得电路更加复杂。因此,它一般用于输出数码的位数 $N\leqslant 4$ 的情况。

表 9.2.1　3 位并行 A/D 转换器输入与输出关系对照表

模 拟 输 入	比较器输出							数 字 输 出		
	C_7	C_6	C_5	C_4	C_3	C_2	C_1	D_2	D_1	D_0
$0\leqslant u_1<U_R/15$	0	0	0	0	0	0	0	0	0	0
$U_R/15\leqslant u_1<3U_R/15$	0	0	0	0	0	0	1	0	0	1
$3U_R/15\leqslant u_1<5U_R/15$	0	0	0	0	0	1	1	0	1	0
$5U_R/15\leqslant u_1<7U_R/15$	0	0	0	0	1	1	1	0	1	1
$7U_R/15\leqslant u_1<9U_R/15$	0	0	0	1	1	1	1	1	0	0
$9U_R/15\leqslant u_1<11U_R/15$	0	0	1	1	1	1	1	1	0	1
$11U_R/15\leqslant u_1<13U_R/15$	0	1	1	1	1	1	1	1	1	0
$13U_R/15\leqslant u_1<U_R$	1	1	1	1	1	1	1	1	1	1

9.2.3　逐次逼近式 A/D 转换器

前述的并行 A/D 转换器在提高转换精度时会使电路变得比较复杂,故只适用于转换精度不太高的场合。在对转换精度要求较高而对转换速度要求不太高的情况下,更多地使用逐次逼近式 A/D 转换器。

下面先以天平称物体为例介绍逐次逼近原理。设用量程为 A(单位为 g)的天平秤质量

在其量程范围以内质量为 m 的物体 M,首先采用 $A/2$ 的砝码与 m 比较,如 $m>A/2$ 时,认定第一次测量结果为 $A/2$;如果 $m<A/2$,则认为第一次测量的结果为 0,其测量的最大误差为 $A/2$。然后在第一次测量结果的基础上加上 $A/4$ 的砝码进行第二次测量,即当第一次测量结果为 $A/2$ 时,使用 $3A/4$ 的砝码与 m 比较,如 $m>3A/4$,认为第二次测量结果为 $3A/4$,否则仍为 $A/2$;当第一次测量结果为 0 时,用 $A/4$ 的砝码与 m 比较,如 $m>A/4$,认为第二次测量结果为 $A/4$,否则仍为 0,其最大误差缩小到 $A/4$。第三次测量是在第二次测量结果的基础上加上 $A/8$ 的砝码进行比较的,视 m 与三个砝码总量比较的大小决定第三次测量的结果。如此反复进行测量,直到满足测量精度为止。由上述可知,这种测量方法使得测量最大误差从小于 $A/2$ 经过 n 次测量后逐次减小到 $A/2^n$,故称为逐次逼近法。

用量程为 16g 的天平称质量为 11.5g 物体 m 的过程如表 9.2.2 所示,设使用砝码分别为 8g、4g、2g、1g。

表 9.2.2　称质量为 11.5g 物体 m 的过程

次　数	使用砝码	待测量与砝码的关系	测量结果	最大测量误差
第一次测量	8g	$m>8g$	8g	8g
第二次测量	(8+4)g	$m<12g$	8g	4g
第三次测量	(8+2)g	$m>10g$	10g	2g
第四次测量	(8+2+1)g	$m>11g$	11g	1g

4 位逐次逼近式 A/D 转换器的逻辑电路图如图 9.2.4 所示。其基本原理与前述的称重相似,将不同的参考电压与经采样-保持后的输入电压一步一步地进行比较,最后将比较结果经编码输出。

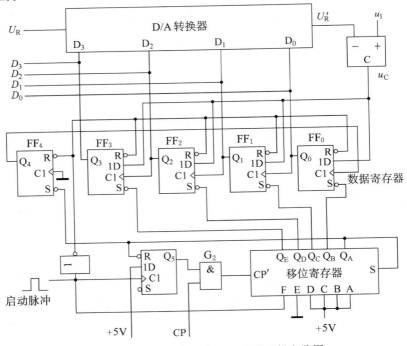

图 9.2.4　4 位逐次逼近型 A/D 转换器逻辑电路图

逐次逼近式 A/D 转换器主要由以下几部分构成:

（1）D/A 转换器。D/A 转换器的工作原理前面已经介绍过,其作用是根据不同的输入代码,产生不同的参考电压值 U'_R 并将它送到电压比较器与输入模拟信号 u_I 进行比较。各参考电压 U'_R 与输入数码之间的关系如表 9.2.3 所示。

表 9.2.3 参考电压与输入数码间的关系

D_3	D_2	D_1	D_0	U'_R
0	0	0	0	0
0	0	0	1	$(1/16)U_R$
0	0	1	0	$(2/16)U_R$
0	0	1	1	$(3/16)U_R$
0	1	0	0	$(4/16)U_R$
0	1	0	1	$(5/16)U_R$
0	1	1	0	$(6/16)U_R$
0	1	1	1	$(7/16)U_R$
1	0	0	0	$(8/16)U_R$
1	0	0	1	$(9/16)U_R$
1	0	1	0	$(10/16)U_R$
1	0	1	1	$(11/16)U_R$
1	1	0	0	$(12/16)U_R$
1	1	0	1	$(13/16)U_R$
1	1	1	0	$(14/16)U_R$
1	1	1	1	$(15/16)U_R$

表中 U_R 为 D/A 转换器的基准电压,也是 D/A 转换器的最大量程。

（2）移位寄存器。这是一个 5 位右移循环移位寄存器。$EDCBA$ 为预置并行数据输入端,S 为右移数据输入端,移位寄存器的数据输出端是 $Q_E Q_D Q_C Q_B Q_A$,F 使能控制端,CP' 为时钟控制端。因 S 与 Q_A 相连,所以组成 5 位右移循环移位寄存器,即在时钟的作用下,实现数据右移循环,$Q_E \rightarrow Q_D \rightarrow Q_C \rightarrow Q_B \rightarrow Q_A \rightarrow Q_E$。它的作用是将产生的节拍脉冲送入数据寄存器,使其产生不同的数字代码并输送到 D/A 转换器,以便产生不同的参考电压 U'_R。

启动脉冲使移位寄存器的使能控制端 F 起作用,将预置的并行输入数据 $EDCBA = 01111$ 送入移位寄存器内各触发器,使移位寄存器的状态为 $Q_E Q_D Q_C Q_B Q_A = 01111$;由于 $Q_A = 1$,故 $S = 1$。同时启动脉冲还使 $Q_5 = 1$,开启与门 G_2,使 $CP' = CP$。在第一个移位脉冲 CP 的作用下,串行输入端 $S = 1$,使得 Q_E 由 0 变为 1,同时将最高位 Q_E 的 0 移至次高位 Q_D,此时,移位寄存器的状态为 $Q_E Q_D Q_C Q_B Q_A = 10111$。这样,每来一个 CP 脉冲,0 便向右移动一位,当 0 移位到最低位 Q_A 时,Q_A 的负脉冲使 $Q_5 = 0$,G_2 门关闭,$CP' = 0$,形成一个转换周期。其移位寄存器的输出波形如图 9.2.5 所示。

（3）数据寄存器。数据寄存器由 4 个 D 触发器 $FF_0 \sim FF_3$ 组成,置 1 信号来自移位寄存器的 $Q_B \sim Q_E$,置 0 信号来自启动脉冲,数据输入信号来自电压比较器的输出,输出信号送至 D/A 转换器。它的作用是输出相应的数码以决定 D/A 转换器输出的参考电压 U'_R,使之与输入电压 u_I 进行比较;保存比较结果并根据此结果决定下一次的参考电压,再与输入电压 u_I 比较……逐次地提高测量精度,直到比较结束为止。

（4）电压比较器 C。它的同相输入端输入为采样-保持电路输出的电压 u_I，反相输入端输入为 D/A 转换器输出的参考电压 U_R'，当 $u_I > U_R'$ 时，输出 $u_C = 1$；当 $u_I < U_R'$ 时，输出 $u_C = 0$。

下面用具体例子说明其工作过程。设基准电压 $U_R = 16V$，输入模拟电压 $u_I = 11.5V$。

启动脉冲除了对移位寄存器起作用外，还将数据寄存器置 0。

由图 9.2.4 和图 9.2.5 可知，移位寄存器的输出接到数据寄存器的异步置 1 端 S 上。当 $Q_E Q_D Q_C Q_B Q_A = 01111$ 时，$Q_E = 0$ 使 Q_3 置 1，数据寄存器输出 $Q_3 Q_2 Q_1 Q_0 = 1000$，D/A 转换器接收数据寄存器的输出信号 1000 产生第一次参考电压 $U_{R1}' = \frac{8}{16} U_R = 8V$，电压比较器将 U_{R1}' 与 u_I 进行第一次比较，由于 $11.5V > 8V$，$u_C = 1$，数据寄存器 $FF_3 \sim FF_0$ 的 D 控制端均为 1。

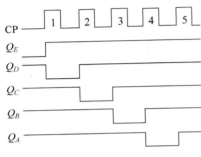

图 9.2.5　移位寄存器的输出波形

当第一个 CP 到来时，$Q_E Q_D Q_C Q_B Q_A = 10111$，由于 $u_C = 1$，$FF_3 \sim FF_0$ 的 D 均为 1，则数据寄存器的输出 $Q_3 Q_2 Q_1 Q_0 = 1100$（注：$Q_2 = 1$ 是因为移位寄存器的 Q_D 由 1 变为 0 时送入的负脉冲置 1。$Q_3 = 1$ 是因为 $D = 1$，且 Q_2 从 0 变为 1 时给 FF_3 送入一个时钟脉冲；如果此时 $D = 0$，则 $Q_3 = 0$。因为 $Q_4 = 0$，FF_0 没有 CP 脉冲输入，所以 Q_0 保持不变，仍为 0。由于 Q_0 保持不变，FF_1 也没有 CP 脉冲输入，故 Q_1 保持不变，仍为 0），D/A 转换器产生的 $U_{R2}' = \frac{12}{16} U_R = 12V$ 参考电压与 u_I 进行第二次比较，由于 $11.5V < 12V$，故 $u_C = 0$，$FF_3 \sim FF_0$ 的 D 端均为 0。

当第二个 CP 到来时，$Q_E Q_D Q_C Q_B Q_A = 11011$，按前述方法可知数据寄存器的输出 $Q_3 Q_2 Q_1 Q_0 = 1010$，D/A 转换器的输出电压 $U_{R3}' = \frac{10}{16} U_R = 10V$ 与 u_I 进行第三次比较，由于 $11.5V > 10V$，$u_C = 1$，$FF_3 \sim FF_0$ 的 D 端均为 1。

当第三个 CP 到来时，$Q_E Q_D Q_C Q_B Q_A = 11101$，数据寄存器的输出 $Q_3 Q_2 Q_1 Q_0 = 1011$，D/A 转换器的输出电压 $U_{R4}' = \frac{11}{16} U_R = 11V$ 与 u_I 进行第四次比较，由于 $11.5V > 11V$，$u_C = 1$，$FF_3 \sim FF_0$ 的 D 端均为 1。

第四个 CP 到来时，$Q_E Q_D Q_C Q_B Q_A = 11110$，$Q_A$ 向 FF_4 送入置 1 负脉冲，$Q_4 = 1$。使得 $FF_3 \sim FF_0$ 的输出 $Q_3 Q_2 Q_1 Q_0 = 1011$，同时 Q_A 由 1 到 0，使 $Q_5 = 0$，与门 G_2 被封闭，时钟脉冲 CP 无法进入移位寄存器，A/D 转换结束。$D_3 D_2 D_1 D_0 = Q_3 Q_2 Q_1 Q_0 = 1011$ 即为最终转换结果。转换最大误差为 $16/2^4 = 1V$。

由上分析可知，逐次比较型 A/D 转换器的转换精度与输出数字量的位数有关，位数越多，转换精度越高。而转换时间与其位数和时间频率有关，位数越少，时钟频率越高，转换时间越短。

9.2.4　双积分式 A/D 转换器

双积分式 A/D 转换器是一种间接式 A/D 转换器。其工作原理是：先将模拟电压 u_I

转换成与它大小成比例的时间 T,再在时间间隔 T 内利用计数器对时钟脉冲计数,所得的数字 N 也将正比于此模拟输入电压 u_I。

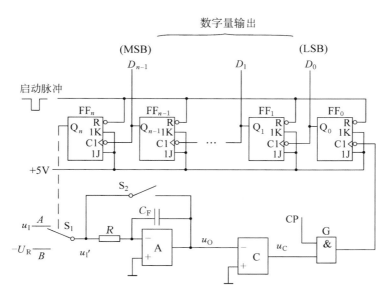

图 9.2.6 双积分 A/D 转换器原理电路图

双积分 A/D 转换器原理电路如图 9.2.6 所示。它主要由以下几部分组成:

(1) 积分器 A。它是转换器的核心部分。它的输入接电子开关 S_1,而开关 S_1 受触发器 FF_n 的输出端 Q_n 控制。当 $Q_n=0$ 时,S_1 接到 A 点,与输入电压 u_I 接通,积分器对 u_I 积分;当 $Q_n=1$ 时,S_1 接 B 点基准电压 $-U_R$,积分器对 $-U_R$ 积分。积分器进行两次方向相反的积分,这也是此类 A/D 转换器名称的由来。

(2) 过零比较器 C。积分器 A 的输出 u_O 接入过零比较器的反相输入端。当 $u_O>0$ 时,比较器输出 $u_C=0$;当 $u_O \leqslant 0$ 时,$u_C=1$。比较器 C 的输出 u_C 作为时钟脉冲控制门 G 的控制信号。

(3) 时钟控制门 G。时钟控制门 G 有两个输入端,一个为比较器输出 u_C,一个接时钟脉冲 CP。当 $u_C=0$ 时,时钟控制门 G 关闭,时钟脉冲 CP 被封闭;当 $u_C=1$ 时,时钟控制门 G 开启,CP 可以进入计数器计数作为计数脉冲,$u_C=1$ 的时间愈长,计数器累计的脉冲个数愈多。

(4) 计数器和定时器。由 $n+1$ 个触发器($FF_n \sim FF_0$)组成二进制计数器,既用于计数,又用于定时。它是由 $n+1$ 个触发器($FF_n \sim FF_0$)组成的二进制计数器。输入启动脉冲时,计数器置 0。当时钟控制门 G 开启时,计数器开始对 CP 计数,将与输入电压 u_I 成正比的时间间隔 T 变成数字信号输出。计数到使 $Q_n=1$ 时,积分器的电子开关 S_1 转接至 B 处。

下面以 u_I 为正极性直流电压为例讨论其工作过程。设积分器 A 中电容器 C_F 的初始电压为 0。

① 第一次积分阶段。输入启动脉冲时,计数器置 0。$Q_n=0$ 使开关 S 接到 A 点,积分器对正直流电压 u_I 积分,输出电压 u_O 的表达式为

$$u_O = -\frac{1}{RC_F}\int_0^t u_I \mathrm{d}t = -\frac{1}{\tau}\int_0^t u_I \mathrm{d}t \tag{9.2.2}$$

式中，$\tau = RC_F$，为积分时间常数。

由于 $u_O < 0$，过零比较器输出 $u_C = 1$，时钟控制门 G 开启，计数器从 0 开始对 CP 计数。当计数到 2^n 时，Q_n 由于 $Q_{n-1} \sim Q_0$ 全部由 1 翻转为 0 而置 1，使开关 S_1 由 A 点转接到 B 点，第一次积分阶段结束。所需时间为

$$t = T_1 = 2^n T_{CP} \tag{9.2.3}$$

式中，T_{CP} 为时钟脉冲 CP 的周期。

此时积分器的输出电压 u_{O1} 为

$$u_{O1} = -\frac{T_1}{\tau}u_I = -\frac{2^n T_{CP}}{\tau}u_I \tag{9.2.4}$$

② 第二次积分阶段。开关 S 转接至 B 点后，积分器对基准电压 $-U_R$ 积分。积分器输出电压为

$$u_O = u_{O1} - \frac{1}{\tau}\int_{T_1}^t (-U_R)\mathrm{d}t = -\frac{2^n T_{CP}}{\tau}u_I + \frac{U_R}{\tau}(t - T_1) \tag{9.2.5}$$

积分器输出电压 u_O 由负值向正值方向变化。当 $u_O \geqslant 0$ 时，过零比较器输出 $u_C = 0$，G 门被封锁，计数器停止计数。第二次积分阶段结束。设第二次积分所需时间为 $T_2 = t - T_1$，在此阶段累计的时钟个数为 N，则

$$T_2 = t - T_1 = N T_{CP}$$

代入式（9.2.5）得

$$u_O = -\frac{2^n T_{CP}}{\tau}u_I + \frac{U_R}{\tau}N T_{CP} = 0$$

可得

$$N = \frac{2^n}{U_R}u_I \tag{9.2.6}$$

由此式可见，第二次积分的计数 N 与输入电压 u_I 成正比。N 表示的二进制数就是与模拟量输入 u_I 对应的数字量。如取 $U_R = 2^n$ V，则计数器所计数的数值本身就等于被测的模拟电压。电路中各部分的工作波形如图 9.2.7 所示。当 A/D 转换完毕时，开关 S_2 合上，电容 C_F 放电至零，为下一次转换做准备。

上例所设的输入电压为一直流量，当输入电压变化时，可令 U_I 为输入电压 u_I 在 T_1 时间间隔内的平均值，则式（9.2.4）可改写为

$$u_{O1} = -\frac{T_1}{\tau}U_I = -\frac{2^n T_{CP}}{\tau}U_I \tag{9.2.7}$$

数字量输出为

$$N = \frac{2^n}{U_R}U_I \tag{9.2.8}$$

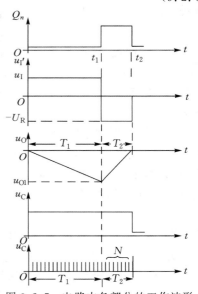

图 9.2.7　电路中各部分的工作波形

由于双积分 A/D 转换器输出量与输入电压的平均值成正比,所以有较强的抗干扰能力。又由于从式(9.2.6)及式(9.2.8)可看出输出量与 RC 电路的时间常数无关,从而消除了 RC 电路的非线性误差。因此,双积分 A/D 转换器被广泛应用在对精度要求高而对转换速度要求不太高的场合。

9.3　小结

(1) D/A 转换器种类繁多、结构各不相同,但主要由数码寄存器、模拟电子开关电路、解码电路、求和电路及基准电压几部分组成。

(2) 权电阻 D/A 转换器主要由权电阻电路、模拟电子开关电路和求和运算放大器组成。学习时要掌握好其工作原理。权电阻 D/A 转换器最大特点是转换速度快,但随着转换精度提高,电路结构趋于复杂。而且,权电阻阻值分布的范围宽,制造精度和稳定性不易保证,对转换精度也有一定影响。

(3) 倒 T 形电阻网络 D/A 转换器主要由倒 T 形电阻网络、模拟电子开关电路和求和运算放大器组成。由于倒 T 形电阻网络中电阻的取值只有 R 和 2R 两种,所以,它除了克服了权电阻电路的阻值分布范围广带来的缺点外,而且各个 2R 支路上流过的电流为固定值。在分析时要掌握好流过 2R 电路电流的规律,其余部分与权电阻 D/A 转换器相同。

(4) 不同的 A/D 转换器的转换方式、特点各不相同,电路结构也相差很远,便于在不同场合、不同要求时选择。并行 A/D 转换器的转换速度高但转换精度不高,在提高转换精度时,会使电路结构趋于复杂,适合于转换精度要求不高但转换速度高的场合。由于双积分 A/D 转换器输出量与输入电压的平均值成正比,因此有很强的抗干扰能力,但转换速度相对低一点,因此适用于要求转换精度高但转换速度不高的场合;逐次逼近 A/D 转换器在一定程度上兼顾了以上两类转换器的优点,因此应用较广。

(5) 并行 A/D 转换器主要由分压器、比较器、寄存器和编码器组成。学习时注意掌握比较器将输入模拟量变成数字量输出和将此数字量进行编码输出这两个环节。

(6) 逐次逼近型 A/D 转换器由 D/A 转换器、移位寄存器、数码寄存器和电压比较器组成。它的工作原理相对来讲复杂一些,学习时先利用天平称重的例子理解好逐次逼近的原理,再来讨论转换器的电路。分析时要特别注意移位寄存器的作用,弄清每一次的比较结果对数码寄存器产生的影响,以便较好地掌握整个电路的工作原理。

(7) 双积分 A/D 转换器主要由积分器、过零比较器、计数器和定时电路组成。学习时要掌握好两次积分过程中积分器的输出状态,从第一次积分到第二次积分转换的条件及积分器的输出 u_O 的表达式和数码输出 N 的公式。

习题

9-1　设 8 位 D/A 转换器输入/输出的关系为线性关系,其数字码为 $D=11111111$ 时,$A=+5\text{V}$;$D=00000000$ 时,$A=0\text{V}$。现要求 D/A 转换器的输出端输出一个近似的梯形曲线的模拟信号如图题 9.1 所示,写出在相应时刻 $t_1 \sim t_{12}$ 应在 D/A 转换器输入端输入的数字信号。

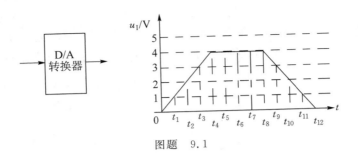

图题 9.1

9-2 在权电阻 D/A 转换器中，若 $n=6$，并选最高数位 MSB 的权电阻 $R=10\text{k}\Omega$，试求其余各位权电阻的阻值为多少？

9-3 10 位倒 T 形电阻网络 D/A 转换器如图题 9.3 所示，当 $R=R_\text{F}$ 时，试求：（1）若 $U_R=0.5\text{V}$，输出电压的取值范围。（2）若要求电路输入数字量为 200H 时输出电压 $u_\text{O}=5\text{V}$，U_R 应取何值？

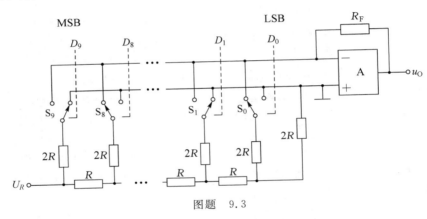

图题 9.3

9-4 设 4 位 A/D 转换器输入输出的关系为线性关系，当 $A=+5\text{V}$ 时，$D=1111$；$A=0\text{V}$ 时，$D=0000$。试将如图题 9.4 所示的模拟信号变换为数字信号（按图示时间间隔采样）。

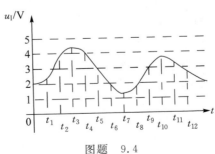

图题 9.4

9-5 在逐次逼近型 4 位 A/D 转换器中，若 $U_R=5\text{V}$，输入电压 $u_I=3.75\text{V}$，试问其输出 $D_3 \sim D_0=?$

常用逻辑符号对照表

符号 名称	本书所用国标符号	曾用符号	国外所用符号
与门	&		
或门	≥1	+	
非门	1		
与非门	&		
或非门	≥1	+	
与或非门	& ≥1	+	
异或门	=1	⊕	
同或门	=	⊙	
集电极开路与非门	& ◇		

名　称　＼符号　说明	本书所用国标符号	曾用符号	国外所用符号
三态输出与非门			
传输门	TG	TG	
半加器	Σ　CO	HA	HA
全加器	Σ　CI　CO	FA	FA
基本 RS 触发器	S　R	S　Q　R　$\overline{Q}$	S　Q　R　$\overline{Q}$
同步 RS 触发器	1S　C1　1R	S　Q　CP　R　$\overline{Q}$	S　Q　CK　R　$\overline{Q}$
上升沿触发 D 触发器	S　1D　C1　R	D　Q　>CP　$\overline{Q}$	D　S_D　Q　>CK　R_D　$\overline{Q}$
下降沿触发 JK 触发器	S　1J　C1　1K　R	J　Q　CP　K　$\overline{Q}$	J　S_D　Q　CK　K　R_D　$\overline{Q}$
脉冲触发（主从） JK 触发器	S　1J　C1　1K　R	J　Q　CP　K　$\overline{Q}$	J　S_D　Q　>CK　K　R_D　$\overline{Q}$
带施密特触发特性的与门	&		

自测试卷

试卷 A

题 号	一	二	三	四	五	六	总分
题 分	21	35	11	11	11	11	100
得 分							

一、单项选择题(填选项标号,每题 3 分,共 21 分)。

1. 图示逻辑电路实现的逻辑运算为(   )。

A. $F = AB + BC$ B. $F = (A+B)(C+B)$

C. $F = A + B + C$ D. $F = \overline{AB} + \overline{CB}$

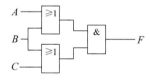

2. 函数 $F = \overline{A + \overline{B} + A\overline{C} + \overline{\overline{D} + \overline{\overline{E}}}}$ 的反函数为(   )。

A. $\overline{A} \cdot B \cdot (C + \overline{A}) \cdot \overline{\overline{E} \cdot \overline{\overline{D}}}$ B. $\overline{\overline{A} \cdot B + (C\overline{A}) \cdot \overline{\overline{E} \cdot \overline{\overline{D}}}}$

C. $\overline{A} \cdot \overline{B} \cdot (\overline{A} + C) \cdot \overline{D} \cdot E$ D. $\overline{\overline{A} \cdot B \cdot (C + \overline{A}) \cdot \overline{E} \cdot \overline{D}}$

3. 题中卡诺图所表示的逻辑函数之最简与或表达式为(   )。

DC\BA	00	01	11	10
00	1	×	×	1
01		×		
11		1	1	
10	1	1	1	1

A. $DA+\overline{C}$ 　　　　B. $DA+\overline{C}A$ 　　　　C. $\overline{D}A+C$ 　　　　D. $DA+C$

4. 下列 4 个逻辑电路图中能实现 $F=A$ 的电路是（　　　）。

A. 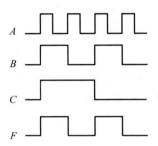 B. C. D.

5. $AB+\overline{A}C+BCDEF$ 的最简式为（　　　）。

A. $\overline{A}C+B(A+CDEF)$ 　　　　　　B. $AB+C(\overline{A}C+BDEF)$

C. $AB+\overline{A}C+DEF$ 　　　　　　　D. $AB+\overline{A}C$

6. 逻辑波形如图所示,其逻辑函数表达式为（　　　）。

A. $F=AB\overline{C}+\overline{A}BC+AB\overline{C}+\overline{A}\ B\overline{C}$

B. $F=AB\overline{C}+ABC+\overline{A}\ B\overline{C}+\overline{A}\ BC$

C. $F=ABC+\overline{A}\ BC$

D. $F=AB\overline{C}+\overline{A}\ B\overline{C}$

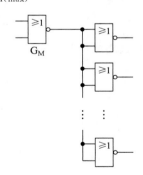

7. 使用共阴极 LED 显示器显示 9 字,各段控制电平 $abcdefg=$（　　　）。

A. 0001100 　　　　B. 0000100 　　　　C. 1111011 　　　　D. 1110111

二、简答题(每小题 7 分,共 35 分)。

1. 在由 TTL 系列的或非门组成的电路图中,试求门 G_M 能驱动多少个同样的或非门。要求 G_M 输出的高、低电平符合 $U_{OH}\geqslant 3.2V,U_{OL}\leqslant 0.4V$。或非门每个输入端的输入电流 $I_{IL}\leqslant -1.6mA,I_{IH}\leqslant 40\mu A$。$U_{OL}\leqslant 0.4V$ 时输出电流的最大值 $I_{OL(max)}=16mA,U_{OH}\geqslant 3.2V$ 时输出电流的最大值为 $I_{OH(max)}=-0.4mA$。

2. 已知基本 RS 触发器的输入波形,试画出 Q 和 $\overline{Q}$ 波形(设初态为 0)。

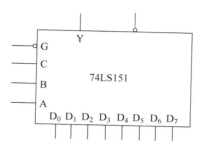

3. 试用 74LS151 实现逻辑函数 $Z=F(A,B,C)=\sum m(1,2,4,7)$。

4. 已知负跳沿主从 JK 触发器的输入波形，试画出主触发器 Q_M 和输出 Q 的波形（设初态为 0）。

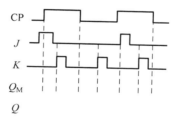

5. 试分析由两片 74LS90 构成的电路，指出每片 74LS90 和整个电路各组成几进制计数器。

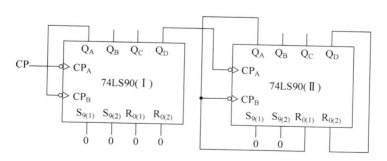

三、利用 74161 的整体清零复位法设计一个八十进制加计数器，完成下列逻辑电路图。（11 分）

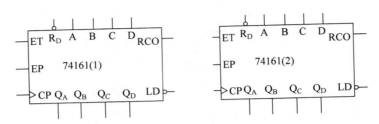

四、分析下图所示电路，写出它的驱动方程、状态方程和输出方程，画出状态图，指出是几进制计数器，是否有自启动能力。（11分）

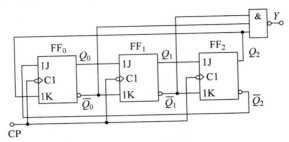

五、试用 D 触发器和逻辑门设计一个满足下图所示关系的同步时序电路，要求画出状态表、$Q_2 Q_1 Q_0 Y$ 的卡诺图，写出状态方程、驱动方程和输出方程。（11分）

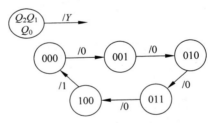

六、旅客列车分特快、直快和普快，并以此为优先通行次序。某站台同一时间只能有一趟列车从车站开出，即只能给出一个开车信号。设输入变量 A、B、C 分别代表特快、直快、普快，有车为"1"，输出变量开车信号分别为 F_A、F_B、F_C，开车为"1"。要求用两输入端与非门实现该逻辑电路。（11分）

试卷 B

班级_____学号_____姓名_____

题　号	一	二	三	四	五	六	总分
题　分	18	18	64				100
得　分							

一、选择题(在下列各题中选出一个正确答案填入括号内(本大题分 6 小题,每小题 3 分,共 18 分))。

1. 下面给出的 4 个 TTL 逻辑门中,输出为低电平的是(　　　)。

2. 已知逻辑函数的输入 A、B 和输出 Y 的波形如下图所示,下面列出了 4 个表达式,其中与图中波形对应的是(　　　)。

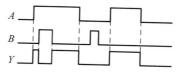

A. $F = \overline{A+B}$　　　　B. $F = A\overline{B}$　　　　C. $F = \overline{A\,\overline{B}}$　　　　D. $F = \overline{A \oplus B}$

3. 逻辑函数 $Y = (A + \overline{A}C)(BD + CD + D)$ 的最简与或表达式是(　　　)。

A. $Y = AB + AC + CD$　　　　　　　B. $Y = BD + AD + CD$

C. $Y = D + AC$　　　　　　　　　　D. $Y = AD + CD$

4. 设 JK 触发器的初态为 0 态,逻辑电路、CP 和 $\overline{R}_D$ 的波形如图示,则 Q 的波形是(　　　)。

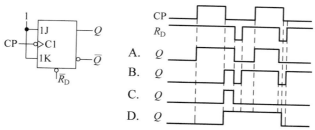

5. 图示三态门组成的电路中,保证电路输出端 Y 有正常输出的条件是(　　　)。

A. 任何时刻,C_1、C_2、C_3 均可同时为低电平

B. 任何时刻,C_1、C_3 有一个为高电平,C_2 为高电平

C. 任何时刻,C_1、C_3 有一个为低电平,C_2 为低电平

D. 任何时刻,C_1、C_2、C_3 不可同时为高电平

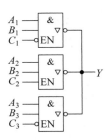

6. 当组合逻辑电路中存在竞争冒险时，说明电路输出信号中（　　　　）。

A. 不一定会出现干扰脉冲

B. 一定会出现干扰脉冲

C. 一定不会出现干扰脉冲

D. 以上 3 种说法都不正确

二、填空题（本大题分 6 小题，每小题 3 分，共 18 分）。

1. 利用摩根定律，与函数 $\overline{A}\,BCD$ 相等的表达式为 _____。

2. 利用吸收律，与函数 $A+\overline{A}\,BC$ 相等的表达式为 _____。

3. 十进制数 175 表示为 8421BCD 码是 _____。

4. 使用共阴极 LED 显示器显示 0 字，各段控制电平 $abcdefg=$ _____。

5. 图示 CMOS 传输门组成的电路的逻辑表达式是 _____。

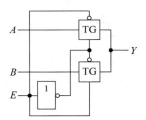

6. 对于一个存储容量为 8K×4 位的 RAM，有 _____ 个存储单元，至少需要 _____ 根地址线和 _____ 根数据线。

三、分析题（共 64 分）。

1. 分析图示逻辑电路，要求：写出 Y 的最简与或表达式。指出电路的逻辑功能。（6 分）

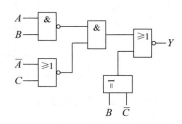

2. 用 74LS138 译码器和门电路实现 $Y=\overline{A}\,\overline{B}+AB\overline{C}$。要求（1）写出 Y 与译码器输出端的逻辑表达式；（2）根据给出的译码器电路，画出实现 $Y=\overline{A}\,\overline{B}+AB\overline{C}$ 的逻辑电路（图中 A 为高位，C 为低位）。（6 分）

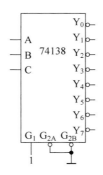

3. 在图示的电路中,输入信号 A、B 参数为: $U_{OH}=3.6\text{V},U_{OL}=0.3\text{V}$。晶体管 T 的参数为: $\beta=30$,饱和电压 $U_{CES}=0.3\text{V}$。TTL 与非门参数为: $U_{OH}=3.6\text{V},U_{OL}=0.3\text{V}$, $R_{ON}=2\text{k}\Omega,R_{OFF}=0.7\text{k}\Omega,I_{IL}=1.4\text{mA},I_{IH}=50\mu\text{A},I_{OL(max)}=20\text{mA},I_{OH(max)}=6\text{mA}$, 试问:(1)在输入信号 A,B 控制下,晶体管 T 的工作状态如何?(2)确定电阻 R_B 的取值范围。(6 分)

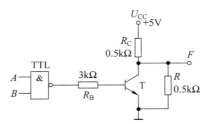

4. 试分析下图,并指出是几进制计数器(图中 Q_3 为高位,Q_0 为低位)。(6 分)

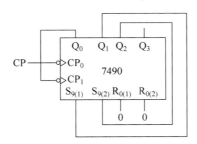

5. 分析图示电路,分别指出片(1)、片(2)和整个电路是几进制计数器(图中 D、Q_D 为高位,A、Q_A 为低位)。(10 分)

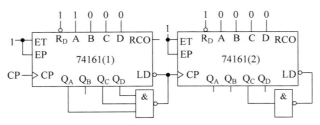

6. 举重比赛有三个裁判员 A、B、C,另外有一个主裁判 D。A、B、C 裁判认为合格时为一票,D 裁判认为合格时为二票。多数通过时输出 $F=1$。试设计多数通过的表决电路,要求:(1)写出真值表。(2)写出最小项表达式。(3)用卡若图化简为最简与或表达式。(4)用

与非门画出逻辑图。（10 分）

7. 由 JK 触发器组成下图所示电路,试分析电路。要求(1)写出驱动方程和状态方程；(2)画出状态图；(3)判断能否自启动。（10 分）

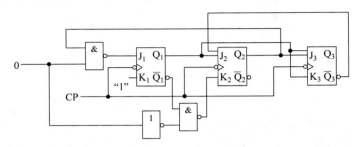

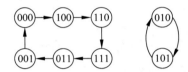

8. 某同步时序电路的编码状态图如图所示,试用 D 触发器设计此电路,(1)画出状态图；(2)写出驱动方程；(3)画出逻辑电路。（10 分）

试卷 C

班级_____ 学号_____ 姓名_____

题 号	一	二	三	四	五	六	总分
题 分	10	40	50				100
得 分							

一、选择题(下面各题中给出了 4 个答案,其中只有一个是正确的,请将正确答案的标号写在题中括号内,每小题 2 分,共 10 分)。

1. 图示 CMOS 传输门组成的电路的逻辑表达式是(　　)。

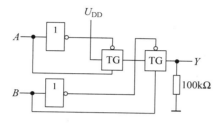

A. $Y=A$　　　　B. $Y=B$　　　　C. $Y=A+B$　　　　D. $Y=AB$

2. 与函数式 $ABCD$ 相等的表达式为(　　)。

A. $\overline{A}\,\overline{B}\,\overline{CD}$

B. $(\overline{A}+\overline{B})(\overline{C}+\overline{D})$

C. $\overline{\overline{A}+\overline{B}+\overline{C}+\overline{D}}$

D. $\overline{A}+\overline{B}+\overline{C}+\overline{D}$

3. 下图电路中,能正常工作是(　　)。

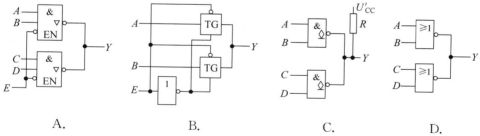

A.　　　　　　　B.　　　　　　　C.　　　　　　　D.

4. 函数的卡诺图如下,则最简与或表达式是(　　)。

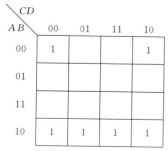

A. $F=A\overline{B}+\overline{B}\,\overline{D}$

B. $F=A\overline{B}+\overline{A}\,\overline{B}\,\overline{D}$

C. $F=A\overline{B}+\overline{B}\,C\overline{D}+\overline{B}\,C\overline{D}$

D. $F=A\overline{B}+\overline{A}\,\overline{B}\,C\overline{D}+\overline{A}\,\overline{B}\,C\overline{D}$

5. 图示电路是 TTL 反相器带动三个 TTL 与非门的情况，设门电路的高、低电平时的输入电流分别为 I_{IH}、I_{IL}，高、低电平时的输出电流分别为 I_{OH}、I_{OL}。当 G_1 输出高电平时，I_{OH} 与 I_{IH} 的关系为（   ）。

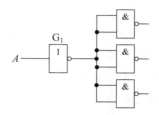

A. $I_{OH} = 6I_{IH}$

B. $I_{OH} = 3I_{IH}$

C. $I_{OH} = I_{IH}$

D. $I_{OH} = 0$

二、分析并按要求完成以下各题（第 1、第 2 小题每小题 5 分，第 3～第 7 小题各 6 分，共 40 分）。

1. 试画出负跳沿主从 RS 触发器 Q 和 $\overline{Q}$ 端的电压波形。假定触发器的初始状态为 0，输入波形如图所示。

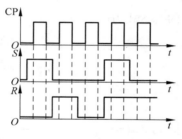

2. 4 选 1 数据选择器功能表及由它组成的函数如图示。要求写出 F 与 D、C、B、A 间的函数关系式（最简与或表达式）。

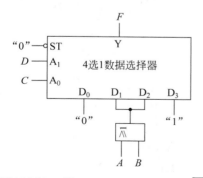

功能表

输入		使能	输出
A_1	A_0	G	Y
$\times$	$\times$	1	0
0	0	0	D_0
0	1	0	D_1
1	0	0	D_2
1	1	0	D_3

3. 判断逻辑函数 $Y(A,B,C,D) = \sum m(5,7,8,9,10,11,13,15)$ 在什么情况下可能产生竞争冒险，如何消除。

4. 逻辑电路及对应输入信号如图所示，画出 F_1、F_2 的波形。

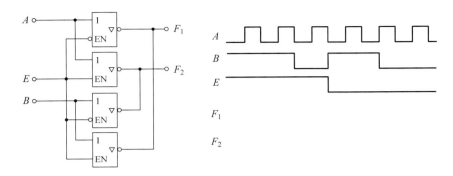

5. 下图是已编程的 PLA 阵列图,写出 F_0、F_1、F_2 的表达式。

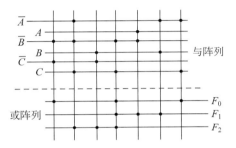

6. 分析图示 74138 译码器组成的组合逻辑电路的功能(要求列出最简与或表达式)。

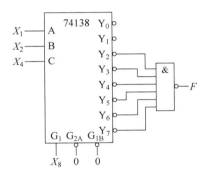

7. 已知 JK 触发器构成的电路如图所示,设触发器初态为 0。

(1) 写出每个触发器的驱动方程、状态方程。

(2) 画出 Q_1、Q_2 的波形。

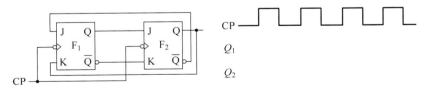

三、设计题(第 1～第 3 小题每小题 12 分,第 4 小题 14 分,共 50 分)。

1. 某逻辑函数的真值表如图示。要求:(1)写出函数的最简与或表达式。(2)画出用与非门实现该函数的逻辑电路图。(3)画出用 74151 实现该函数的逻辑电路图。

A	B	C	D	F
0	0	0	0	0
0	0	0	1	0
0	0	1	0	0
0	0	1	1	1
0	1	0	0	0
0	1	0	1	0
0	1	1	0	0
0	1	1	1	1
1	0	0	0	0
1	0	0	1	0
1	0	1	0	0
1	0	1	1	1
1	1	0	0	0
1	1	0	1	1
1	1	1	0	0
1	1	1	1	1

附：74151 的功能表、引脚图。

输入			使能 G	输出 Y
A_2	A_1	A_0		
$\times$	$\times$	$\times$	1	0
0	0	0	0	D_0
0	0	1	0	D_1
0	1	0	0	D_2
0	1	1	0	D_3
1	0	0	0	D_4
1	0	1	0	D_5
1	1	0	0	D_6
1	1	1	0	D_7

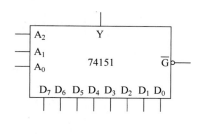

2. 利用 74LS90 设计七进制和九十二进制加计数器，画出连线图（允许加适当门电路）。

附：74LS90 的功能表、引脚图。

时	钟	清零输入		置 9 输入		输		出	
CP_A	CP_B	$R_{0(1)}$	$R_{0(2)}$	$S_{9(1)}$	$S_{9(2)}$	Q_D	Q_B	Q_C	Q_A
$\times$	$\times$	1	1	0	$\times$	0	0	0	0
$\times$	$\times$	1	1	$\times$	0	0	0	0	0
$\times$	$\times$	$\times$	$\times$	1	1	1	0	0	1
$CP\downarrow$	0					二进制计数，Q_A 输出			
0	$CP\downarrow$	有 0		有 0		五进制计数，$Q_DQ_CQ_B$ 输出			
$CP\downarrow$	$Q_A\downarrow$					十进制计数，$Q_DQ_CQ_BQ_A$ 输出			

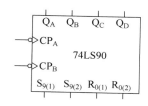

3. 某同学参加三门课程考试,规定如下:

课程 A 及格得 2 分,不及格得 0 分;

课程 B 及格得 3 分,不及格得 0 分;

课程 C 及格得 4 分,不及格得 0 分;

若总得分大于 6 分(含 6 分)就可结业。

要求:用"1"表示结业,列出以上逻辑关系的真值表,并画出用"与非"门实现上述逻辑关系的电路。

4. 用 JK 触发器设计一个五进制计数器。其状态转换图满足以下要求:画出状态表、写出状态方程、驱动方程、输出方程、画出电路图。

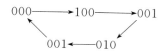

参 考 文 献

[1]　Susan A R Garrod，Robert J Borns. Digital logic；Analysis，Application & Design，Purdue University[M]. Saunders College Publishing. Philadelphia，1991.

[2]　Char H Roth JR. Fundamentals of Logic Design[M]. Company of PND，1991.

[3]　Milos D Ercegovac，Tomas Lang，Jaime H Moreno. Introduction to Digital System[M]. John Wiley Son，1998.

[4]　阎石. 数字电子技术基础[M]. 4 版. 北京：高等教育出版社，1998.

[5]　曹汉房. 数字电路与逻辑设计[M]. 4 版. 武汉：华中科技大学出版社，2004.

[6]　康华光. 电子技术基础[M]. 北京：高等教育出版社，2000.

[7]　吴建强. 数字集成电路应用基础[M]. 北京：航空工业出版社，1995.

[8]　李士雄，丁康源. 数字集成电子技术教程[M]. 北京：高等教育出版社，1993.

[9]　应钢. PLD/GAL 可编程逻辑器件原理和应用[M]. 北京：中科院希望电脑出版公司，1993.

[10]　杨晖，张风言. 大规模可编程逻辑器件与数字系统设计[M]. 北京：北京航空航天大学出版社，1998.

[11]　韩振振，唐志宏. 数字电路逻辑设计[M]. 大连：大连理工大学出版社，2000.

[12]　电子工程手册编委会，等. 中外集成电路简明速查手册——TTL、CMOS[M]. 北京：电子工业出版社，1991.

[13]　殷瑞祥. 数字电子技术. 广州：华南理工大学出版社，2004.

[14]　余孟堂. 数字电子技术基础简明教程[M]. 2 版. 北京：高等教育出版社，1999.

图 书 资 源 支 持

感谢您一直以来对清华大学出版社图书的支持和爱护。为了配合本书的使用，本书提供配套的资源，有需求的读者请扫描下方的"书圈"微信公众号二维码，在图书专区下载，也可以拨打电话或发送电子邮件咨询。

如果您在使用本书的过程中遇到了什么问题，或者有相关图书出版计划，也请您发邮件告诉我们，以便我们更好地为您服务。

我们的联系方式：

教学资源·教学样书·新书信息

地　　址：北京市海淀区双清路学研大厦 A 座 714

邮　　编：100084

电　　话：010-83470236　010-83470237

资源下载：http://www.tup.com.cn

客服邮箱：tupjsj@vip.163.com

QQ：2301891038（请写明您的单位和姓名）

人工智能科学与技术
人工智能|电子通信|自动控制

资料下载·样书申请

书圈

用微信扫一扫右边的二维码,即可关注清华大学出版社公众号。